Gruber I Neumann

Erfolg im Mathe-Abi

Übungsbuch
Hilfsmittelfreier Teil
mit Tipps und Lösungen

Helmut Gruber, geb. 1968, studierte Mathematik und Physik in Konstanz und Freiburg und ist seit 1995 Mathematiklehrer in der Oberstufe.

Robert Neumann, geb. 1970, studierte Mathematik und Physik in Freiburg und unterrichtet Mathematik in der Oberstufe seit 1999.

PEFC/04-31-1867

PEFC zertifiziert

Dieses Produkt stammt aus nachhaltig bewirtschafteten Wäldern und kontrollierten Quellen.

www.pefc.de

Gedruckt in Deutschland
www.freiburger-verlag.de

Gruber I Neumann

Erfolg im Mathe-Abi

Übungsbuch
Hilfsmittelfreier Teil
mit Tipps und Lösungen

Freiburger Verlag

Inhaltsverzeichnis

Vorwort

Erfolg von Anfang an

Dieses Übungsbuch ist speziell auf die Anforderungen des hilfsmittelfreien Teils des Mathematik-Abiturs in Bayern, Sachsen, Niedersachsen, Mecklenburg-Vorpommern, Hamburg und Schleswig-Holstein abgestimmt. Es enthält Aufgaben in Kurzform aus den Themenbereichen Analysis, Analytische Geometrie / Lineare Algebra und Stochastik.

Alle Aufgaben lassen sich ohne Taschenrechner lösen und fördern das Grundwissen und die Grundkompetenzen in Mathematik, vom einfachen Rechnen und Formelanwenden bis zum Herstellen von gedanklichen Zusammenhängen. Das Übungsbuch ist eine Hilfe zum Selbstlernen (learning by doing) und bietet die Möglichkeit, sich intensiv auf die Prüfung vorzubereiten und gezielt Themen zu vertiefen. Hat man Erfolg bei den grundlegenden Aufgaben, machen Mathematik und Lernen mehr Spaß.

Erfolg im Mathe Abi – Basiswissen

Neben dem Übungsbuch zum hilfsmittelfreien Teil gibt es auch noch ein Buch zum Basiswissen des Mathematik-Abiturs. Das Basiswissen-Buch soll Ihnen ermöglichen, die Grundlagen für das Mathematikabitur zu wiederholen und zu vertiefen. Am Anfang jedes Kapitels befindet sich eine kurze Übersicht über die jeweiligen Themen. Die einzelnen Kapitel bauen zwar aufeinander auf, doch ist es nicht zwingend notwendig, das Buch der Reihe nach durchzuarbeiten, Sie können da ansetzen, wo Sie üben wollen. Die Aufgaben sind in der Regel in ihrer Schwierigkeit gestaffelt und es gibt von fast jeder Aufgabe mehrere Variationen zum Vertiefen. Ein Tippteil und ausführliche, schülergerechte Lösungen ermöglichen eine optimale Vorbereitung auf das Abitur.

MeinMatheAbi.de

Auf dem Portal www.MeinMatheAbi.de finden Sie weitere Materialien:

- Viele Lernvideos, in denen die grundlegenden Themen an einfachen Beispielen erklärt werden.
- Lernkarten zum Online-Lernen und eine Lernkarten-App.
- Anleitungen für diverse Taschenrechner.

Der blaue Tippteil

Hat man keine Idee, wie man eine Aufgabe angehen soll, hilft der blaue Tippteil in der Mitte des Buches weiter: Zu jeder Aufgabe gibt es dort Tipps, die helfen, einen Ansatz zu finden, ohne die Lösung vorwegzunehmen.

Wie arbeiten Sie mit diesem Buch?

Den größten Lerneffekt erhalten Sie, wenn sie zuerst im Tippteil in der Mitte des Buchs nachschlagen, wenn Sie nicht wissen, wie eine Aufgabe zu lösen ist.

Die Lösungen mit ausführlichem Lösungsweg bilden den letzten Teil des Übungsbuchs. Hier finden Sie die notwendigen Formeln, Rechenverfahren und Denkschritte sowie sinnvolle alternative Lösungswege.

Die Aufgaben im hilfsmittelfreien Teil haben verschiedene Schwierigkeitsgrade. Diese spiegeln sich in den sogenannten «Anforderungsbereichen» wieder. Mehr Informationen dazu erhalten Sie auf Seite 11.

In der Prüfung wird der Schwierigkeitsgrad der Aufgaben nicht bezeichnet sein, es gibt auch keine feste Reihenfolge, in der die Aufgaben gestellt werden. Um Ihnen das Lernen zu erleichtern, sind Aufgaben mit höherer Schwierigkeit mit einer Raute ◇ gekennzeichnet. Welche Funktionenklassen bzw. ob spezielle Themen der Analytischen Geometrie wie z.B. Kugeln in Ihrem Bundesland im Abitur vorkommen, können Sie dem Bildungsplan entnehmen, der normalerweise im Internet zugänglich ist.

Allen Schülerinnen und Schülern, die sich auf das Abitur vorbereiten, wünschen wir viel Erfolg.

Helmut Gruber und Robert Neumann

Der hilfsmittelfreie Teil der Abiturprüfung

Seit 2014 werden von sechs Bundesländern Aufgaben für das Mathematikabitur entwickelt, die in einem hilfsmittelfreien Teil am Anfang der Prüfung eingesetzt werden sollen. Zur Bearbeitung dieses Aufgabenteils sind nur Zeichengeräte (und ein Wörterbuch der deutschen Rechtschreibung) zulässig.

Alle Bundesländer entnehmen hierfür Aufgaben aus einem Aufgabenpool, der in zwei Bereiche unterteilt ist: «Aufgabenpool 1» enthält einfachere Aufgaben, welche die Anforderungsbereiche I und II der Bildungsstandards abdecken, siehe Seite 11. «Aufgabenpool 2» enthält anspruchsvollere Aufgaben, welche auch den Anforderungsbereich III abdeckt.

Je nach Bundesland werden für diesen hilfsmittelfreien Teil die «Pool-Aufgaben» oder eine Mischung aus Pool-Aufgaben und bundeslandspezifischen Aufgaben verwendet. Auch der Umfang und die Zeit, die zur Bearbeitung vorgesehen ist, variieren.

Inhaltlich werden die Bereiche Analysis, Analytische Geometrie / Lineare Algebra und Stochastik abgedeckt. Dabei werden Aufgaben der Linearen Algebra (insbesondere Aufgaben mit Matrizen) nur in Niedersachsen und Hamburg eingesetzt.

Zur konkreten Situation in den einzelnen Bundesländern:

Bayern

Es gibt einen für alle Abiturienten und Abiturientinnen verpflichtenden Mathematik-Kurs auf erhöhtem Niveau. Die Dauer der Prüfung des hilfsmittelfreien Teils beträgt 90 Minuten. Die Aufgaben setzen sich aus Aufgaben aus dem Aufgabenpool und Aufgaben aus Bayern zusammen.

Bremen

In Bremen gibt es einen hilfsmittelfreien Teil der Abiturprüfung, der von allen Schülerinnen und Schülern bearbeitet werden muss. Er umfasst 4 Aufgaben aus allen Bereichen. Für die Bearbeitung stehen im Grund- und Leistungskurs 45 Minuten zur Verfügung

Hamburg

In Hamburg kann das Mathematikabitur auf grundlegendem oder erhöhtem Anforderungsniveau abgelegt werden. In beiden Fällen kommen die Aufgaben aus dem Aufgabenpool. Für die Bearbeitung des hilfsmittelfreien Teils stehen 45 Minuten zur Verfügung.

Mecklenburg-Vorpommern

In Mecklenburg-Vorpommern kann das Mathematikabitur auf grundlegendem oder erhöhtem Niveau abgelegt werden. Wird die Prüfung auf grundlegendem Aufgabenniveau abgelegt, werden Aufgaben aus Mecklenburg-Vorpommern bearbeitet. Die Aufgaben auf erhöhtem Niveau kommen aus dem Aufgabenpool. Für die Bearbeitung des hilfsmittelfreien Teils stehen 45 Minuten zu Verfügung.

Niedersachsen

In Niedersachsen kann das Mathematikabitur auf grundlegendem oder erhöhtem Anforderungsniveau abgelegt werden. Wird die Prüfung auf grundlegendem Aufgabenniveau abgelegt, stehen 45 Minuten zur Verfügung. Die Aufgaben auf erhöhtem Niveau kommen aus dem Aufgabenpool und werden noch durch Aufgaben aus Niedersachsen ergänzt. Für die Bearbeitung des hilfsmittelfreien Teils stehen beim erhöhten Aufgabenniveau 60 Minuten zu Verfügung.

Sachsen

In Sachsen kann das Mathematikabitur auf Grundkursniveau oder Leistungskursniveau abgelegt werden. In beiden Fällen werden die Aufgaben aus dem Aufgabenpool durch länderspezifische Aufgaben ergänzt. Die Prüfung dauert in beiden Fällen 60 Minuten.

Schleswig-Holstein

In Schleswig-Holstein gibt es ähnlich wie in Bayern nur einen Kurs auf erhöhtem Niveau. Seit dem Jahr 2015 werden die Aufgaben aus dem Pool für die Prüfung verwendet. Diese werden noch durch Aufgaben aus Schleswig-Holstein ergänzt. Die Bearbeitungszeit des hilfsmittelfreien Teils beträgt mindestens 60 Minuten, das heißt, diese Aufgaben dürfen frühestens nach 60 Minuten abgegeben werden.

Die Anforderungsbereiche der Bildungsstandards

Die folgenden Informationen zu den Anforderungsbereichen der Bildungsstandards sind den Informationen zur schriftlichen Abiturprüfung in Hamburg entnommen:
http://li.hamburg.de/contentblob/3901972/data/2013-03-27-mathematik-abitur.pdf

Anforderungsbereich I

Der Anforderungsbereich I umfasst:

- Die Verfügbarkeit von Daten, Fakten, Regeln, Formeln, mathematischen Sätzen usw. aus einem abgegrenzten Gebiet im gelernten Zusammenhang,
- die Beschreibung und Verwendung gelernter und geübter Arbeitstechniken und Verfahrensweisen in einem begrenzten Gebiet und in einem wiederholenden Zusammenhang.

Dazu kann u. a. gehören:

- Bereitstellen von Definitionen, Sätzen und einfachen Beweisen
- Beschreiben eines einfachen Sachverhalts, eines bekannten Verfahrens oder eines standardisierten Lösungsweges
- Anfertigen von Skizzen auf eine aus dem Unterricht bekannte Weise; Skizzieren der Graphen von Grundfunktionen
- Ausführen von geübten Algorithmen wie z. B. Ableiten und Integrieren in einfachen Fällen, Lösen von einfachen Gleichungen, Ungleichungen und Gleichungssystemen nach eingeübten Verfahren
- Verwenden des Rechners als Werkzeug z. B. zum Zeichnen eines geeigneten Ausschnitts des Graphen einer Funktion, beim Lösen von Gleichungssystemen, beim Berechnen von Ableitungen und von Integralen
- Bestimmen der Extremwerte einer Funktion in Fällen, in denen das eingeübte Verfahren unmittelbar zum Ziel führt
- Feststellen der Lagebeziehungen zwischen Punkten, Geraden oder Ebenen mithilfe eines durch Übung vertrauten Verfahrens

- Bestimmen von Geraden- und Ebenengleichungen bei Vorgabe einfacher und gewohnter Bedingungen
- Darstellen statistischer Daten und Ermitteln statistischer Kenngrößen in einfachen Fällen
- Bestimmen und Berechnen von Wahrscheinlichkeiten in einfachen, vom Unterricht her vertrauten Zusammenhängen.

Anforderungsbereich II

Der Anforderungsbereich II umfasst:

- Selbstständiges Auswählen, Anordnen, Verarbeiten und Darstellen bekannter Sachverhalte unter vorgegebenen Gesichtspunkten in einem durch Übung bekannten Zusammenhang,
- selbstständiges Übertragen des Gelernten auf vergleichbare neue Situationen, wobei es entweder um veränderte Fragestellungen oder um veränderte Sachzusammenhänge oder um abgewandelte Verfahrensweisen gehen kann.

Dazu kann u. a. gehören:

- Veranschaulichen und Beschreiben von Zusammenhängen bei bekannten Sachverhalten mithilfe von Bildern, Texten und Symbolen
- Dokumentieren eines Lösungsweges in sachgerechter mathematischer Form
- Verfassen eines mathematischen Kurzaufsatzes in bekannten Zusammenhängen
- Ausführen von Beweisen, deren Beweisstruktur aus dem Unterricht bekannt ist
- Anwenden von zentralen Begriffen in Beispielen, die in ihrer Struktur einfach sind
- Interpretieren charakteristischer Eigenschaften einer Funktion anhand ihres Graphen
- Übersetzen eines Schaubildes in einen Funktionsterm oder eines Funktionsterms in eine Skizze
- Anpassen von Funktionen an vorgegebene Bedingungen in einfachen Fällen
- Durchführen vollständiger Fallunterscheidungen in überschaubaren Situationen
- Gezieltes Verwenden des Rechners bei der Lösung komplexerer Probleme

- Übersetzen einer Ausgangssituation in ein geeignetes bekanntes mathematisches Modell (z.B. Koordinatensystem, Funktionsterm, Gleichungssystem, Wahrscheinlichkeitsverteilung)
- Sachgerechtes und begründetes Argumentieren bei der Darstellung eines Modellansatzes oder bei der Auswahl eines Lösungsweges
- Verständiges Anwenden der Beziehung zwischen Änderungsrate und Gesamtänderung in bekannten Situationen
- Analytisches Beschreiben von geometrischen Objekten, wobei die sie bestimmenden Parameter erst aus anderen Bedingungen erschlossen werden müssen
- Vergleichen und Bewerten verschiedener Lösungsansätze in einem bekannten Zusammenhang
- Analysieren und Modellieren stochastischer Prozesse in aus dem Unterricht bekannter Weise
- Durchführen eines aus dem Unterricht bekannten Verfahrens der beurteilenden Statistik
- Beschaffen, Strukturieren, Auswählen und Auswerten von Informationen zu einer überschaubaren Problemstellung in einer im Unterricht vorbereiteten Vorgehensweise
- Präsentieren von Arbeitsergebnissen in übersichtlicher, gut strukturierter Form.

Anforderungsbereich III

Der Anforderungsbereich III umfasst:

- Planmäßiges und kreatives Bearbeiten komplexerer Problemstellungen mit dem Ziel, selbstständig zu Lösungen, Deutungen, Wertungen und Folgerungen zu gelangen
- bewusstes und selbstständiges Auswählen und Anpassen geeigneter gelernter Methoden und Verfahren in neuartigen Situationen.

Dazu kann u. a. gehören:

- Kreatives Übersetzen einer komplexeren Ausgangssituation in ein geeignetes mathematisches Modell, ohne dass dies in vergleichbaren Zusammenhängen geübt wurde
- Planvolles, begründetes Nutzen und Bewerten von Informationen bei komplexeren oder offeneren Problemstellungen

- Auffinden eines Lösungsansatzes für Probleme, bei denen Kenntnisse aus verschiedenen Teilgebieten der Mathematik verbunden werden müssen, ohne dass dies in vergleichbaren Zusammenhängen geübt wurde
- Überprüfen und Bewerten der Vorgehensweise sowie Interpretieren und Beurteilen der Ergebnisse z. B. bei einer Modellierung oder beim Umgang mit Informationen
- Anwenden zentraler Begriffe und Vorgehensweisen in komplexeren Zusammenhängen
- Verallgemeinern eines Sachverhalts, der nur von Beispielen her bekannt ist
- Ausführen eines Beweises, zu dem eigenständige Beweisgedanken erforderlich sind.

1 Analysis

Tipps ab Seite 49, Lösungen ab Seite 81

1. Gegeben sind die Funktionen f und g mit $f(x) = 4 - x^2$ und $g(x) = x^2 - 4$. Ihre Graphen seien K_f und K_g.

   a) Bestimmen Sie die Schnittstellen der beiden Graphen.

   b) Berechnen Sie den Flächeninhalt der Fläche, welche von K_f und K_g eingeschlossen wird.

2. Der Graph einer ganzrationalen Funktion f 3. Grades hat den Wendepunkt $W(0 \mid 0)$ und den Hochpunkt $H(2 \mid 2)$. Bestimmen Sie den zugehörige Funktionsterm.

3. ◇ In einem Koordinatensystem (vgl. Abbildung 1) werden alle Rechtecke betrachtet, die folgende Bedingungen erfüllen:

   - Zwei Seiten liegen auf den Koordinatenachsen.
   - Ein Eckpunkt liegt auf dem Graphen G_f der Funktion $f\colon x \mapsto -\ln x$ mit $0 < x < 1$.

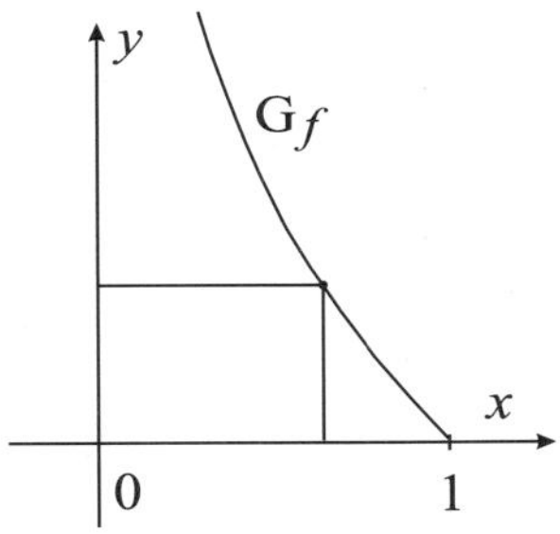

Abb. 1

   Abbildung 1 zeigt ein solches Rechteck.
   Unter den betrachteten Rechtecken gibt es eines mit größtem Flächeninhalt.
   Berechnen Sie die Seitenlängen dieses Rechtecks.

4. Geben ist die Funktion $g : x \mapsto \frac{x}{\ln x}$ mit Definitionsmenge $\mathbb{R}^+ \setminus \{1\}$. Bestimmen Sie Lage und Art des Extrempunkts des Graphen von g.

5. Gegeben ist die in $\mathbb{R}$ definierte Funktion f mit $f(x) = e^x \cdot \left(2x + x^2\right)$.

   a) Bestimmen Sie die Nullstellen der Funktion f.

   b) Zeigen Sie, dass die in $\mathbb{R}$ definierte Funktion F mit $F(x) = x^2 \cdot e^x$ eine Stammfunktion von f ist. Geben Sie eine Gleichung einer weiteren Stammfunktion G von f an, für die $G(1) = 2e$ gilt.

6. Gegeben sind die in $\mathbb{R}$ definierten Funktionen $g_{a,c}$: $f(x) = \sin(ax) + c$ mit $a,\ c \in \mathbb{R}_0^+$.

   a) Geben Sie für jede der beiden folgenden Eigenschaften einen möglichen Wert für c so an, dass die zugehörige Funktion $g_{a,c}$ diese Eigenschaft besitzt.

      α) Die Funktion $g_{a,c}$ hat die Wertemenge $[0;\ 2]$.

      β) Die Funktion $g_{a,c}$ hat im Intervall $[0;\ \pi]$ genau drei Nullstellen.

b) Ermitteln Sie in Abhängigkeit von a, welche Werte die Ableitung von $g_{a,c}$ annehmen kann.

7. Gegeben sind die Funktionen f und g mit $f(x) = \cos(x)$ und $g(x) = 2\cos\left(\frac{\pi}{2}x\right) - 2$.

   a) Beschreiben Sie, wie man den Graphen von g aus dem Graphen von f erhält.

   b) Bestimmen Sie die Nullstellen von g für $0 \leqslant x \leqslant 4$.

8. ◇ Die Abbildung zeigt die Graphen K_f und K_g zweier Funktionen f und g.

   a) Bestimmen Sie $f(g(3))$. Bestimmen Sie einen Wert für x so, dass $f(g(x)) = 0$ ist.

   b) Die Funktion h ist gegeben durch $h(x) = f(x) \cdot g(x)$. Bestimmen Sie $h'(2)$.

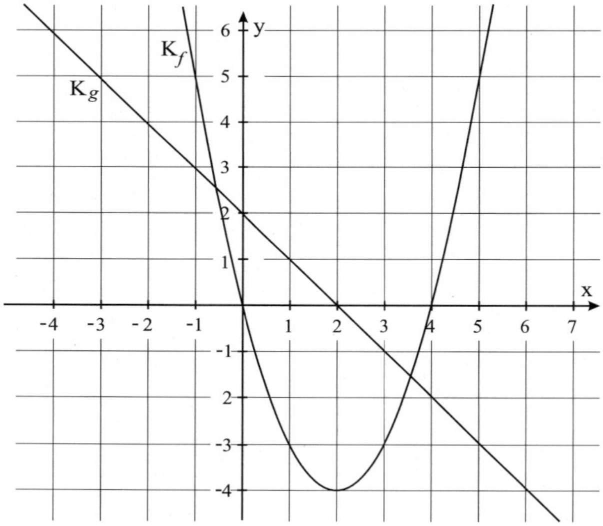

9. Der Graph der Funktion f mit $f(x) = -x^3 + 3x^2 - x - 3$ besitzt einen Wendepunkt.

   a) Bestimmen Sie eine Gleichung der Tangente t in diesem Wendepunkt.

   b) Berechnen Sie die Koordinaten des Schnittpunkts von t mit der x-Achse.

10. Gegeben sind die Funktionen f und g mit $f(x) = e^x$ und $g(x) = -e^{-x} + 2$.

   a) Beschreiben Sie, wie der Graph von g aus dem Graph von f entsteht.

   b) Zeigen Sie, dass sich die Graphen von f und g im Punkt $P(0 \mid 1)$ berühren.

11. ◇ Die Abbildung zeigt den Graph einer Funktion f. F ist eine Stammfunktion von f. Begründen Sie, dass folgende Aussagen wahr sind:

(1) F ist im Bereich $-3 \leqslant x \leqslant 1$ monoton wachsend.

(2) f' hat im Bereich $-3{,}5 \leqslant x \leqslant 3{,}5$ drei Nullstellen.

(3) $\int_0^3 f'(x)\mathrm{d}x = -1$

(4) O(0 | 0) ist Hochpunkt des Graphen von f'.

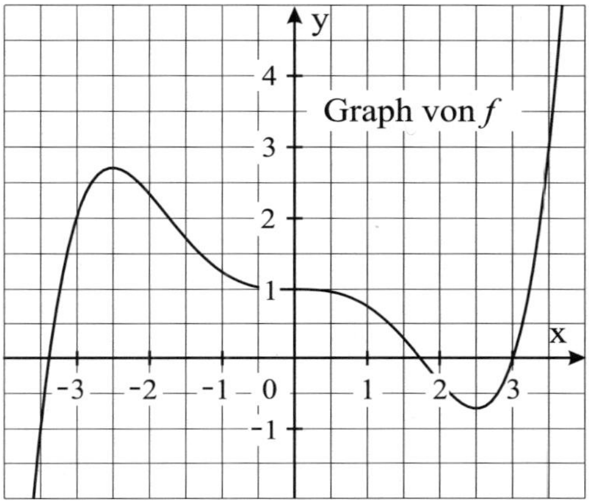

12. Gegeben sind die Funktionen f mit $f(x) = \frac{2}{x}$ und g mit $g(x) = 2x - 3$.

   a) Bestimmen Sie die gemeinsamen Punkte der beiden zugehörigen Graphen.

   b) Untersuchen Sie, ob sich die beiden Graphen senkrecht schneiden.

13. Gegeben sind die Funktionen f und g mit $f(x) = -x^2 + 3$ und $g(x) = 2x$.

   a) Bestimmen Sie die Koordinaten der Schnittpunkte der Graphen von f und g.

   b) Berechnen Sie den Inhalt der Fläche, die von den Graphen der beiden Funktionen eingeschlossen wird.

14. ◇ Eine Funktion f hat folgende Eigenschaften:

   (1) $f(2) = 1$

   (2) $f'(2) = 0$

   (3) $f''(4) = 0$ und $f'''(4) \neq 0$

   (4) Für $x \to +\infty$ und $x \to -\infty$ gilt: $f(x) \to 5$

   a) Beschreiben Sie für jede dieser vier Eigenschaften, welche Bedeutung sie für den Graphen von f hat.

   b) Skizzieren Sie einen möglichen Verlauf des Graphen.

15. ◇ Eine der folgenden Abbildungen zeigt den Graphen der Funktion f mit $f(x) = x^3 - 3x - 2$.

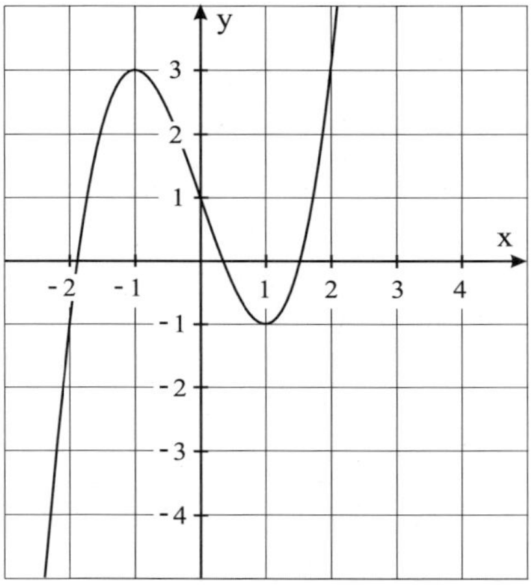

Abb. 1

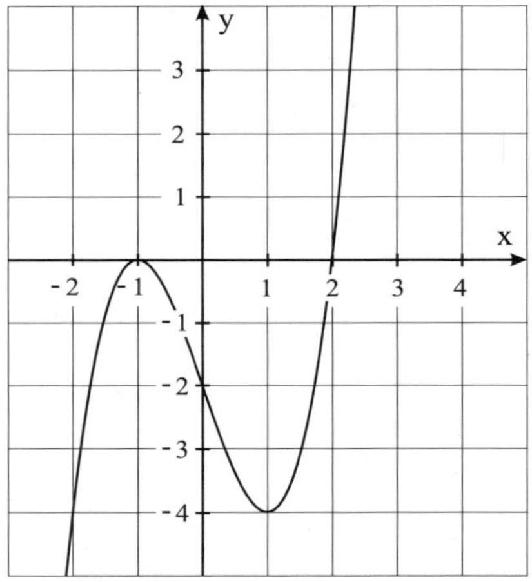

Abb. 2

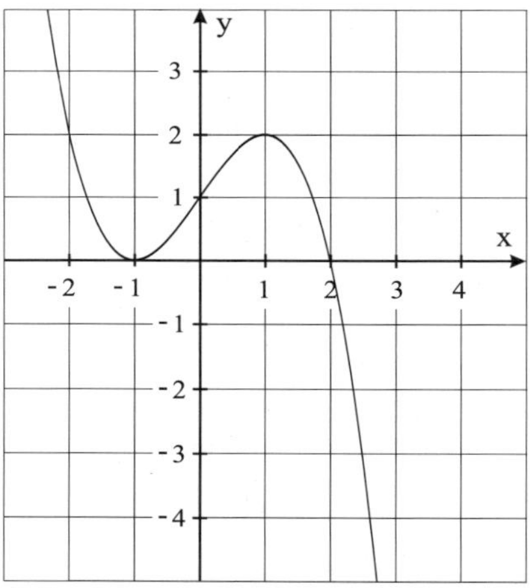

Abb. 3

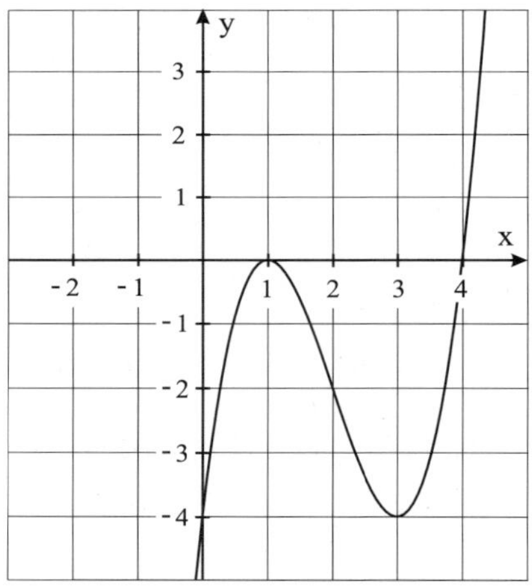

Abb. 4

a) Begründen Sie, dass die Abbildung 2 den Graphen von f zeigt.

b) Von den anderen drei Abbildungen gehört eine zur Funktion g mit $g(x) = f(x-a)$ und eine zur Funktion h mit $h(x) = b \cdot f(x)$.
Ordnen Sie diesen beiden Funktionen die zugehörigen Abbildungen zu und begründen Sie Ihre Entscheidung.
Geben Sie die Werte für a und b an.

c) Die bis jetzt nicht zugeordnete Abbildung zeigt den Graphen einer Funktion k.
Geben Sie ohne Rechnung einen Funktionsterm für k an.

16. ◇ Gegeben ist der Graph der Ableitung f' der Funktion f.

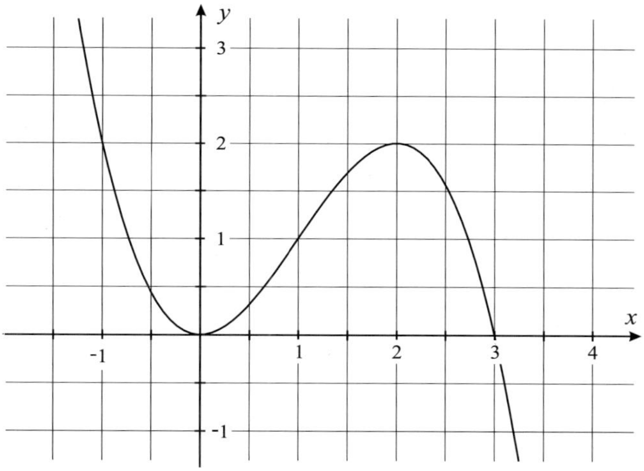

Graph von f'

a) Welche Aussagen über die Funktion f ergeben sich daraus im Hinblick auf

- Monotonie
- Extremstellen
- Wendestellen?

Begründen Sie Ihre Aussagen.

b) Es gilt $f(0) = 2$.
Skizzieren Sie den Graph von f.

17. Für eine ganzrationale Funktion h zweiten Grades gilt:
T$(-1 \mid -4)$ ist der Tiefpunkt und Q$(2 \mid 5)$ ein weiterer Punkt ihres Graphen.

a) Ermitteln Sie eine Funktionsgleichung von h.

b) Bestimmen Sie die Schnittpunkte des Graphen von h mit der x-Achse.

18. Gegeben sind die Funktion f mit $f(x) = x \cdot e^{-x}$ und eine ihrer Stammfunktionen F mit $\mathrm{F}(x) = -e^{-x} \cdot (x+1)$.

a) Leiten Sie die Gleichung von F mithilfe der Integralrechnung her.

b) Untersuchen Sie, ob der Graph von F für $-1 < x < 1$ einen lokalen Hoch- oder Tiefpunkt besitzt.

19. Gegeben ist die Funktion f mit $f(x) = (x+2)^2 \cdot e^{-x}$ und ihre Ableitung $f'(x) = -\left(x^2+2x\right) \cdot e^{-x}$.

    a) Berechnen Sie $f''(x)$.

    b) In den Abbildungen sind vier verschiedene Funktionsgraphen dargestellt, einer von ihnen gehört zur Funktion f. Geben Sie den entsprechenden Graphen an und begründen Sie Ihre Entscheidung.

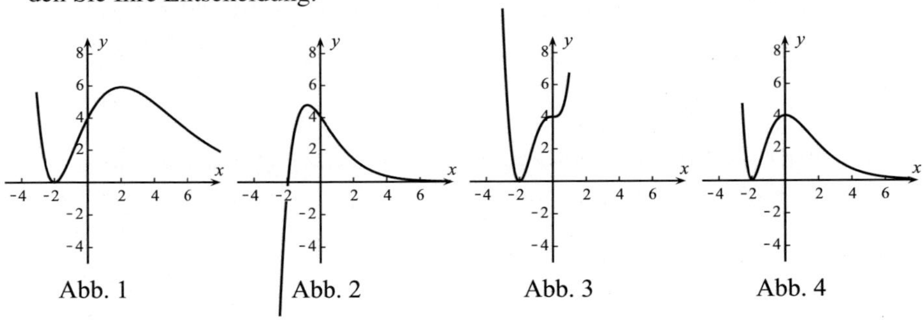

Abb. 1 Abb. 2 Abb. 3 Abb. 4

20. Gegeben ist die Funktionenschar f_a mit $f_a(x) = x \cdot e^{x+a}$. Dabei sei a eine positive reelle Zahl.

    a) Leiten Sie die Gleichung derjenigen Funktion f_a der Schar her, deren Graph durch den Punkt $(-2 \mid -2)$ verläuft.

    b) Weisen Sie nach, dass jede Funktion der Schar einen Graphen mit einem Tiefpunkt hat.

21. $\diamond$ Durch die Gleichung $f_a(x) = \left(x^2 - a^2\right) \cdot e^{ax}$ wird für jede positive Zahl a eine Funktion f_a definiert.

    a) Bestimmen Sie die Nullstellen der Funktion f_a.

    b) Zeigen Sie, dass die positive Nullstelle von f_a niemals eine Extremstelle dieser Funktion sein kann.

22. Die Abbildung zeigt den Graphen G_f einer für $-1 \leqslant x \leqslant 3$ mit $x \in \mathbb{R}$ definierten Funktion f, die bei $x = -1$, $x = 1$ und $x = 3$ Nullstellen besitzt.

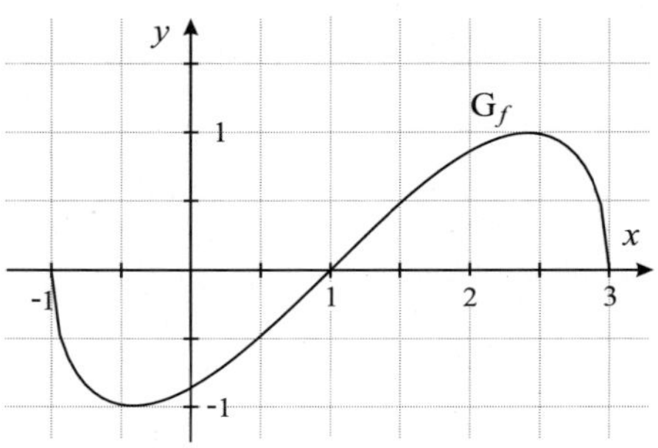

Die Funktion F mit $F(x) = -\frac{1}{6} \cdot \left(\sqrt{-x^2+2x+3}\right)^3$ ist eine Stammfunktion von f.

a) Begründen Sie, dass die für $-1 \leqslant x \leqslant 3$ mit $x \in \mathbb{R}$ definierte Funktion H mit $H(x) = -\frac{1}{6} \cdot \left(\sqrt{-x^2+2x+3}\right)^3 + 1$ ebenfalls eine Stammfunktion von f ist.

b) Begründen Sie, dass der Wert des Integrals $\int_0^3 f(x)\mathrm{d}x$ nicht mit dem Inhalt der Fläche übereinstimmt, die für $0 \leqslant x \leqslant 3$ zwischen G_f und der x-Achse liegt.

c) Berechnen Sie den Inhalt der Fläche, die G_f im ersten Quadranten mit der x-Achse einschließt.

23. Die Abbildung zeigt den Graphen einer ganzrationalen Funktion f.

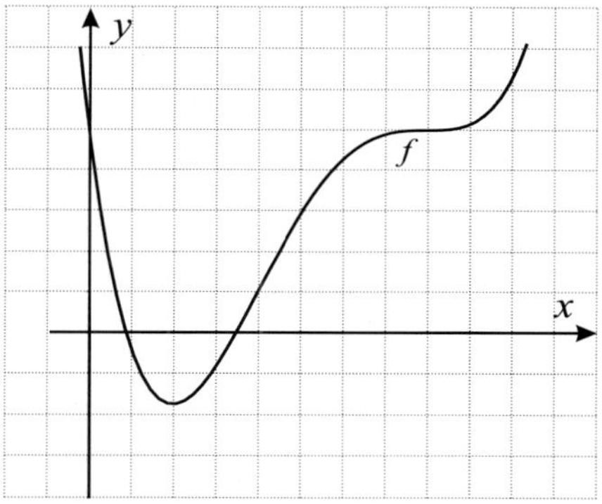

a) Skizzieren Sie in der Abbildung den Graphen der ersten Ableitungsfunktion von f.

b) Begründen Sie, dass der Grad der Funktion f mindestens vier ist.

24. ◇ Gegeben ist die Funktion f mit $f(x) = -6x^2 + 12x + 18$, $x \in \mathbb{R}$. Die Abbildung zeigt den Graphen von f, der durch die Punkte H(1 | 24) und N(3 | 0) verläuft.

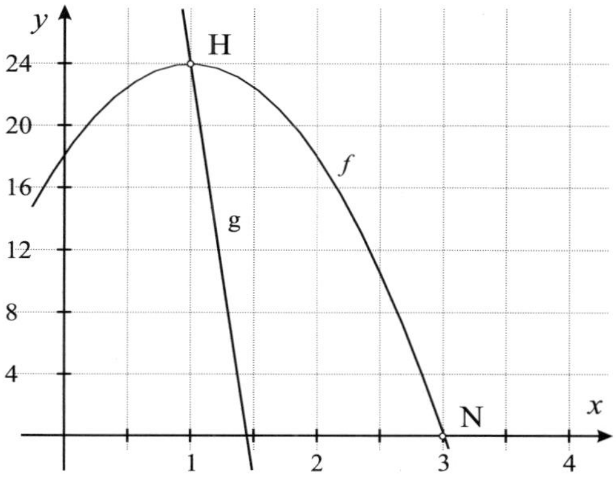

a) Zeigen Sie, dass $\displaystyle\int_0^1 f(x)\mathrm{d}x = 22$ gilt.

b) Die Fläche, die der Graph von f im ersten Quadranten mit den Koordinatenachsen einschließt, hat den Inhalt 54. Eine Gerade g, die durch den Punkt H verläuft, teilt diese Fläche in zwei Teilflächen gleichen Inhalts.
Bestimmen Sie rechnerisch die Stelle, an der die Gerade g die x-Achse schneidet.

25. Gegeben ist die Funktion f durch $f(x) = \frac{\ln x}{x-2}$ mit maximalem Definitionsbereich D_f.

a) Geben Sie D_f an.

b) Bestimmen Sie die Gleichung der Tangente an den Graphen von f im Punkt $(1 \mid f(1))$.

26. ◊ Die Abbildung zeigt den Graph einer Funktion f. F ist eine Stammfunktion von f.

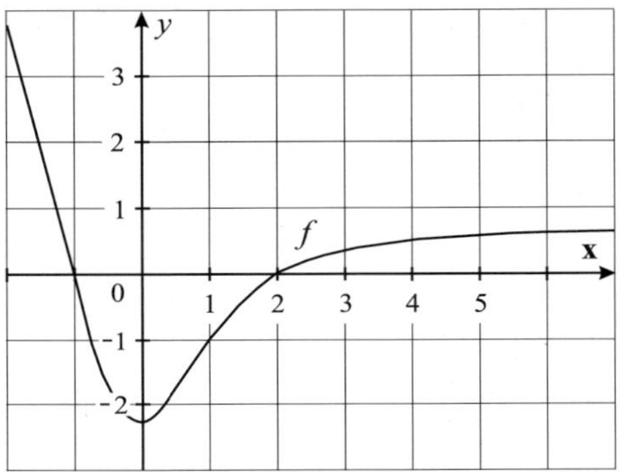

a) Welche Aussagen über F ergeben sich daraus im Bereich $-2 < x < 7$ hinsichtlich

- Extremstellen
- Wendestellen
- Nullstellen?

Begründen Sie Ihre Antworten.

b) Begründen Sie, dass $F(6) - F(2) > 1$ gilt.

27. Betrachtet werden die folgenden Funktionsterme mit $r, s \in \mathbb{N}$:

$$e(x) = \sqrt{x-r} \qquad f(x) = \ln x \qquad g(x) = -\frac{1}{x} + s$$

Jeder der Terme beschreibt genau einen der folgenden Funktionsgraphen i, ii und iii. Ordnen Sie die Terme den Graphen zu und geben Sie die Werte der Parameter r und s an; begründen Sie jeweils Ihre Antwort.

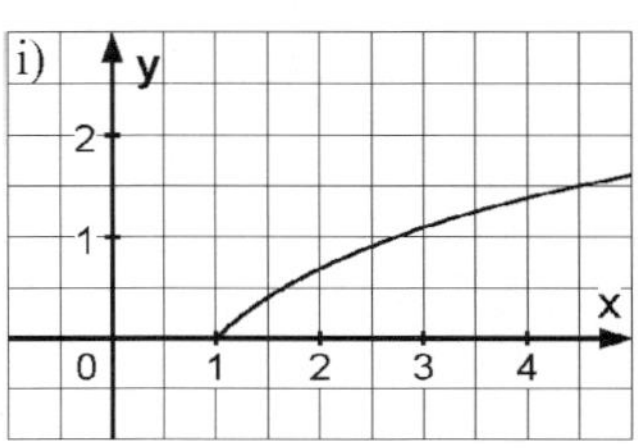

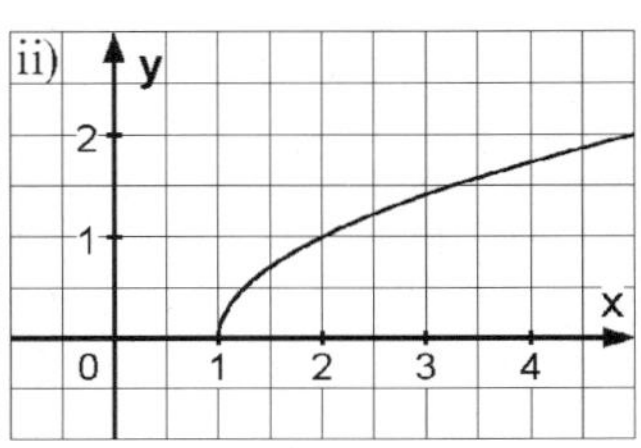

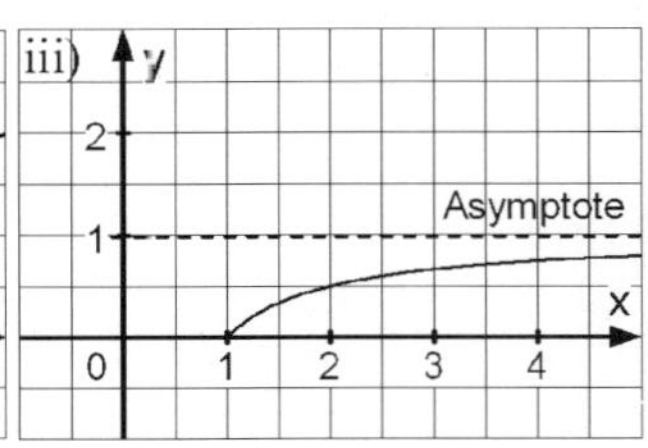

28. Gegeben sind die Funktionen f durch $f(x) = x^2 + 2$ und g durch $g(x) = -2x$.

    a) Zeichnen Sie die Graphen von f und g in ein gemeinsames Koordinatensystem.

    b) Berechnen Sie die Stelle, an der die Differenz der Funktionswerte von f und g am kleinsten ist.

29. ◇ Für jede reelle Zahl t ist eine Funktion f_t durch $f_t(x) = x^3 - 2tx^2 + t^2x$ gegeben.

    a) Bestimmen Sie die Wendestelle des Graphen von f_t.

    b) Untersuchen Sie die Anzahl der Nullstellen von f_t in Abhängigkeit von t.

30. Gegeben ist die Funktion f durch $f(x) = \cos x + 1$.

    a) Skizzieren Sie den Graphen von f in ein Koordinatensystem im Intervall $-\pi \leqslant x \leqslant \frac{3}{2}\pi$.

    b) Geben Sie den Wertebereich von f an.

    c) Geben Sie die Gleichung der Funktion $f(x)$ in der Form $g(x) = \sin(x + c) + d$ an.

31. Gegeben ist die Funktion f mit $f(x) = \frac{2}{x} + 2;\, x \neq 0$. Der Graph von f hat im Punkt $\mathrm{P}(1 \mid v)$ die Tangente t.

    a) Ermitteln Sie eine Gleichung von t.

    b) Die Tangente t schneidet die x-Achse im Punkt S.
    Bestimmen Sie die Koordinaten von S.

32. Gegeben ist die Funktion f mit $f(x) = \frac{x^2}{x+1},\ x \neq -1$.

    a) Bestimmen Sie die Punkte des Schaubilds von f mit waagrechter Tangente.

    b) Das Schaubild von f hat im Punkt $\mathrm{P}\left(1 \mid \frac{1}{2}\right)$ die Normale n.
    Ermitteln Sie eine Gleichung von n.

33. Das Rechteck ABCD mit $\mathrm{A}(0 \mid 0)$, $\mathrm{B}(4 \mid 0)$, $\mathrm{C}(4 \mid 2)$ und $\mathrm{D}(0 \mid 2)$ wird durch den Graphen der Funktion f mit $f(x) = \frac{1}{8}x^2;\ x \in \mathbb{R},\ x \geqslant 0$, in zwei Teilflächen zerlegt.

    a) Zeigen Sie, dass der Punkt C auf dem Graphen von f liegt.

    b) Ermitteln Sie das Verhältnis der Inhalte der beiden Teilflächen.

34. Die Abbildung zeigt den Graphen der Funktion f mit
$f(x) = -0,5 \cdot x^3 + 4,5 \cdot x^2 - 12 \cdot x + 8\,;\; x \in \mathbb{R}$.

a) Zeigen Sie, dass der Graph von f die x-Achse berührt.

b) Begründen Sie ohne Rechnung, dass die Gleichung

$$0 = -0,5 \cdot x^3 + 4,5 \cdot x^2 - 12 \cdot x + 8$$

genau zwei Lösungen hat.

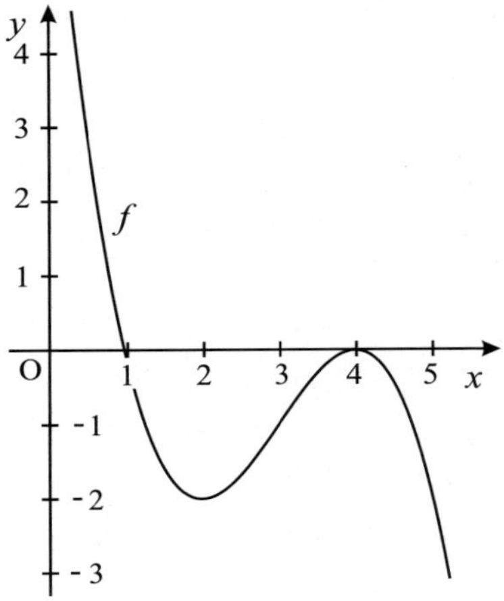

35. ◇ Ein Speichertank für eine Flüssigkeit ist zunächst leer. Der abgebildete Graph gibt die Zufluss- bzw. Abflussrate $\left(\text{in } \frac{\text{m}^3}{\text{h}}\right)$ der Flüssigkeit über einen Zeitraum von 5 Stunden wieder.

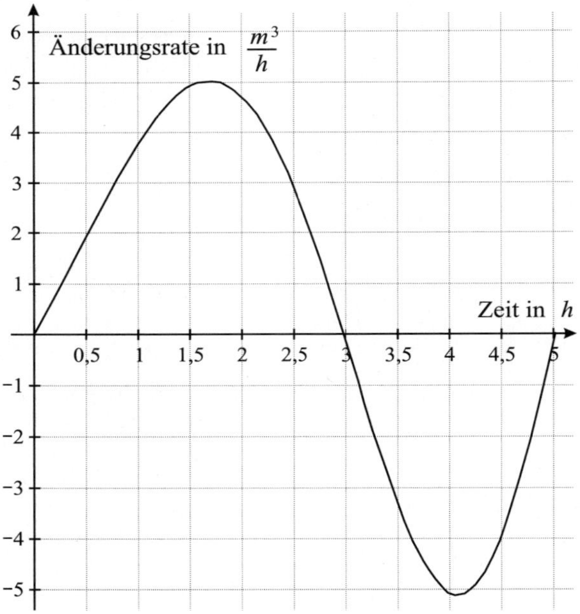

a) Geben Sie näherungsweise den Zeitraum an, in dem die Zuflussrate größer als 3 $\frac{\text{m}^3}{\text{h}}$ ist.

b) Wann ist das Volumen im Tank maximal?

c) Bestimmen Sie näherungsweise das Volumen der in den ersten drei Stunden zufließenden Flüssigkeit.

36. ◇ Für jedes positive reelle a ist eine Funktion f_a gegeben durch $f_a(x) = e^{a \cdot x^2} - e^a$; $x \in \mathbb{R}$.

    a) Bestimmen Sie die Koordinaten des Punktes $\mathrm{P}_a\,(1 \mid f_a(1))$.

    b) Bestimmen Sie die Gleichung der Tangente t_a an den Graphen der Funktion f_a im Punkt P_a.

37. Gegeben sind die folgenden Funktionen mit jeweils maximaler Definitionsmenge:

    $f(x) = \frac{1}{x-1}$, $\quad g(x) = \sqrt{x-1} \quad h(x) = \ln(x-1)$

    Geben Sie jeweils die Definitionsmenge an und untersuchen Sie die Funktionen auf Nullstellen.

38. An den Graphen der in $\mathbb{R}$ definierten Funktion $f(x) = x^2$ gibt es genau eine Tangente, deren Neigungswinkel gegen die x-Achse eine Größe von $135°$ hat. Geben Sie die Steigung dieser Tangente an und bestimmen Sie anschließend die Gleichung der Tangente.

39. ◇ Der Graph einer in $\mathbb{R}$ definierten integrierbaren Funktion f ist punktsymmetrisch bezüglich des Koordinatenursprungs.

    a) Begründen Sie, dass für alle $a \in \mathbb{R}^+$ gilt: $\int_{-a}^{a} f(x)\,dx = 0$.

    b) Geben Sie einen möglichen Term der Funktion f an. Zeigen Sie für dieses f die Gültigkeit der Aussage aus Aufgabenteil a) durch Integration mithilfe einer Stammfunktion.

40. Gegeben sind die Funktionen f und g mit $f(x) = (e^x - 2) \cdot \left(x^3 - 2x\right)$ und $g(x) = \frac{1}{\sqrt{x}}$.

    a) Bestimmen Sie die Nullstellen der Funktion f.

    b) Bestimmen Sie den Term derjenigen Stammfunktion von g, deren Graph durch den Punkt $(4 \mid -1)$ verläuft.

41. Für jeden Wert von a ($a \in \mathbb{R}$; $a \neq 0$) ist eine Funktion f_a durch $f_a(x) = a \cdot x^6 - x^4$; $x \in \mathbb{R}$ gegeben.

    a) Bestimmen Sie diejenigen Werte von a, für die f_a mehr als eine Nullstelle hat.

    b) Für genau einen Wert von a hat f_a an der Stelle $x = 1$ ein Minimum.
    Bestimmen Sie diesen Wert von a.

42. ◇ Gegeben ist die Funktionenschar f_k mit $f_k(x) = (x-k) \cdot e^{\frac{1}{2}x}$ für $k > 0$ und $x \in \mathbb{R}$.

    a) Berechnen Sie den Schnittpunkt des Graphen von f_k mit der x-Achse.

    b) Die Skizze zeigt die Graphen der Funktionen f_3 und f_4.
    Kreuzen Sie in der folgenden Tabelle an, welche der Terme den Inhalt des markierten Flächenstücks A richtig angeben und welche nicht.

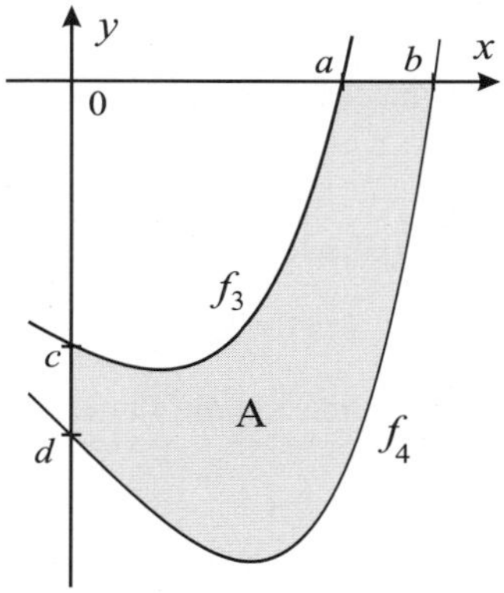

Term	richtig	falsch
$\left\lvert\int_d^b f_4(x)\mathrm{d}x - \int_c^a f_3(x)\mathrm{d}x\right\rvert$		
$\left\lvert\int_0^a f_4(x)\mathrm{d}x - \int_0^b f_3(x)\mathrm{d}x\right\rvert$		
$\left\lvert\int_0^a f_3(x)\mathrm{d}x - \int_0^b f_4(x)\mathrm{d}x\right\rvert$		
$\int_0^b f_4(x)\mathrm{d}x - \int_0^a f_3(x)\mathrm{d}x$		
$\int_0^a f_3(x)\mathrm{d}x - \int_0^b f_4(x)\mathrm{d}x$		
$\int_0^b \lvert f_3(x) - f_4(x)\rvert\,\mathrm{d}x$		

43. Gegeben ist die Funktion f mit $f(x) = x^3 - 6\cdot x^2 + 11\cdot x - 6$, $x \in \mathbb{R}$.

a) Weisen Sie nach, dass der Wendepunkt des Graphen von f auf der Geraden mit der Gleichung $y = x - 2$ liegt.

b) Der Graph von f wird verschoben. Der Punkt $(2 \mid 0)$ des Graphen der Funktion f besitzt nach der Verschiebung die Koordinaten $(3 \mid 2)$. Der verschobene Graph gehört zu einer Funktion h. Geben Sie eine Gleichung von h an.

44. Die Abbildung zeigt den Graphen der Ableitungsfunktion f' einer ganzrationalen Funktion f.
Entscheiden Sie, ob die folgenden Aussagen wahr oder falsch sind.
Begründen Sie jeweils Ihre Antwort.
(1) Der Graph von f hat bei $x = -3$ einen Tiefpunkt.
(2) $f(-2) < f(-1)$
(3) $f''(-2) + f'(-2) < 1$
(4) Der Grad der Funktion f ist mindestens vier.

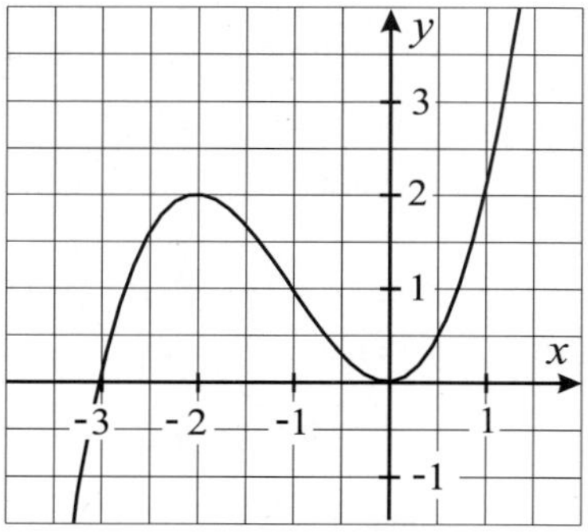

45. a) Der Graph einer ganzrationalen Funktion f dritten Grades hat im Ursprung einen Hochpunkt und an der Stelle $x = 2$ die Tangente mit der Gleichung $y = 4x - 12$. Bestimmen Sie eine Funktionsgleichung von f.

b) Mit $\mathrm{V} = \pi \int_0^4 \left(4 - \frac{1}{2}x\right)^2 \mathrm{d}x$ wird der Rauminhalt eines Körpers berechnet.
Skizzieren Sie diesen Sachverhalt und beschreiben Sie den Körper.

46. Gegeben sind die in $\mathbb{R}$ definierten Funktionen f, g und h mit
$f(x) = x^2 - x + 1$, $g(x) = x^3 - x + 1$ und $h(x) = x^4 + x^2 + 1$.

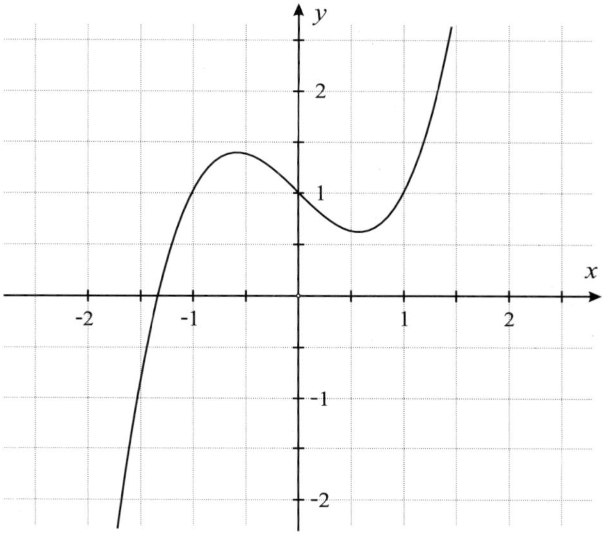

a) Die Abbildung zeigt den Graphen einer der drei Funktionen. Geben Sie an, um welche Funktion es sich handelt. Begründen Sie, dass der Graph die anderen beiden Funktionen nicht darstellt.

b) Die erste Ableitung von h ist h'.
Bestimmen Sie den Wert von $\int_0^1 h'(x)\mathrm{d}x$.

47. Gegeben ist die Funktion f mit $f(x) = \ln(2x+3)$ mit maximaler Definitionsmenge D und Wertemenge W. Der Graph von f wird mit G bezeichnet.

a) Geben Sie D und W an.

b) Ermitteln Sie die Gleichung der Tangente an G im Schnittpunkt von G mit der x-Achse.

48. $\diamond$ Gegeben ist für $a \in \mathbb{R} \setminus \{0\}$ die Schar der in $\mathbb{R}$ definierten Funktionen f_a mit
$f_a(x) = x \cdot e^{a \cdot x}$.

a) Bestimmen Sie die Koordinaten des Extrempunkts des Graphen von f_a.

b) Für welchen Wert von a liegt der Extrempunkt auf der Geraden $x = 2$?

2 Analytische Geometrie/ Lineare Algebra

2.1 Analytische Geometrie

Tipps ab Seite 59, Lösungen ab Seite 114

1. Gegeben sind die Ebenen E: $x_1 + x_2 = 4$ und F: $x_1 + x_2 + 2x_3 = 4$.

   a) Stellen Sie die beiden Ebenen in einem gemeinsamen Koordinatensystem dar. Geben Sie eine Gleichung der Schnittgeraden von E und F an.

   b) Die Ebene G ist parallel zur x_1-Achse und schneidet die x_2x_3-Ebene in derselben Spurgeraden wie die Ebene F. Geben Sie eine Gleichung der Ebene G an.

2. Gegeben sind die Punkte A$(1 \mid 10 \mid 1)$, B$(-3 \mid 13 \mid 1)$ und C$(2 \mid 3 \mid 1)$. Die Gerade g verläuft durch A und B. Bestimmen Sie den Abstand des Punktes C von der Geraden g.

3. Gegeben sind der Mittelpunkt einer Kugel sowie eine Ebene. Die Kugel berührt diese Ebene. Beschreiben Sie, wie man den Kugelradius und den Berührpunkt bestimmen kann.

4. Gegeben sind die Ebenen E und F mit

$$\mathrm{E}\colon \vec{x} = \begin{pmatrix} 1 \\ 1 \\ 0 \end{pmatrix} + r \cdot \begin{pmatrix} 1 \\ 0 \\ 2 \end{pmatrix} + s \cdot \begin{pmatrix} -1 \\ 1 \\ 0 \end{pmatrix}; \quad r,\, s \in \mathbb{R}.$$

bzw.

$$\mathrm{F}\colon \begin{pmatrix} 2 \\ 2 \\ -1 \end{pmatrix} \cdot \left(\vec{x} - \begin{pmatrix} 2 \\ 1 \\ -2 \end{pmatrix} \right) = 0.$$

   a) Zeigen Sie, dass die Ebenen E und F parallel sind.

   b) Bestimmen Sie den Abstand der Ebenen.

5. Gegeben sind die zwei Geraden g und h durch

$$g\colon \vec{x} = \begin{pmatrix} 2 \\ 9 \\ 4 \end{pmatrix} + s \begin{pmatrix} 3 \\ -4 \\ 1 \end{pmatrix}, \quad h\colon \vec{x} = \begin{pmatrix} 1 \\ 2 \\ 5 \end{pmatrix} + t \begin{pmatrix} 6 \\ -8 \\ 2 \end{pmatrix}; \quad s,\, t \in \mathbb{R}.$$

   a) Zeigen Sie, dass g und h parallel sind.

   b) Bestimmen Sie den Abstand der beiden Geraden.

6. Eine Kugel besitzt den Mittelpunkt $M(-3 \mid 2 \mid 7)$. Der Punkt $P(3 \mid 4 \mid 4)$ liegt auf der Kugel.

   a) Der Punkt Q liegt ebenfalls auf der Kugel, die Strecke $\overline{PQ}$ verläuft durch deren Mittelpunkt. Ermitteln Sie die Koordinaten von Q.

   b) Weisen Sie nach, dass die Kugel die x_1x_2-Ebene berührt.

7. Gegeben ist die Ebene $E\colon 3x_2 + 4x_3 = 5$.

   a) Beschreiben Sie die besondere Lage von E im Koordinatensystem.

   b) Untersuchen Sie rechnerisch, ob die Kugel mit Mittelpunkt $Z(1 \mid 6 \mid 3)$und Radius 7 die Ebene E schneidet.

8. Die Ebene E geht durch die Punkte $A(1{,}5 \mid 0 \mid 0)$, $B(0 \mid 3 \mid 0)$ und $C(0 \mid 0 \mid 6)$.

   a) Untersuchen Sie, ob die Gerade $g\colon \vec{x} = \begin{pmatrix} -4 \\ 2 \\ 3 \end{pmatrix} + t \cdot \begin{pmatrix} -2 \\ 3 \\ 2 \end{pmatrix};\ t \in \mathbb{R}$ parallel zur Ebene E verläuft.

   b) Berechnen Sie den Abstand von g und E.

9. ◇ Gegeben sind die beiden Ebenen $E_1\colon \vec{n}_1 \cdot (\vec{x} - \vec{p}_1) = 0$ und $E_2\colon \vec{n}_2 \cdot (\vec{x} - \vec{p}_2) = 0$.
   Beschreiben Sie ein Verfahren, mit dem man anhand dieser Normalengleichungen die gegenseitige Lage der beiden Ebenen untersuchen kann.

10. Gegeben sind die Ebene $E\colon x_1 + x_2 = 4$ und die Gerade $g\colon \vec{x} = \begin{pmatrix} 1 \\ 3 \\ 3 \end{pmatrix} + r \cdot \begin{pmatrix} 1 \\ -1 \\ 0 \end{pmatrix}$.

    a) Veranschaulichen Sie die Ebene E in einem Koordinatensystem.

    b) Untersuchen Sie die gegenseitige Lage von g und E.

    c) Bestimmen Sie den Abstand des Ursprungs von der Ebene E.

11. ◇ Gegeben sind eine Gerade g und ein Punkt A im Raum. A liegt nicht auf g.
    A wird an der Geraden g gespiegelt.
    Beschreiben Sie ein Verfahren, um den Bildpunkt A' zu bestimmen.

12. ◇ Gegeben ist das lineare Gleichungssystem:

$$\begin{array}{rcrcrcr} 3x_1 & - & x_2 & + & 2x_3 & = & 7 \\ x_1 & + & 2x_2 & + & 3x_3 & = & 14 \\ x_1 & - & 5x_2 & - & 4x_3 & = & -21 \end{array}$$

    a) Bestimmen Sie die Lösungsmenge des Gleichungssystems.

    b) Interpretieren Sie das Gleichungssystem und seine Lösungsmenge geometrisch.

13. Gegeben sind die Ebene E: $3x_1 - 4x_3 = -7$ und der Punkt P$(9 \mid -4 \mid 1)$.

    a) Berechnen Sie den Abstand des Punktes P von der Ebene E.

    b) Der Punkt S$(-1 \mid 1 \mid 1)$ liegt auf E. Bestimmen Sie den Punkt Q auf der Geraden durch S und P, der genauso weit von E entfernt ist wie P.

14. ◇ Die Gerade g und die Ebene E schneiden sich im Punkt S. Die Gerade g' ist das Bild von g bei der Spiegelung an der Ebene E. Beschreiben Sie ein Verfahren, um eine Gleichung der Geraden g' zu ermitteln.

15. Gegeben sind die Ebene

$$\mathrm{E}\colon \begin{pmatrix} 8 \\ 1 \\ -4 \end{pmatrix} \cdot \left[\vec{x} - \begin{pmatrix} -1 \\ 4 \\ -3 \end{pmatrix} \right] = 0$$

und die Gerade

$$g\colon \vec{x} = \begin{pmatrix} 7 \\ 5 \\ -7 \end{pmatrix} + t \cdot \begin{pmatrix} 1 \\ -4 \\ 1 \end{pmatrix}.$$

    a) Zeigen Sie, dass E und g parallel zueinander sind.

    b) Bestimmen Sie den Abstand von E und g.

16. ◇ Gegeben sind eine Gerade g und ein Punkt A, der nicht auf g liegt. Beschreiben Sie ein Verfahren, mit dem man denjenigen Punkt B auf g bestimmt, der den kleinsten Abstand von A hat.

17. Gegeben sind die Ebenen E: $\begin{pmatrix} 4 \\ -1 \\ 2 \end{pmatrix} \cdot \left[\vec{x} - \begin{pmatrix} 1 \\ 2 \\ 1 \end{pmatrix} \right] = 0$ und F: $x_2 + 2x_3 = 8$.

    Bestimmen Sie eine Gleichung der Schnittgeraden.

18. Gegeben sind der Punkt A$(1 \mid 1 \mid 3)$ und die Ebene E: $x_1 - x_3 - 4 = 0$.

    a) Welche besondere Lage hat E im Koordinatensystem?

    b) Der Punkt A wird an der Ebene E gespiegelt. Bestimmen Sie die Koordinaten des Bildpunktes.

19. ◇ Gegeben sind eine Ebene E und eine Gerade g, die in E liegt. Beschreiben Sie ein Verfahren, mit dem man eine Gleichung der Geraden h ermitteln kann, die orthogonal zu g ist und ebenfalls in E liegt.

20. Die Gerade g verläuft durch die Punkte A $(1 \mid -1 \mid 3)$ und B $(2 \mid -3 \mid 0)$.
Die Ebene E wird von g orthogonal geschnitten und enthält den Punkt C $(4 \mid 3 \mid -8)$.

a) Bestimmen Sie den Schnittpunkt S von g und E.

b) Untersuchen Sie, ob S zwischen A und B liegt.

21. ◇ Gegeben sind die beiden Ebenen

$$E_1: 2x_1 - 2x_2 + x_3 = -1 \text{ und } E_2: \vec{x} = \begin{pmatrix} 7 \\ 7 \\ 5 \end{pmatrix} + s \cdot \begin{pmatrix} 1 \\ 1 \\ 0 \end{pmatrix} + t \cdot \begin{pmatrix} 1 \\ 3 \\ 4 \end{pmatrix}.$$

a) Zeigen Sie, dass die beiden Ebenen parallel zueinander sind.

b) Die Ebene E_3 ist parallel zu E_1 und E_2 und hat von beiden Ebenen denselben Abstand. Bestimmen Sie eine Gleichung der Ebene E_3.

22. Gegeben ist die Ebene E: $2x_1 - x_2 + 2x_3 = 4$.

a) Die Ebene E schneidet die x_1x_2-Ebene in der Geraden g.
Bestimmen Sie eine Gleichung von g.

b) Berechnen Sie den Abstand des Punktes P $(2 \mid 3 \mid -3)$ von E.

23. Von einem Spat ABCDEFGH (siehe Skizze) sind die Eckpunkte A$(2 \mid 4 \mid 0)$, B$(4 \mid 6 \mid 0)$, C$(-2 \mid 8 \mid 0)$ und E$(3 \mid 5 \mid 2)$ gegeben.

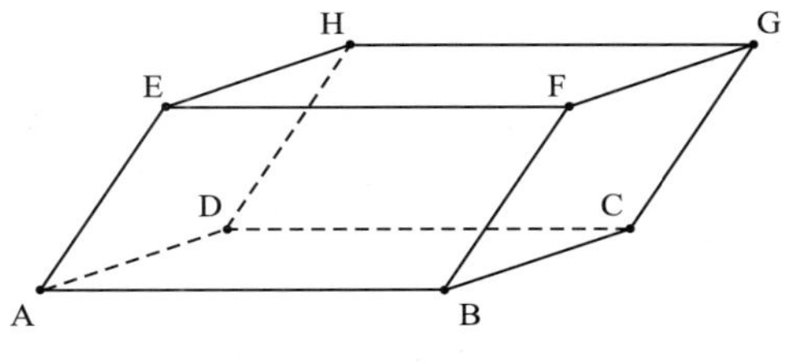

a) Bestimmen Sie die Koordinaten der Eckpunkte D und G.

b) Berechnen Sie das Volumen des Spates.

24. Gegeben sind die drei Vektoren $\vec{u} = \begin{pmatrix} 1 \\ -2 \\ 2 \end{pmatrix}$, $\vec{v} = \begin{pmatrix} 4 \\ 4 \\ 2 \end{pmatrix}$ und $\vec{c} = \vec{u} \times \vec{v} = \begin{pmatrix} -12 \\ 6 \\ 12 \end{pmatrix}$.

a) Zeigen Sie, dass die Vektoren $\vec{u}$ und $\vec{v}$ ein Rechteck aufspannen. Geben Sie dessen Flächeninhalt an.

b) Geben Sie die Bedeutung von Betrag und Richtung des Vektors $\vec{c} = \vec{u} \times \vec{v}$ in Bezug auf das Rechteck an.

25. Gegeben sind eine Kugel K mit dem Mittelpunkt $M\,(2 \mid 2 \mid 3)$ und dem Radius $r = 5\,\text{LE}$ und der Punkt $A\,(5 \mid 2 \mid -1)$ auf der Kugeloberfläche.

    a) Ermitteln Sie eine Koordinatenform der Tangentialebene T, die die Kugel im Punkt A berührt.

    b) Bestimmen Sie die zweite, zu T parallele Tangentialebene T′ an K.

26. ◇ Gegeben ist das Parallelogramm ABCD durch $A(4 \mid 7 \mid 3)$, $B(4 \mid 10 \mid 3)$ und $D(4 \mid 8 \mid 6)$.

    a) Berechnen Sie den Flächeninhalt des Parallelogramms.

    b) Sei g die Gerade durch die Punkte A und B. Begründen Sie, dass für den Abstand d des Punktes D von der Geraden g gilt:

$$\mathrm{d} = \frac{\left|\overrightarrow{AB} \times \overrightarrow{AD}\right|}{\left|\overrightarrow{AB}\right|}$$

27. ◇ Gegeben ist das Gleichungssystem:

$$\begin{array}{rcrcrcr} a & - & b & + & c & = & 4 \\ 2a & - & b & - & 3c & = & 7 \\ a & + & b & - & 9c & = & 2 \end{array}$$

    a) Bestimmen Sie die Lösungsmenge.

    b) Verändern Sie das System so, dass die Lösungsmenge leer wird.

28. ◇ Gegeben sind die Punkte $A\,(-1 \mid 1 \mid 4)$, $B\,(-3 \mid 5 \mid 6)$ und $C_t\,(-2+t \mid 3 \mid 5+t)$ mit $t \in \mathbb{R}$, $t \neq 0$.

    a) Zeigen Sie, dass jedes Dreieck ABC_t gleichschenklig ist.

    b) Bestimmen Sie diejenigen Werte von t, für die das jeweils zugehörige Dreieck ABC_t gleichseitig ist.

29. ◇ Gegeben sind die Gerade $g\colon\ \vec{x} = \begin{pmatrix} -1 \\ 2 \\ -3 \end{pmatrix} + t \cdot \begin{pmatrix} 5 \\ 2 \\ -1 \end{pmatrix}$, $t \in \mathbb{R}$ und die Geraden

$$h_a\colon\ \vec{x} = \begin{pmatrix} -a \\ 8 \\ -6 \end{pmatrix} + s \cdot \begin{pmatrix} 2 \cdot a + 3 \\ 2 \\ 1 + a \end{pmatrix} \quad a,\ s \in \mathbb{R}.$$

    a) Bestimmen Sie denjenigen Wert von a, für den die Richtungsvektoren von g und h_a zueinander senkrecht sind.

    b) Weisen Sie nach, dass sich für $a = -2$ die Geraden g und h_a senkrecht schneiden.

30. Gegeben ist die Raute ABCD mit $A(0\mid 2\mid 0)$, $B(4\mid 7\mid 0)$, $C(0\mid 12\mid 0)$ und $D(-4\mid 7\mid 0)$ (vgl. Abbildung).
Jeder Eckpunkt der Raute entsteht durch Verschiebung eines Eckpunkts des Quadrates EFGH senkrecht zur x_1x_2-Ebene; dabei geht der Punkt A aus dem Punkt $E(0\mid 2\mid 8)$ sowie der Punkt C aus dem Punkt $G(0\mid 12\mid 8)$ hervor (vgl. Abbildung).

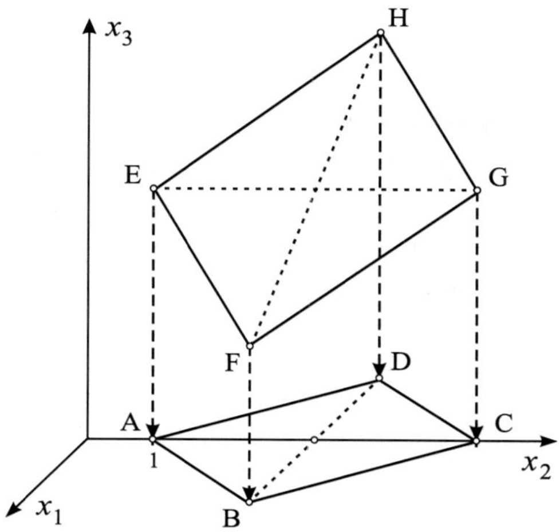

a) Geben Sie die x_1-Koordinate und die x_2-Koordinate des Punktes F an.

b) Bestimmen Sie die Koordinaten der Punkte F und H.

31. ◇ Im Raum sind die Eckpunkte eines Dreiecks ABC gegeben, das weder gleichschenklig noch rechtwinklig ist. Beschreiben Sie in mehreren Teilschritten einen Weg zur Ermittlung der Koordinaten eines Punktes D, durch den sich das Dreieck zum Drachenviereck ABCD ergänzen lässt.

32. Gegeben sind die Punkte $R(8\mid 5\mid 1)$, $S(-4\mid -1\mid 1)$ und $T_u(u\mid 4\mid 3)$ mit $u \in \mathbb{R}$. Bestimmen Sie einen Wert von u so, dass die drei Punkte ein gleichschenkliges Dreieck mit der Basis $\overline{RS}$ bilden.

33. Gegeben sind die Ebene $H\colon 2x_1 + x_2 - x_3 = 4$ und der Punkt $Q(-3\mid 0\mid 2)$.

a) Spiegelt man den Punkt Q an der Ebene H, so erhält man den Punkt Q'. Ermitteln Sie die Koordinaten von Q'.

b) Geben Sie eine Gleichung einer Geraden h an, die parallel zu H durch den Punkt Q verläuft.

34. Gegeben ist das Viereck ABCD mit den Eckpunkten $A(1\mid 1\mid 1)$, $B(-2\mid 2\mid 5)$, $C(3\mid -3\mid 5)$ und $D(6\mid -4\mid 1)$.

a) Weisen Sie nach, dass das Viereck ein Parallelogramm, aber kein Rechteck ist.

b) Geben Sie die Koordinaten des Mittelpunktes und den Radius des Kreises an, der durch die Punkte A und C verläuft.

35. Gegeben ist die Ebene E: $2x_1 - x_2 + 2x_3 = 4$.

a) Die Ebene E schneidet die x_1x_2-Ebene in der Geraden g.
Bestimmen Sie eine Gleichung von g.

b) Berechnen Sie den Abstand des Punktes $P(2 \mid 3 \mid -3)$ von E.

36. a) Gegeben seien die Vektoren $\vec{u}$, $\vec{v}$ und $\vec{w} \in \mathbb{R}^3$ und die reellen Zahlen r und t. Kreuzen Sie in der folgenden Tabelle an, ob es sich bei dem Ausdruck um einen Vektor oder um eine Zahl handelt, oder ob der Ausdruck nicht definiert ist.

Ausdruck	Vektor	Zahl	nicht definiert
$(\vec{u} \cdot \vec{v}) + \vec{w}$			
$\lvert\vec{u}\rvert^2 - \lvert\vec{w}\rvert^2$			
$(\vec{u} \times \vec{v}) - (r \cdot t) \cdot \vec{w}$			
$(\vec{u} \cdot \vec{u}) + (r - t)^2$			
$(r \cdot \vec{u}) \cdot (t \times \vec{u} \times \vec{v})$			
$\vec{u} \times ((\vec{w} - \vec{v}) \times (\vec{u} - \vec{v}))$			

b) Gegeben seien die Punkte A, B und C, die nicht auf einer gemeinsamen Geraden liegen. Geben Sie eine Gleichung der Ebene E, die die Punkte A, B und C enthält, in allgemeiner Form an.
Geben Sie einen Vektor, der orthogonal zu dieser Ebene ist und die Länge 1 hat, in allgemeiner Form an.

37. Die Gerade g verläuft durch die Punkte $A(0 \mid 1 \mid 2)$ und $B(2 \mid 5 \mid 6)$.

a) Zeigen Sie, dass die Punkte A und B den Abstand 6 haben.
Die Punkte C und D liegen auf g und haben von A jeweils den Abstand 12.
Bestimmen Sie die Koordinaten von C und D.

b) Die Punkte A, B und $E(1 \mid 2 \mid 5)$ sollen mit einem weiteren Punkt die Eckpunkte eines Parallelogramms bilden. Für die Lage des vierten Eckpunkts gibt es mehrere Möglichkeiten. Geben Sie für zwei dieser Möglichkeiten die Koordinaten des vierten Eckpunkts an.

38. Gegeben sind eine Kugel K um den Ursprung durch K: $\vec{x}^2 = 144$, eine Gerade g mit
$g: \vec{x} = s \cdot \begin{pmatrix} 2 \\ -2 \\ 1 \end{pmatrix}$ und die Ebene E mit E: $3x_1 + 2x_2 - 2x_3 = 0$.

a) Berechnen Sie die Schnittpunkte der Kugel K und der Geraden g.

b) Bestimmen Sie den Mittelpunkt und den Radius des Schnittkreises der Kugel K mit der Ebene E.

39. Gegeben ist die Ebene E: $4x_1 + 3x_3 = 12$.

a) Stellen Sie E in einem Koordinatensystem dar.

b) Bestimmen Sie alle Punkte der x_3-Achse, die von E den Abstand 3 haben.

40. Betrachtet wird die Pyramide ABCDS mit $A(0 \mid 0 \mid 0)$, $B(4 \mid 4 \mid 2)$, $C(8 \mid 0 \mid 2)$, $D(4 \mid -4 \mid 0)$ und $S(1 \mid 1 \mid -4)$. Die Grundfläche ABCD ist ein Parallelogramm.

a) Weisen Sie nach, dass das Parallelogramm ABCD ein Rechteck ist.

b) Die Kante AS steht senkrecht auf der Grundfläche ABCD. Der Flächeninhalt der Grundfläche beträgt $24\sqrt{2}$.
Ermitteln Sie das Volumen der Pyramide.

2.2 Lineare Algebra

Tipps ab Seite 68, Lösungen ab Seite 151

Die Aufgaben dieses Kapitels sind nur für Bundesländer relevant, bei denen die Lineare Algebra und insbesondere Matrizen im Lehrplan enthalten sind. Dies sind Hamburg und Niedersachsen.

1. Zeigen Sie, dass die Matrix $B = \begin{pmatrix} 0,25 & 2 \\ 0 & -1 \end{pmatrix}$ die Inverse Matrix zu $A = \begin{pmatrix} 4 & 8 \\ 0 & -1 \end{pmatrix}$ ist.

2. ◇ Gegeben sind die Matrix $A = \begin{pmatrix} 4 & 0 & 0 \\ 0 & 2 & 0 \\ 0 & 0 & 1 \end{pmatrix}$ und der Vektor $\vec{v_0} = \begin{pmatrix} 3 \\ 1 \\ 0 \end{pmatrix}$.

   a) Es soll gelten $\overrightarrow{v_{i+1}} = A \cdot \vec{v_i}$ mit $i \in \mathbb{N}$. Zeigen Sie, dass $\vec{v_2} - \vec{v_1} = \begin{pmatrix} 36 \\ 2 \\ 0 \end{pmatrix}$ gilt.

   b) Berechnen Sie einen Vektor $\vec{v} = \begin{pmatrix} x \\ y \\ z \end{pmatrix}$ $\vec{v} \neq \vec{0}$, so dass $A \cdot \vec{v} = 2\vec{v}$ gilt.

   c) Gibt es einen Vektor $\vec{v} = \begin{pmatrix} x \\ y \\ z \end{pmatrix}$, $\vec{v} \neq \vec{0}$, mit $A \cdot \vec{v} = 3\vec{v}$? Falls ja, geben Sie diesen an. Falls nicht, begründen Sie dies.

   d) Bestimmen Sie $\vec{w} = \begin{pmatrix} x \\ y \\ z \end{pmatrix}$ mit $A \cdot \vec{w} = \begin{pmatrix} 1 \\ 1 \\ 1 \end{pmatrix}$

3. Bestimmen Sie die fehlenden Elemente der Matrix $B = \begin{pmatrix} 1 & b_{12} \\ b_{21} & \frac{1}{2} \end{pmatrix}$ so, dass B die inverse Matrix zu $A = \begin{pmatrix} 1 & 4 \\ 0 & 2 \end{pmatrix}$ ist.

4. Es ist die Matrix A gegeben. Multipliziert man diese mit den Vektoren $\vec{a} = \begin{pmatrix} 1 \\ 1 \end{pmatrix}$ und $\vec{b} = \begin{pmatrix} 1 \\ 0 \end{pmatrix}$ ergibt sich:

$$A \cdot \begin{pmatrix} 1 \\ 1 \end{pmatrix} = \begin{pmatrix} 3 \\ 4 \end{pmatrix}$$

und

$$A \cdot \begin{pmatrix} 1 \\ 0 \end{pmatrix} = \begin{pmatrix} 1 \\ 4 \end{pmatrix}$$

Bestimmen Sie die Koeffizienten von A.

5. ◇ Gegeben ist die Matrix $A = \begin{pmatrix} 1 & 0 \\ 4 & -1 \end{pmatrix}$ und die Matrix $B = \begin{pmatrix} 1 & 0 \\ t & -1 \end{pmatrix}$ mit $t \in \mathbb{R}$.

   a) Zeigen Sie, dass die Matrix A zu sich selbst invers ist.

   b) Berechnen Sie A^2 und A^3. Welche Eigenschaft lässt sich bei der Potenzierung dieser Matrix beobachten? Geben Sie A^8 an.

   c) Zeigen Sie, dass B für jede Wahl von $t \in \mathbb{R}$ zu sich selbst invers ist.

6. ◇ Gegeben ist die Matrix $U = \begin{pmatrix} 1 & 0 \\ 1 & 1 \end{pmatrix}$. Diese nennt man «untere Dreiecksmatrix», da die Einträge oberhalb der Diagonalen stets gleich Null sind.

   a) Zeigen Sie, dass $C = \begin{pmatrix} 1 & 0 \\ -1 & 1 \end{pmatrix}$ die zu U inverse Matrix ist.

   b) Zeigen Sie, dass die inverse Matrix einer unteren Dreiecksmatrix stets wieder eine untere Dreiecksmatrix ist. Betrachten Sie dazu, die allgemeine untere Dreiecksmatrix $A = \begin{pmatrix} a & 0 \\ c & d \end{pmatrix}$ und die allgemeine Matrix $B = \begin{pmatrix} e & f \\ g & h \end{pmatrix}$

7. Gegeben sind die Matrizen $A = \begin{pmatrix} 1 & 0 \\ 0 & 2 \end{pmatrix}$ und $B = \begin{pmatrix} 2 & 0 \\ 0 & 3 \end{pmatrix}$. Diese Art von Matrizen werden als «Diagonalmatrizen» bezeichnet, da sie nur Einträge auf der Hauptdiagonalen enthalten.

   a) Zeigen Sie, dass gilt $A \cdot B = B \cdot A$ (d.h. dass die beiden Matrizen kommutativ sind)

   b) Gilt dies für alle Diagonalmatrizen?

8. Ein Videoverleih besitzt in einer Stadt drei Filialen: A, B und C. Die Filme werden nach einem vom Besitzer als optimal eingeschätzten Verfahren am Ende des Monats rotiert: Zum Monatswechsel wechseln 10 % der Filme von A zu B und 5 % zu C. 15 % der Filme bei B werden zu A gesandt und 10 % zu C. Filiale C sendet je 5 % der Filme an A und B.

   a) Zeichnen Sie einen Übergangsgraphen und bestimmen Sie eine Übergangsmatrix dieses Prozesses.

   b) Geben Sie die Verteilung der Filme für den folgenden Monat an, wenn es 400 Filme in Filiale A, 360 Filme in Filiale B und 500 Filme in Filiale C gibt.

c) ◊ Geben Sie an, wie man die prozentuale Verteilung der Filme berechnen kann, die sich langfristig einstellen wird.

9. Eine Museum stellt Kunstwerke aus. Teil der Ausstellungskonzeption ist das wöchentliche Vertauschen der Kunstwerke in den drei Ausstellungsräumen R_1, R_2 und R_3 des Museums. Der Vertauschungsvorgang wird durch die folgende Matrix beschrieben.

$$M = \begin{pmatrix} a & b & \frac{1}{2} \\ \frac{1}{5} & c & \frac{3}{10} \\ a & d & \frac{1}{5} \end{pmatrix}$$

Langfristig stellt sich eine Verteilung von 80 Kunstwerken in R_1, 84 Kunstwerken in R_2 und 40 Kunstwerken in R_3 ein.

a) Berechnen Sie die fehlenden Elemente der Matrix.

b) ◊ In der 5. Woche sind die Kunstwerken so verteilt, dass sich 96 Kunstwerken in R_1 befinden, 60 in R_2 und 48 in R_3. Berechnen Sie die Verteilung der Vorwoche.

10. Ein Unternehmen produziert an einem Standort A Displays für Mobiltelefone. Im Rahmen einer Neuordnung möchte das Unternehmen einen Teil der 1200 Mitarbeiter langfristig in zwei andere Standorte B und C verlegen. Da diese Standorte attraktiver sind, finden sich dauerhaft genügend Freiwillige. Einige der nach Standort B und C versetzten Mitarbeiter sollen nach gewisser Zeit zurück zum Standort A kommen, um Wissenstransfer zu gewährleisten. Im Sinne einer langfristigen Personalentwicklungsplanung legt die Firma eine Wechselquote für die nächsten Jahre fest: (Die Übergänge finden «von Spalten zu Zeilen» statt):

$$M = \begin{pmatrix} 0,8 & 0,3 & 0,1 \\ 0,1 & 0,7 & 0,1 \\ 0,1 & 0 & 0,8 \end{pmatrix}$$

a) Stellen Sie die Entwicklung der Mitarbeiterzahlen in einem Übergangsdiagramm dar und erklären Sie am Beispiel einer Zeile und einer Spalte von M, wie sich die Mitarbeiterzahlen innerhalb eines Jahres entwickeln werden.

b) Zu Beginn arbeiten sämtliche 800 Mitarbeiter am Standort A. Berechnen Sie die Verteilung auf die Standorte A, B und C nach einem Jahr.

c) ◊ Es gilt:

$$M^8 = \begin{pmatrix} 0,50 & 0,53 & 0,45 \\ 0,25 & 0,26 & 0,25 \\ 0,25 & 0,21 & 0,30 \end{pmatrix}$$

Interpretieren Sie die Bedeutung dieser Matrix bezüglich der Entwicklung der Mitarbeiterzahlen der Standorte A, B und C im Unternehmen.

11. In einer Konservenfabrik werden aus den Rohstoffen R_1, R_2 und R_3 die Zwischenprodukte Z_1, Z_2 und Z_3 und aus diesen wiederum die Endprodukte E_1, E_2 und E_3 hergestellt. Der Materialfluss in Tonnen (t) wird durch folgende Tabellen beschrieben:

	Z_1	Z_2	Z_3
R_1	0,7	0,3	0,8
R_2	0,5	0,6	0,2
R_3	0,2	0,9	0,6

	E_1	E_2	E_3
Z_1	0,4	0,2	0,8
Z_2	0,4	0,7	0,2
Z_3	0,3	0,2	0,1

Je Tonne entstehen Rohstoff- bzw. Herstellungskosten in € gemäß folgender Tabelle:

R_1	R_2	R_3	Z_1	Z_2	Z_3	E_1	E_2	E_3
350	100	250	850	650	780	960	880	530

a) Zeichnen Sie ein Verflechtungsdiagramm des Gesamtprozesses.

b) Geben Sie die beiden Matrizen an, die die einzelnen Produktionsschritte beschreiben. Wie kann man die Matrix erhalten, die den Übergang von Rohstoffen zu Endprodukten beschreibt? (Eine konkrete Berechnung ist nicht gefordert.)

c) Ein Händler erteilt einen Auftrag über 18 t des Endprodukts E_1, 10 t des Endprodukts E_2 und 14 t des Endprodukts E_3.
Welche Mengen an Rohstoffen sind dafür nötig? Die Matrix, die den gesamten Produktionsprozess beschreibt, ist

$$C = \begin{pmatrix} 0,64 & 0,51 & 0,7 \\ 0,5 & 0,56 & 0,54 \\ 0,62 & 0,79 & 0,4 \end{pmatrix}$$

12. ◇ Gegeben ist für $t \in \mathbb{R}$ das folgende lineare Gleichungssystem:

$$\begin{array}{lrcrcrcr} \text{I} & x_1 & + & 2x_2 & - & 4x_3 & = & 6 \\ \text{II} & & & 2x_2 & + & 2x_3 & = & 3 \\ \text{III} & & & 2x_2 & + & tx_3 & = & 3 \end{array}$$

a) Zeigen Sie, dass das lineare Gleichungssystem für $t \neq 4$ eindeutig lösbar ist.

b) Bestimmen Sie die Lösungsmenge für $t = 4$.

3 Stochastik

Tipps ab Seite 73, Lösungen ab Seite 163

1. In einem Gefäß G_1 befinden sich 2 rote und 3 blaue Kugeln, in einem Gefäß G_2 sind 2 rote und 4 blaue Kugeln.

   a) Aus G_1 werden 2 Kugeln mit Zurücklegen gezogen, anschließend wird aus G_2 eine Kugel gezogen.
   Berechnen Sie die Wahrscheinlichkeit, dass mindestens 2 rote Kugeln gezogen wurden.

   b) Aus G_1 werden 2 Kugeln ohne Zurücklegen gezogen und in Gefäß G_2 gelegt, anschließend wird aus G_2 eine Kugel gezogen.
   Berechnen Sie die Wahrscheinlichkeit, dass genau 1 rote Kugel gezogen wurde.

2. In einer Lostrommel sind 3 Gewinne und 7 Nieten. Eine Person kauft 3 Lose.

   a) Berechnen Sie die Wahrscheinlichkeit, dass genau 2 Gewinne gezogen werden.

   b) Wie groß ist die Wahrscheinlichkeit, dass ein Gewinn erst beim dritten Zug gezogen wird?

3. In drei Tablettenpackungen mit je 10 Tabletten sind gelbe und weiße Tabletten. In der ersten Packung gibt es eine gelbe Tablette, in der zweiten Packung sind zwei gelbe Tabletten und in der dritten Packung sind drei gelbe Tabletten.

   a) Aus der dritten Packung werden 3 Tabletten entnommen. Mit welcher Wahrscheinlichkeit werden mindestens 2 gelbe Tabletten gezogen?

   b) Es wird eine Packung ausgewählt und dieser werden 2 Tabletten entnommen. Wie groß ist die Wahrscheinlichkeit, dass beide Tabletten gelb sind?

4. ◇ Ein Kartenspiel besteht aus 2 Stapeln Karten. Im ersten Stapel sind 2 rote und 3 schwarze Karten, im zweiten Stapel gibt es 2 rote und 4 schwarze Karten.

   a) Vom ersten und vom zweiten Stapel werden jeweils 2 Karten ohne Zurücklegen gezogen. Berechnen Sie die Wahrscheinlichkeit, dass alle Karten rot sind.

   b) Vom ersten Stapel werden 2 Karten gezogen und mit den Karten des 2. Stapels vermischt. Anschließend wird vom 2. Stapel eine Karte gezogen. Mit welcher Wahrscheinlichkeit ist diese gezogene Karte schwarz?

5. ◇ An einem Spielautomaten verliert man durchschnittlich zwei Drittel aller Spiele.

a) Formulieren Sie ein Ereignis A, für das gilt:

$$P(A) = \binom{10}{8} \cdot \left(\frac{2}{3}\right)^8 \cdot \left(\frac{1}{3}\right)^2 + 10 \cdot \left(\frac{2}{3}\right)^9 \cdot \frac{1}{3} + \left(\frac{2}{3}\right)^{10}$$

b) Jemand spielt vier Spiele an dem Automaten.
Mit welcher Wahrscheinlichkeit verliert er dabei genau zwei Mal?

6. Die Zufallsvariable X ist binomialverteilt mit $n = 8$ und $p = 0,6$.

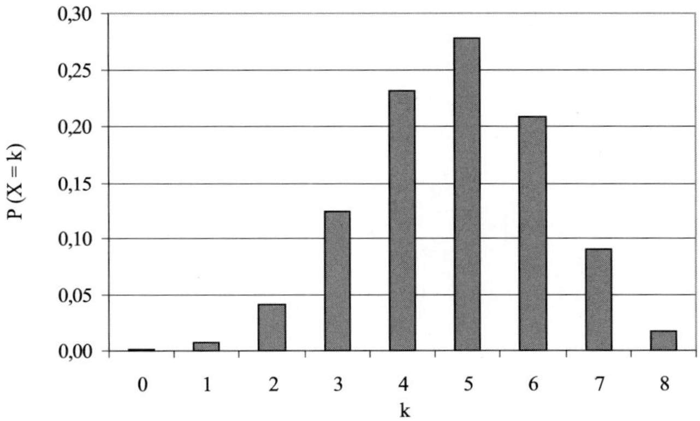

a) Berechnen Sie $P(X = 1)$.

b) Bestimmen Sie mithilfe der Abbildung näherungsweise $P(4 \leqslant X < 6)$ und $P(X \neq 5)$.

7. ◇ In einem Behälter befinden sich 7 rote und 5 gelbe Kugeln. Es werden 2 Kugeln mit Zurücklegen gezogen.

a) Berechnen Sie die Wahrscheinlichkeit, dass mindestens eine der beiden Kugeln gelb ist.

b) Wie viele gelbe Kugeln hätten sich in dem Behälter befinden müssen, damit die Wahrscheinlichkeit, mindestens eine gelbe Kugel zu ziehen, $0,51$ betragen hätte?

8. Ein Glücksrad wird für ein Glücksspiel verwendet. Ein Spieler stellt hierzu folgende Rechnung auf:

$$\begin{aligned} E(X) &= x_1 \cdot P(x_1) + x_2 \cdot P(x_2) + x_3 \cdot P(x_3) + x_4 \cdot P(x_4) \\ &= 1\,€ \cdot \frac{1}{2} + 2\,€ \cdot \frac{1}{4} + 4\,€ \cdot \frac{1}{8} + 6\,€ \cdot \frac{1}{8} \end{aligned}$$

a) Beschreiben Sie, wie das zugehörige Glücksrad aussehen könnte.

b) Wie hoch müsste der Einsatz des Spielers sein, damit er mit einem durchschnittlichen Gewinn von 75 Cent rechnen kann?

9.

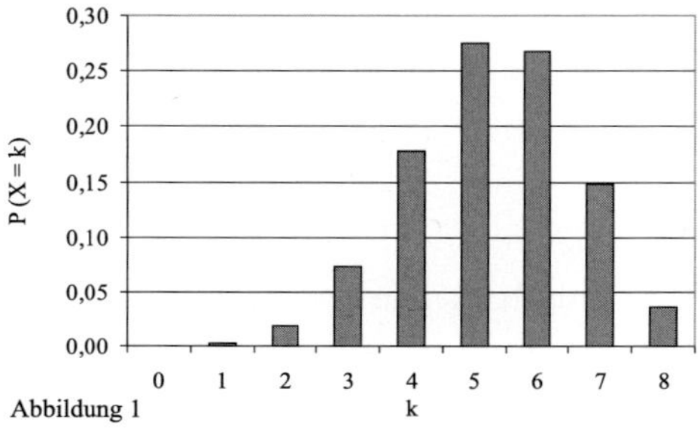

Abbildung 1

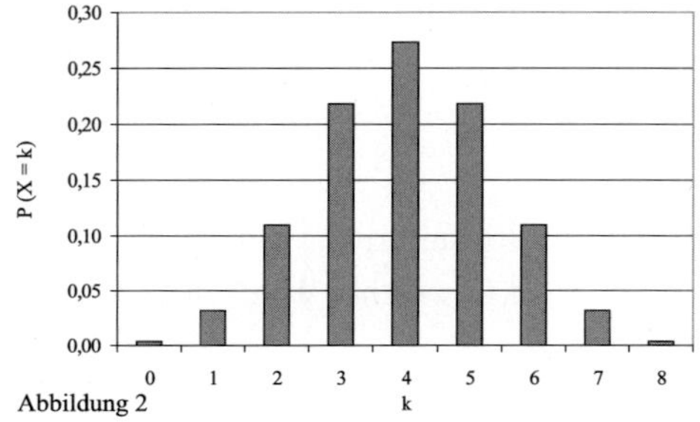

Abbildung 2

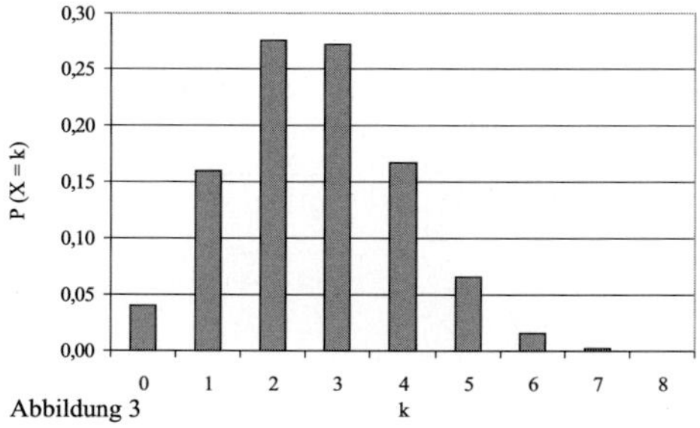

Abbildung 3

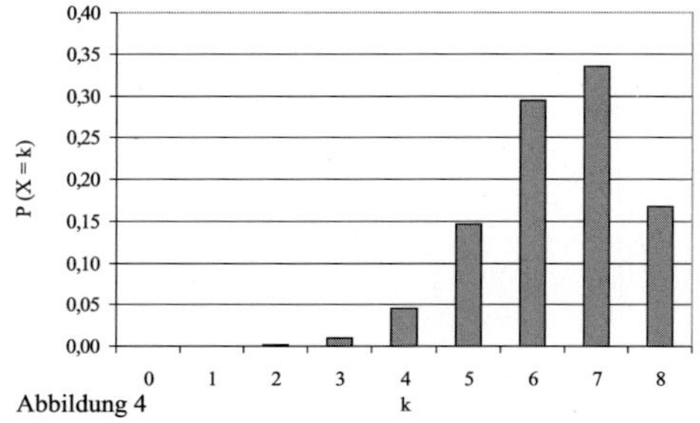

Abbildung 4

Die Zufallsvariable X ist binomialverteilt mit $n = 8$ und $p = 0,5$.

a) Berechnen Sie den Erwartungswert von X und begründen Sie, welche der Abbildungen die Verteilung von X beschreibt.
b) Bestimmen Sie mithilfe der Abbildung näherungsweise $P(3 \leqslant X < 6)$ und $P(X \neq 4)$.

10. ◇ Zur Premiere eines Films bringt eine Schokoladenfirma Überraschungseier mit Filmfiguren auf den Markt. Die Firma wirbt damit, dass sich in jedem 5. Überraschungsei eine Filmfigur befindet. Für einen Kindergeburtstag werden 20 Überraschungseier gekauft, wobei man davon ausgehen kann, dass die Verteilung der Figuren zufällig ist.

a) Erklären Sie, welche Bedeutung in diesem Zusammenhang die folgende Rechnung hat:
$$\binom{20}{2} \cdot \left(\frac{1}{5}\right)^2 \cdot \left(\frac{4}{5}\right)^{18} \approx 0,13691$$
b) Berechnen Sie die Wahrscheinlichkeit, dass sich in keinem Ei eine Filmfigur befindet.

11. ◇ Eine Urne enthält 3 blaue und 7 rote Kugeln. Es werden 2 Kugeln mit Zurücklegen gezogen.

a) Berechnen Sie die Wahrscheinlichkeit, dass höchstens eine Kugel blau ist.
b) Wie viele rote Kugeln hätten sich in der Urne befinden müssen, damit die Wahrscheinlichkeit, genau eine rote Kugel zu ziehen, $\frac{4}{9}$ betragen hätte?

12. ◇ Das Baumdiagramm gehört zu einem Zufallsexperiment mit den Ereignissen C und D.

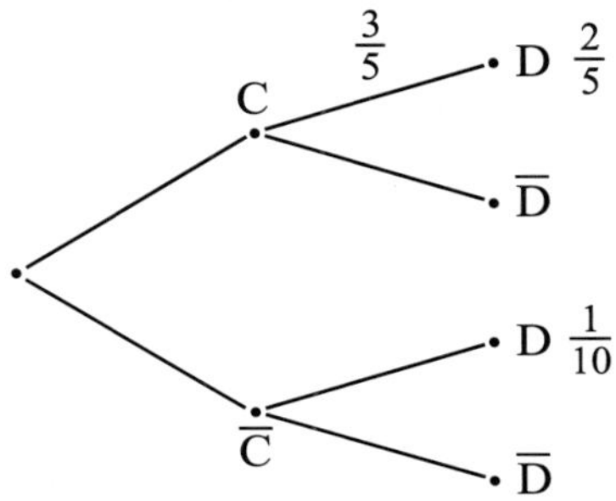

a) Berechnen Sie $P(\overline{D})$.

b) Weisen Sie nach, dass die Ereignisse C und D abhängig sind.

c) Von den im Baumdiagramm angegebenen Zahlenwerten soll nur der Wert $\frac{1}{10}$ so geändert werden, dass die Ereignisse C und D unabhängig sind. Bestimmen Sie den geänderten Wert.

13. In Urne A befinden sich zwei rote und drei weiße Kugeln. Urne B enthält drei rote und zwei weiße Kugeln. Betrachtet wird folgendes Zufallsexperiment:
Aus Urne A wird eine Kugel zufällig entnommen und in Urne B gelegt; danach wird aus Urne B eine Kugel zufällig entnommen und in Urne A gelegt

a) Geben Sie alle Möglichkeiten für den Inhalt der Urne A nach der Durchführung des Zufallsexperiments an.

b) Betrachtet wird das Ereignis E: «Nach Durchführung des Zufallsexperiments befinden sich wieder drei weiße Kugeln in Urne A.» Untersuchen Sie, ob das Ereignis E eine größere Wahrscheinlichkeit als sein Gegenereignis hat.

14. ◇ Die Zufallsgröße X kann die Werte 0, 1, 2 und 3 annehmen. Die Tabelle zeigt die Wahrscheinlichkeitsverteilung von X mit $p_1, p_2 \in [0; 1]$.

k	0	1	2	3
$P(X = k)$	p_1	$\frac{3}{10}$	$\frac{1}{5}$	p_2

Zeigen Sie, dass der Erwartungswert von X nicht größer als 2,2 sein kann.

15. Eine Kiste enthält vier blaue, zwei gelbe und drei rote Bausteine.
Zwei Bausteine werden zufällig entnommen.

a) Zeigen Sie, dass die Wahrscheinlichkeit dafür, dass die beiden Bausteine die gleiche Farbe haben, $\frac{5}{18}$ beträgt.

b) Die beiden entnommenen Bausteine haben tatsächlich die gleiche Farbe.
Bestimmen Sie die Wahrscheinlichkeit dafür, dass die Bausteine rot sind.

16. Neun Spielkarten (vier Asse, drei Könige und zwei Damen) liegen verdeckt auf dem Tisch.

a) Peter dreht zwei zufällig gewählte Karten um und lässt sie aufgedeckt liegen.
Berechnen Sie die Wahrscheinlichkeit folgender Ereignisse:
A: Es liegt kein Ass aufgedeckt auf dem Tisch.
B: Eine Dame und ein Ass liegen aufgedeckt auf dem Tisch.

b) Die neun Spielkarten werden gemischt und erneut verdeckt ausgelegt. Laura dreht nun so lange Karten um und lässt sie aufgedeckt auf dem Tisch liegen, bis ein Ass erscheint. Die Zufallsvariable X gibt die Anzahl der aufgedeckten Spielkarten an.
Welche Werte kann X annehmen?
Berechnen Sie $P(X \leqslant 2)$.

17. Gegeben ist ein Glücksrad, das in 5 deckungsgleiche Kreissektoren unterteilt ist.
Von diesen sind zwei rot, zwei gelb und einer blau eingefärbt.

a) Geben Sie ein Zufallsexperiment und ein Ereignis an, dessen Wahrscheinlichkeit sich mit dem Term $\binom{5}{3} \cdot \left(\frac{4}{5}\right)^3 \cdot \left(\frac{1}{5}\right)^2$ berechnen lässt.
Erläutern Sie die Bedeutung des Faktors $\binom{5}{3}$ in diesem Term.

b) Zeigen Sie, dass der Term $\binom{5}{3} \cdot \left(\frac{4}{5}\right)^3 \cdot \left(\frac{1}{5}\right)^2$ den Wert $\frac{128}{625}$ hat.

18. a) Beschreiben Sie ein Zufallsexperiment und ein dazugehöriges Ereignis, dessen Wahrscheinlichkeit durch den Term $\frac{\binom{1}{1}\binom{100-1}{4-1}}{\binom{100}{4}}$ angegeben wird.

b) Berechnen Sie den Wert des Terms.

19. a) Eine Zufallsgröße X ist binomialverteilt mit den Parametern $n = 72$ und $p = \frac{1}{3}$.
Geben Sie den Erwartungswert und die Standardabweichung von X an.

b) Eine Zufallsgröße Y hat die folgende Wahrscheinlichkeitsverteilung:

Wert k	0	1	29
Wahrscheinlichkeit	$\frac{1}{2}$	$\frac{3}{8}$	$\frac{1}{8}$

Bestimmen Sie den Erwartungswert der Zufallsgröße Y.

c) Eine Zufallsgröße Z hat die folgende Wahrscheinlichkeitsverteilung:

Wert k	0	1	13
Wahrscheinlichkeit	$\frac{1}{2}$	$\frac{3}{8}$	$\frac{1}{8}$

Geben Sie einen Term für die Varianz an, ohne den Zahlenwert zu bestimmen.

Entscheiden Sie ohne Rechnung, ob die Varianz der Zufallsgröße Y kleiner oder größer als die Varianz der Zufallsgröße Z ist.

20. ◇ Gegeben sind ein Zufallsexperiment und die Ereignisse A und B mit $P(A) = 0,3$, $P_A(B) = 0,6$ und $P_{\overline{A}}(\overline{B}) = 0,1$.

   a) Vervollständigen Sie das folgende Baumdiagramm, indem Sie auf die dafür vorgesehenen Linien sowohl die Schreibweise für die entsprechenden Wahrscheinlichkeiten als auch deren Werte eintragen.

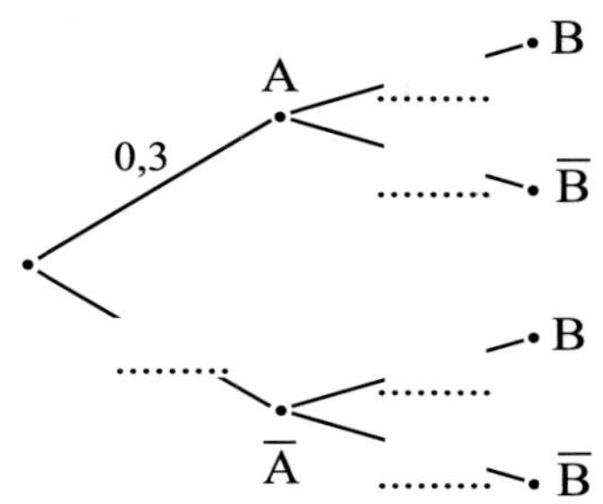

   b) Es sei weiterhin $P(A) = 0,3$ und $P_A(B) = 0,6$.
   Bestimmen Sie nun $P_{\overline{A}}(\overline{B})$ so, dass die Ereignisse A und B stochastisch unabhängig sind.

21. ◇ Bei der Produktion von Halbleiterbauteilen eines bestimmten Typs ist im Mittel jedes fünfte Bauteil fehlerhaft. Jedes produzierte Bauteil wird abschließend einer Kontrolle unterzogen und dabei entweder als fehlerhaft oder als einwandfrei eingestuft. Im Rahmen der Kontrolle wird ein fehlerhaftes Bauteil mit einer Wahrscheinlichkeit von 90 % als fehlerhaft eingestuft. Die Wahrscheinlichkeit dafür, dass ein einwandfreies Bauteil als fehlerhaft eingestuft wird, beträgt 40 %.

   a) Bestimmen Sie die Wahrscheinlichkeit dafür, dass ein nach der Kontrolle zufällig ausgewähltes Bauteil einwandfrei ist und im Rahmen der Kontrolle korrekt eingestuft wurde.

   b) Ermitteln Sie die Wahrscheinlichkeit dafür, dass ein nach der Kontrolle zufällig ausgewähltes Bauteil fehlerhaft ist, wenn es im Rahmen der Kontrolle als einwandfrei eingestuft wurde.

22. ◇ Ein Glücksrad ist in einen blauen, einen gelben und einen roten Sektor unterteilt. Beim Drehen des Glücksrades tritt «Blau» mit der Wahrscheinlichkeit p und «Rot» mit der Wahrscheinlichkeit 2p ein.

   a) Geben Sie an, welche Werte von p bei diesem Glücksrad möglich sind.

   b) Das Glücksrad wird zweimal gedreht.
   Betrachtet wird das Ereignis E: «Es tritt mindestens einmal «Rot» ein.»
   Bestimmen Sie die Wahrscheinlichkeit des Ereignisses E in Abhängigkeit von p.

23. ◇ Beim Werfen einer Reißzwecke kann diese entweder auf der Seite oder auf dem Kopf liegen bleiben (siehe Abbildung). Eine Reißzwecke wird zweimal geworfen. Die Wahrscheinlichkeit dafür, dass sie dabei mindestens einmal auf der Seite liegen bleibt, beträgt $0,84$.

Ermitteln Sie die Wahrscheinlichkeit dafür, dass die Reißzwecke bei den zwei Würfen genau einmal auf dem Kopf liegen bleibt.

24. ◇ Bei der Herstellung von Tassen werden erfahrungsgemäß 80% fehlerfrei glasiert. Man entnimmt der laufenden Produktion rein zufällig 10 Tassen.

a) Bestimmen Sie einen Term zur Berechnung der Wahrscheinlichkeit des Ereignisses A: «Von den entnommenen Tassen ist nur die 8. nicht fehlerfrei glasiert».

b) Beschreiben Sie in Worten ein Ereignis B, dessen Wahrscheinlichkeit folgendermaßen berechnet wird:
$P(B) = \binom{10}{0} \cdot 0,8^{10} + \binom{10}{1} \cdot 0,8^{9} \cdot 0,2^{1} + \binom{10}{2} \cdot 0,8^{8} \cdot 0,2^{2}$

25. ◇ In den Gefäßen G_1 und G_2 befinden sich gelbe und blaue Kugeln.
G_1: 6 gelbe und 4 blaue Kugeln
G_2: 2 gelbe und 4 blaue Kugeln

a) Aus dem Gefäß G_2 werden zwei Kugeln nacheinander ohne Zurücklegen zufällig gezogen.
Bestimmen Sie die Wahrscheinlichkeit dafür, dass die beiden gezogenen Kugeln die gleiche Farbe haben.

b) Es wird eines der beiden Gefäße zufällig ausgewählt. Aus diesem wird eine Kugel zufällig gezogen. Die gezogene Kugel ist gelb.
Bestimmen Sie die Wahrscheinlichkeit dafür, dass diese Kugel aus dem Gefäß G_1 stammt.

26. Die Trefferwahrscheinlichkeit eines Biathleten bei einem Schuss beträgt p.

a) Geben Sie jeweils einen Term zur Berechnung der Wahrscheinlichkeit der folgenden Ereignisse A und B an:
A: Bei fünf Schüssen trifft er genau dreimal.
B: Bei fünf Schüssen trifft er genau dreimal, darunter bei den ersten beiden Schüssen zweimal.

b) Die Wahrscheinlichkeit dafür, dass er bei drei Schüssen dreimal trifft, ist $0,216$.
Untersuchen Sie, ob die Trefferwahrscheinlichkeit größer als 50% ist.

27. Vor einer Schule stehen zehn Fahrräder nebeneinander; zwei davon sind Mountainbikes. Die Anordnung der Fahrräder ist zufällig.

    a) Wie groß ist die Wahrscheinlichkeit, dass zwei zufällig ausgewählte Fahrräder Mountainbikes sind.

    b) Bestimmen Sie die Wahrscheinlichkeit dafür, dass die beiden Mountainbikes unmittelbar nebeneinander stehen.

28. 50 % der Studierenden, die sich zu einer Klausur anmelden, sind Wiederholer. Kurz vor der Prüfung treten 28 % der Wiederholer und 12 % der anderen Prüflinge von der Klausur zurück. Es wird ein angemeldeter Studierender zufällig ausgewählt. Verwenden Sie folgende Bezeichnungen:

    W: Der Prüfling ist Wiederholer.
    Z: Der Prüfling tritt von der Klausur zurück.

    a) Erstellen Sie zu diesem Sachverhalt ein vollständig beschriftetes Baumdiagramm mit allen Pfadwahrscheinlichkeiten.

    b) Berechnen Sie die Wahrscheinlichkeit dafür, dass ein zufällig auszuwählender Prüfling Wiederholer ist, unter der Bedingung, dass er an der Prüfung teilgenommen hat.

29. Für ein Zufallsexperiment wird eine Zufallsvariable X festgelegt, welche die drei Werte -2, 1 und 2 annehmen kann. In der Abbildung ist die Wahrscheinlichkeitsverteilung von X dargestellt.

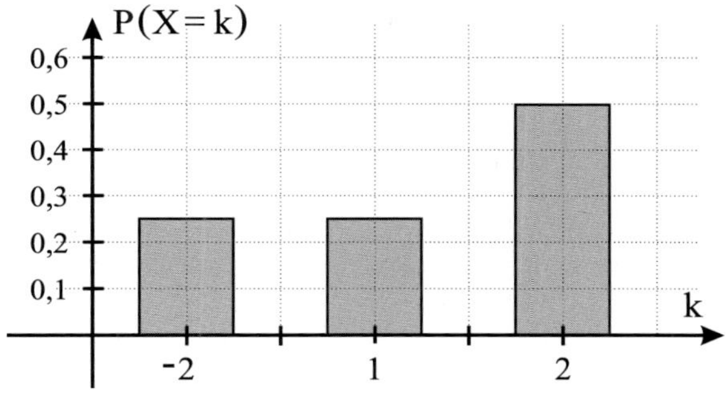

    a) Ermitteln Sie mithilfe der Abbildung den Erwartungswert der Zufallsvariablen X.

    b) Das Zufallsexperiment wird zweimal durchgeführt. Dabei wird jeweils der Wert der Zufallsvariablen X notiert.
    Bestimmen Sie die Wahrscheinlichkeit dafür, dass die Summe dieser beiden Werte negativ ist.

30. Ein Glücksrad hat drei farbige Sektoren, die beim einmaligen Drehen mit folgenden Wahrscheinlichkeiten angezeigt werden:

$$\text{Rot}: 20\% \quad \text{Grün}: 30\% \quad \text{Blau}: 50\%$$

Das Glücksrad wird n-mal gedreht.
Die Zufallsvariable X gibt an, wie oft die Farbe rot angezeigt wird.

a) Begründen Sie, dass X binomialverteilt ist.

b) Die Tabelle zeigt einen Ausschnitt der Wahrscheinlichkeitsverteilung von X:

k	0	1	2	3	4	5	6	7	...
$P(X=k)$	0,01	0,06	0,14	0,21	0,22	0,17	0,11	0,05	...

Bestimmen Sie die Wahrscheinlichkeit, dass mindestens dreimal Rot angezeigt wird.

c) Entscheiden Sie, welcher der folgenden Werte von n der Tabelle zugrunde liegen kann: 20, 25 oder 30.
Begründen Sie Ihre Entscheidung.

31. Bei der Wintersportart Biathlon wird bei jeder Schießeinlage auf fünf Scheiben geschossen. Ein Biathlet tritt bei einem Einzelrennen zu einer Schießeinlage an, bei der er auf jede Scheibe einen Schuss abgibt. Diese Schießeinlage wird modellhaft durch eine Bernoullikette mit der Länge 5 und der Trefferwahrscheinlichkeit p beschrieben.

a) Geben Sie für die folgenden Ereignisse A und B jeweils einen Term an, der die Wahrscheinlichkeit des Ereignisses in Abhängigkeit von p beschreibt.
A: «Der Biathlet trifft bei genau vier Schüssen.»
B: «Der Biathlet trifft nur bei den ersten beiden Schüssen.»

b) ◇ Erläutern Sie anhand eines Beispiels, dass die modellhafte Beschreibung der Schießeinlage durch eine Bernoullikette unter Umständen der Realität nicht gerecht wird.

32. In einer Urne befinden sich vier rote und sechs blaue Kugeln. Aus dieser wird achtmal eine Kugel zufällig gezogen, die Farbe notiert und die Kugeln anschließend wieder zurückgelegt.

a) Geben Sie einen Term an, mit dem die Wahrscheinlichkeit des Ereignisses A: «Es werden gleich viele rote und blaue Kugeln gezogen.» berechnet werden kann.

b) ◇ Beschreiben Sie im Sachzusammenhang jeweils ein Ereignis, dessen Wahrscheinlichkeit durch den angegebenen Term berechnet werden kann.

I) $1-\left(\frac{3}{5}\right)^8$ II) $\left(\frac{3}{5}\right)^8+8\cdot\frac{2}{5}\cdot\left(\frac{3}{5}\right)^7$

Tipps

1 Analysis

1. a) Die Schnittstellen der beiden Graphen von f und g erhalten Sie, indem Sie die Funktionsterme gleichsetzen und die enststandene Gleichung nach x auflösen.

   b) Den Flächeninhalt A der Fläche, die die beiden Graphen einschließen, erhalten Sie mithilfe eines Integrals; die Integrationsgrenzen sind die beiden Schnittstellen. Beachten Sie, dass K_f oberhalb von K_g verläuft.

2. Wählen Sie als Ansatz für die Funktion f den Term $f(x) = ax^3 + bx^2 + cx + d$ und bestimmen Sie die zugehörigen Ableitungen $f'(x)$ und $f''(x)$.
   Bestimmen Sie jeweils zwei Bedingungen für den Wendepunkt W und den Hochpunkt H. Lösen Sie das erhaltene lineare Gleichungssystem.

3. Skizzieren Sie die Problemstellung. Wählen Sie als Grundseite $g = x$ und als zugehörige Höhe $h = f(x)$. Bestimmen Sie den Flächeninhalt $A(x)$ des betrachteten Rechtecks in Abhängigkeit von x. Das Rechteck mit größtem Flächeninhalt erhalten Sie mithilfe der 1. und 2. Ableitung von $A(x)$, die Sie mit der Produktregel $(u \cdot v)' = u' \cdot v + u \cdot v'$ bestimmen. Als notwendige Bedingung lösen Sie die Gleichung $A'(x) = 0$ nach x auf. Setzen Sie den erhaltenen x-Wert in $A''(x)$ ein. Falls $A''(x) < 0$ handelt es sich um ein Maximum. Bestimmen Sie anschließend die Seitenlängen des Rechtecks.

4. Den Extrempunkt des Graphen von $g(x)$ bestimmen Sie mithilfe der 1. und 2. Ableitung, die Sie mit der Quotientenregel $\left(\frac{u}{v}\right)' = \frac{u' \cdot v - u \cdot v'}{v^2}$ erhalten. Als notwendige Bedingung lösen Sie die Gleichung $g'(x) = 0$ nach x auf. Setzen Sie den erhaltenen x-Wert in $g''(x)$ ein; falls das Ergebnis größer als Null ist, handelt es sich um einen Tiefpunkt. Den zugehörigen y-Wert erhalten Sie, indem Sie den x-Wert in $g(x)$ einsetzen.

5. a) Die Nullstellen der Funktion f erhalten Sie, indem Sie die Gleichung $f(x) = 0$ mithilfe des Satzes vom Nullprodukt nach x auflösen.

   b) Bilden Sie die 1. Ableitung von F mit der Produktregel $(u \cdot v)' = u' \cdot v + u \cdot v'$. Falls $F'(x) = f(x)$ gilt, ist F eine Stammfunktion von f.
   Verwenden Sie als Ansatz einer weiteren Stammfunktion G von f die Form:
   $G(x) = F(x) + c$. Stellen Sie mit $G(1) = 2e$ eine Gleichung auf und lösen Sie diese nach c auf.

6. a) α) Beachten Sie, dass der Graph der Sinusfunktion $f(x) = \sin x$ um 1 LE nach oben verschoben wird.

   β) Beachten Sie, dass die Periode p den Wert π hat und der Graph der Sinusfunktion $f(x) = \sin x$ nicht nach oben oder unten verschoben wird.

b) Die 1. Ableitung von $g_{a,c}(x)$ erhalten Sie mit der Kettenregel $(u(v))' = u'(v) \cdot v'$. Beachten Sie die Amplitude a der Ableitungsfunktion.

7. a) Eine allgemeine Kosinusfunktion hat die Form $h(x) = a \cdot \cos(b \cdot (x - c)) + d$. Dabei gibt a die Streckung in y-Richtung, b die Streckung/Stauchung in x-Richtung, c die Verschiebung in x-Richtung und d die Verschiebung in y-Richtung an. Die Periode p ergibt sich durch $p = \frac{2\pi}{b}$. Überlegen Sie, was beim vorliegenden Fall zutrifft. Fertigen Sie eine Skizze an.

   b) Die Nullstellen von g für $0 \leqslant x \leqslant 4$ erhalten Sie durch Lösen der Gleichung $g(x) = 0$. Substituieren Sie $\frac{\pi}{2}x = z$ und lösen Sie die entstandene Gleichung nach z auf. Durch Resubstitution erhalten Sie die gesuchten x-Werte.
   Alternativ können Sie die Nullstellen auch an der Skizze (falls vorhanden) ablesen und rechnerisch nachweisen.

8. Bestimmen Sie anhand der gegebenen Schaubilder die Funktionswerte und Steigungen für verschiedene x-Werte.
   Beachten Sie, dass der Graph von f bei $x = 2$ einen Tiefpunkt hat und dass der Graph von g eine Gerade mit negativer Steigung ist.

   a) Zur Bestimmung von $f(g(3))$ verwenden Sie $g(3)$ und den zugehörigen Funktionswert von f.
   Um einen Wert für x so zu bestimmen, dass $f(g(x)) = 0$ ist, verwenden Sie die Nullstellen von f. Setzen Sie diese gleich mit $g(x)$, lesen Sie die zugehörigen x-Werte ab.

   b) Die 1. Ableitung der Funktion h mit $h(x) = f(x) \cdot g(x)$ erhalten Sie mit der Produktregel $(u \cdot v)' = u' \cdot v + u \cdot v'$. Setzen Sie die abgelesenen Funktionswerte und Steigungen für $x = 2$ ein.

9. a) Leiten Sie f drei mal ab und bestimmen Sie die Wendestelle x_W mithilfe der notwendigen Bedingung $f''(x) = 0$. Prüfen Sie, ob $f'''(x_W) \neq 0$ ist. Den zugehörigen y-Wert y_W erhalten Sie, indem Sie x_W in $f(x)$ einsetzen. Die Steigung m_t der Tangente erhalten Sie, indem Sie x_W in $f'(x)$ einsetzen. Die Gleichung der Tangente t erhalten Sie mithilfe der Punkt-Steigungsform: $y - y_W = m_t \cdot (x - x_W)$.

   b) Setzen Sie den Term der Tangente im Wendepunkt gleich Null und lösen Sie die Gleichung nach x auf.

10. a) Überlegen Sie, wie der Graph von e^{-x} aus dem Graph von e^x hervorgeht und welche Bedeutung das Minuszeichen vor e^{-x} sowie die Zahl (+2) haben.

   b) Bestimmen Sie mithilfe der Kettenregel die 1. Ableitung von $f(x)$ und $g(x)$ und berechnen Sie $f(0)$, $g(0)$, $f'(0)$ und $g'(0)$.

11. (1) Beachten Sie, dass der Graph von f die Steigung des Graphen von F beschreibt. Eine Funktion F ist monoton wachsend, wenn gilt: $F'(x) \geqslant 0$.

    (2) Überlegen Sie, an welchen Stellen der Graph von f Punkte mit waagerechter Tangente hat. Daraus können Sie folgern, dass f' an diesen Stellen Nullstellen hat.

    (3) Verwenden Sie die Tatsache, dass f eine Stammfunktion von f' ist und berechnen Sie das Integral mithilfe des Hauptsatzes der Differential- und Integralrechnung: $\int_a^b f(x)\mathrm{d}x = F(b) - F(a)$.

    (4) Überlegen Sie, ob der Graph von f bei $x = 0$ einen Wendepunkt hat und wie groß die Steigung an dieser Stelle ist. Beachten Sie, dass der Graph von f für $-1 \leqslant x < 0$ und für $0 < x \leqslant 1$ eine negative Steigung hat.

12. a) Die gemeinsamen Punkte der Graphen von f und g erhalten Sie durch Gleichsetzen der Funktionsterme; lösen Sie die entstandene quadratische Gleichung mithilfe der pq- oder abc-Formel. Die zugehörigen y-Werte erhalten Sie, indem Sie die x-Werte jeweils in $f(x)$ oder $g(x)$ einsetzen.

    b) Um zu untersuchen, ob sich die beiden Graphen senkrecht schneiden, berechnen Sie mithilfe der 1. Ableitung von $f(x)$ und $g(x)$ jeweils die Steigung in den gemeinsamen Punkten P_1 und P_2. Ist die eine Steigung der negative Kehrwert der anderen Steigung bzw. gilt $f'(x) \cdot g'(x) = -1$, schneiden sich die beiden Graphen senkrecht.

13. a) Setzen Sie die beiden Funktionsterme gleich und lösen Sie die Gleichung mithilfe der pq- oder abc-Formel nach x auf. Die zugehörigen y-Werte erhalten Sie, indem Sie die erhaltenen x-Werte in $f(x)$ oder $g(x)$ einsetzen.

    b) Skizzieren Sie die Graphen von f und g. Beachten Sie, dass der Graph von f eine nach unten geöffnete Normalparabel und der Graph von g eine Ursprungsgerade ist. Den Inhalt A der Fläche, die von den Graphen der beiden Funktionen eingeschlossen wird, erhalten Sie mithilfe eines Integrals. Die Integrationsgrenzen sind die beiden Schnittstellen der Graphen. Überlegen Sie, ob der Graph von f oberhalb oder unterhalb des Graphen von g verläuft. Verwenden Sie den Hauptsatz der Differential- und Integralrechnung: $\int_a^b f(x)\mathrm{d}x = \mathrm{F(b)} - \mathrm{F(a)}$, wobei F eine Stammfunktion von f ist.

14. a) Überlegen Sie, welcher Punkt auf dem Graphen von f liegt, wo der Graph von f eine waagrechte Tangente oder einen Wendepunkt hat und ob es eine waagrechte Asymptoten gibt.

    b) Verwenden Sie zum Skizzieren die gegebenen Eigenschaften.

15. a) Bestimmen Sie $f(0)$.

b) Beachten Sie, dass der Graph der Funktion g mit $g(x) = f(x-a)$ der um a LE in x-Richtung verschobene Graph von f ist. Überlegen Sie, welche Abbildung einen solchen Graphen zeigt.
Der Graph der Funktion h mit $h(x) = b \cdot f(x)$ ist der mit dem Faktor b gestreckte/gestauchte Graph von f. Beachten Sie, dass bei einer Streckung/Stauchung die Nullstellen nicht verändert werden. Überlegen Sie, ob der Graph von f zusätzlich an der x-Achse gespiegelt wurde.

c) Beachten Sie, dass der Graph der noch nicht zugeordneten Abbildung aus dem Graphen von f durch Verschiebung in y-Richtung hervorgeht.

16. a) Zur Bestimmung des Monotonieverhaltens von f lesen Sie aus dem gegebenen Graph von f' ab, wo die Kurve oberhalb, auf bzw. unterhalb der x-Achse verläuft. Ist $f'(x) \geqslant 0$, so ist f monoton wachsend.
Zur Bestimmung der Extremstellen von f lesen Sie die Schnittstellen der zu f' gehörigen Kurve mit der x-Achse (Nullstellen mit Vorzeichenwechsel) ab.
Zur Bestimmung der Wendestellen von f lesen Sie die Extremstellen von f' ab.

b) Um den Graph von f zu skizzieren, verwenden Sie obige Aussagen. Bestimmen Sie die Art der Extremstelle und beachten Sie jeweils die Steigung in den Wendepunkten, die Sie am Graph von f' ablesen können.

17. a) Verwenden Sie für die Funktion h den Ansatz $h(x) = ax^2 + bx + c$ sowie deren 1. Ableitung.
Stellen Sie mithilfe der gegebenen Punkte und der Steigung im Tiefpunkt drei Gleichungen auf und lösen Sie das entstandene lineare Gleichungssystem.

b) Die Schnittpunkte des Graphen von h mit der x-Achse erhalten Sie durch Lösen der Gleichung $h(x) = 0$. Verwenden Sie die abc- oder pq-Formel.

18. a) Eine Stammfunktion F von f erhalten Sie mithilfe der partiellen Integration:
$\int u'(x) \cdot v(x) \mathrm{d}x = u(x) \cdot v(x) - \int u(x) \cdot v'(x) \mathrm{d}x$.
Wählen Sie $u'(x) = e^{-x}$ und $v(x) = x$.

b) Bestimmen Sie eine mögliche Extremstelle durch Lösen der Gleichung $\mathrm{F}'(x) = 0$ bzw. $f(x) = 0$.
Um zu prüfen, ob die Ableitung von $\mathrm{F}(x)$, also $f(x)$, an der Extremstelle x_E das Vorzeichen wechselt, betrachten Sie $f(x)$ für $x < x_\mathrm{E}$ bzw. $x > x_\mathrm{E}$.

19. a) Die zweite Ableitung f'' erhalten Sie, indem Sie die gegebene 1. Ableitung mithilfe der Produkt- und Kettenregel ableiten: $(u(x) \cdot v(x))' = u'(x) \cdot v(x) + u(x) \cdot v'(x)$ sowie $(u(v(x)))' = u'(v(x)) \cdot v'(x)$.

b) Bestimmen Sie die doppelte Nullstelle von f sowie das Verhalten von $f(x)$ für $x \to \infty$.

20. a) Lösen Sie die Gleichung $f_a(-2) = -2$ durch Logarithmieren nach a auf; beachten Sie, dass $\ln 1 = 0$ ist.

    b) Bestimmen Sie mithilfe der Produkt- und Kettenregel die 1. und 2. Ableitung von f_a. Lösen Sie als notwendige Bedingung die Gleichung $f_a{}'(x) = 0$ nach x auf. Setzen Sie den erhaltenen x-Wert in $f_a{}''(x)$ ein; falls $f_a{}''(x) > 0$ handelt es sich um einen Tiefpunkt.

21. a) Die Nullstellen der Funktion f_a erhalten Sie, indem Sie die Gleichung $f_a(x) = 0$ nach a auflösen.

    b) Bestimmen Sie zuerst die 1. Ableitung von f_a mithilfe der Produkt- und Kettenregel. Setzen Sie die positive Nullstelle von f_a in $f_a{}'(x)$ ein. Falls das erhaltene Ergebnis ungleich Null ist, ist die notwendige Bedingung für eine Extremstelle nicht erfüllt.

22. a) Beachten Sie, dass $\mathrm{H}(x) = \mathrm{F}(x) + 1$ ist und zeigen Sie durch Ableiten, dass $\mathrm{H}'(x) = f(x)$; verwenden Sie dazu $\mathrm{F}'(x) = f(x)$.

    b) Beachten Sie, dass für $0 \leqslant x \leqslant 3$ ein Teil des Graphen von f unterhalb und ein Teil oberhalb der x-Achse verläuft.

    c) Den Inhalt A der Fläche, die G_f im ersten Quadranten mit der x-Achse einschließt, erhalten Sie mithilfe eines Integrals; die Integrationsgrenzen sind die Nullstellen $x_1 = 1$ und $x_2 = 3$. Verwenden Sie als Stammfunktion die gegebene Funktion F sowie den Hauptsatz der Differential- und Integralrechnung: $\int_a^b f(x)\mathrm{d}x = \mathrm{F}(b) - \mathrm{F}(a)$.

23. a) Beachten Sie, dass der Graph von f eine Extremstelle (Minimum) hat, so dass der Graph von f' an dieser Stelle eine Nullstelle mit Vorzeichenwechsel von $-$ nach $+$ hat.

    Beachten Sie, dass der Graph von f eine Wendestelle mit positiver Steigung hat, so dass der Graph von f' an dieser Stelle eine Extremstelle (Maximum) hat.

    Beachten Sie, dass der Graph von f eine Wendestelle mit Steigung Null (Sattelpunkt) hat, so dass der Graph von f' an dieser Stelle eine Nullstelle ohne Vorzeichenwechsel, d.h. eine Extremstelle hat. Kontrollieren Sie, ob die Steigung vor und nach dem Sattelpunkt positiv ist, so dass der Graph von f' an dieser Stelle ein Minimum hat.

    b) Überlegen Sie, wie viele Wendepunkte der Graph von f mindestens besitzt und wie viele Lösungen damit die Gleichung $f''(x) = 0$ mindestens hat. Schließen Sie dann vom Grad der Funktionsgleichung der 2. Ableitungsfunktion auf den Grad von f.

24. a) Zur Berechnung des Integrals verwenden Sie den Hauptsatz der Differential- und Integralrechnung: $\int_a^b f(x)\mathrm{d}x = \mathrm{F}(b) - \mathrm{F}(a)$.

b) Beachten Sie, dass der Flächeninhalt der Fläche A, die der Graph von f im ersten Quadranten mit den Koordinatenachsen einschließt, den Inhalt 54 hat und dass der Flächeninhalt der Fläche A_1, die der Graph von f mit der x-Achse und den Geraden $x = 0$ und $x = 1$ einschließt, den Inhalt $\int_0^1 f(x)\mathrm{d}x = 22$ hat.
Da die Gerade g durch den Punkt H verläuft und die gesamte Fläche A in zwei Teilflächen gleichen Inhalts teilen soll, hat jede Teilfläche den Inhalt $\frac{54}{2} = 27$. Bestimmen Sie damit den Flächeninhalt des entstandenen rechtwinkligen Dreiecks und berechnen Sie die Länge der Grundseite g auf der x-Achse mithilfe der Formel $A_{\text{Dreieck}} = \frac{g \cdot h}{2}$. Überlegen Sie, wie groß die zugehörige Höhe h ist. Bestimmen Sie die Koordinaten des Schnittpunkts der Geraden g mit der x-Achse.

25. a) Beachten Sie, dass die ln-Funktion nur für positive Zahlen definiert ist und der Nenner nicht Null sein darf.

b) Zur Bestimmung der Gleichung der Tangente an den Graphen von f im Punkt $(1 \mid f(1))$ benötigen Sie den zugehörigen Funktionswert $y_1 = f(1)$ und die Steigung m_t, die Sie mithilfe der 1. Ableitung von f erhalten. Verwenden Sie die Quotientenregel und setzen Sie $x_1 = 1$ in $f'(x)$ ein.
Die Tangentengleichung erhalten Sie mit der Punkt-Steigungsform $y - y_1 = m_t \cdot (x - x_1)$ oder mit der Hauptform $y = m_t \cdot x + b$.

26. a) Überlegen Sie, welche Bedeutung die Nullstellen sowie die Extremstelle von f für die Funktion F haben. Beachten Sie, dass F keine eindeutige Stammfunktion ist.

b) Schreiben Sie $F(6) - F(2)$ mithilfe des Hauptsatzes der Differential- und Integralrechnung als Integral und interpretieren Sie dieses als Flächeninhalt der Fläche zwischen dem Graph von f und der x-Achse. Schätzen Sie dann diesen Flächeninhalt ab.

27. Überlegen Sie, welcher Graph der Wurzelfunktion aufgrund der Steigung im Schnittpunkt mit der x-Achse zugeordnet werden kann und bestimmen Sie die Koordinaten eines Punktes, um den Parameter r zu erhalten.
Beachten Sie, dass nur eine der gegebenen Funktionen eine waagrechte Asymptote besitzt. Den Parameter s erhalten Sie, indem Sie die Gleichung der waagrechten Asymptote bestimmen.
Für die Funktion $\ln x$ muss gelten: $\ln e = 1$.

28. a) Beachten Sie, dass der Graph von f eine verschobene Normalparabel und der Graph von g eine Gerade ist.

b) Stellen Sie zuerst eine Funktion $d(x)$ auf, welche die Differenz der Funktionswerte von f und g angibt. Anschließend bestimmen Sie das Minimum von $d(x)$ mit der 1. und 2. Ableitung von $d(x)$. Als notwendige Bedingung lösen Sie die Gleichung $d'(x) = 0$ und prüfen Sie, ob $d''(x) > 0$ ist.

29. a) Die Wendestelle des Graphen von f_t erhalten Sie mithilfe der 2. und 3. Ableitung von f_t. Lösen Sie als notwendige Bedingung die Gleichung $f_t''(x) = 0$ nach x auf und prüfen Sie, ob $f_t'''(x) \neq 0$ ist.

    b) Bestimmen Sie die Nullstellen von f_t durch Lösen der Gleichung $f_t(x) = 0$. Verwenden Sie den Satz vom Nullprodukt und lösen Sie die quadratische Gleichung mithilfe der pq-Formel. Führen Sie eine Fallunterscheidung durch.

30. a) Überlegen Sie, wie der Graph von f aus dem Graphen von $\cos x$ hervorgeht.

    b) Bestimmen Sie die y-Werte der Hoch- und Tiefpunkte.

    c) Überlegen Sie, wie man den Graphen von $\sin x$ verschieben muss, um den Graphen der Funktion f zu erhalten.

31. a) Bestimmen Sie den y-Wert von P, indem Sie den x-Wert von P in $f(x)$ einsetzen. Die Steigung m_P der Tangente in P erhalten Sie mithilfe der 1. Ableitung. Zur Bestimmung der Gleichung der Tangente verwenden Sie die Punkt-Steigungsform $y - y_1 = m \cdot (x - x_1)$.

    b) Den Schnittpunkt der Tangente mit der x-Achse erhalten Sie, indem Sie den Term der Gleichung der Tangente gleich Null setzen und die Gleichung nach x auflösen.

32. a) Bestimmen Sie mithilfe der Quotientenregel die 1. Ableitung von $f(x)$ und setzen Sie diese gleich Null. Die y-Werte der Punkte mit waagrechter Tangente erhalten Sie durch Einsetzen der so erhaltenen x-Werte in $f(x)$.

    b) Zur Bestimmung der Gleichung der Normalen n benötigen Sie zuerst die Steigung m_t der Tangente im Punkt P. Setzen Sie hierzu den x-Wert von P in $f'(x)$ ein. Die Normalensteigung m_n erhalten Sie als den negativen Kehrwert von m_t. Nun setzen Sie die Koordinaten des Punkts P und die Normalensteigung in die Punkt-Steigungsform $y - y_1 = m \cdot (x - x_1)$ ein und erhalten so die Gleichung der Normalen n.

33. a) Setzen Sie die x-Koordinate von C in $f(x)$ ein.

    b) Skizzieren Sie das Rechteck ABCD und den Graphen von f und bestimmen Sie die Schnittstellen des Graphen von f mit dem Rechteck. Den Flächeninhalt A_1 der unteren Teilfläche erhalten Sie mithilfe eines Integrals. Die Integrationsgrenzen sind die Schnittstellen. Bestimmen Sie den Flächeninhalt des Rechtecks und damit den Flächeninhalt A_2 der oberen Teilfläche. Das Verhältnis v der Inhalte der beiden Teilflächen erhalten Sie, indem Sie die eine Teilfläche durch die andere Teilfläche teilen.

34. a) Setzen Sie $x = 4$ in $f(x)$, $f'(x)$ und $f''(x)$ ein und zeigen Sie damit, dass der Graph von f bei $x = 4$ einen Hochpunkt hat.

    b) Überlegen Sie, welche Stellen der Funktion f durch die gegebene Gleichung berechnet werden, wie viele Extrempunkte der Graph von f haben kann und wo diese liegen.

35. a) Den Zeitraum, in dem die Zuflussrate größer als $3\,\frac{\mathrm{m}^3}{\mathrm{h}}$ ist, erhalten Sie, indem man den Graph von f mit der Geraden $y = 3$ schneiden Lesen Sie die Schnittstellen näherungsweise ab.

b) Überlegen Sie, zu welchem Zeitpunkt keine Flüssigkeit mehr zufließt bzw. ab welchem Zeitpunkt die Zuflussrate negativ ist.

c) Das gesuchte Volumen erhalten Sie mithilfe eines Integrals, da die Zuflüsse summiert werden. Einen Wert für das Integral können Sie näherungsweise ermitteln, indem Sie den Flächeninhalt A der Fläche zwischen dem Graphen von f und der Zeitachse im Intervall $[0\,;\,3]$ abschätzen.

36. a) Den y-Wert des Punktes $\mathrm{P}_a\,(1 \mid f_a(1))$ erhalten Sie, indem Sie $x = 1$ in $f_a(x)$ einsetzen.

b) Zur Bestimmung der Gleichung der Tangente t_a an den Graphen der Funktion f_a im Punkt P_a benötigen Sie die Koordinaten des Punktes P_a sowie die Steigung m_a in P_a. Die Steigung m_a in P_a erhalten Sie, indem Sie $x = 1$ in die 1. Ableitung von f_a einsetzen, die Sie mit der Kettenregel bestimmen. Setzen Sie die Koordinaten von P_a und die Steigung m_a in die Punkt-Steigungsform $y - y_1 = m \cdot (x - x_1)$ ein.

37. Beachten Sie bei der Bestimmung der jeweiligen Definitionsmenge, dass ein Nenner nicht Null sein darf, dass unter einer Wurzel keine negative Zahl stehen darf und dass eine Logarithmusfunktion nur für positive Zahlen definiert ist. Die Nullstellen einer Funktion f erhalten Sie durch Auflösen der Gleichung $f(x) = 0$ nach x.

38. Überlegen Sie, welche Steigung m_t die Tangente hat und bestimmen Sie die Koordinaten des Berührpunktes B, indem Sie diese Steigung mit der 1. Ableitung von f gleichsetzen. Anschließend setzen Sie die Koordinaten von B und m_t in die Punkt-Steigungsform $y - y_1 = m \cdot (x - x_1)$ ein oder Sie verwenden die Hauptform $y = m \cdot x + b$.

39. a) Überlegen Sie, aus welchen Flächen sich geometrisch betrachtet das Integral zusammensetzt, wo diese liegen und wie groß sie sind.

b) Wählen Sie z.B. die Funktion f mit $f(x) = x^3$.

40. a) Die Nullstellen von f erhalten Sie durch Auflösen der Gleichung $f(x) = 0$ nach x. Setzen Sie jede Klammer gleich Null und lösen Sie die entstandenen Gleichungen durch Logarithmieren bzw. Ausklammern von x und Wurzelziehen nach x auf.

b) Schreiben Sie den Term von g als Potenz und verwenden Sie die Integrationsregel $\int x^r \mathrm{d}x = \frac{x^{r+1}}{r+1} + C$. Setzen Sie die Koordinaten des gegebenen Punktes in die Stammfunktion D von g ein und bestimmen Sie C.

41. a) Die Nullstellen von f_a erhalten Sie, indem Sie die Gleichung $f_a(x) = 0$ nach x auflösen. Klammern Sie dazu x^4 aus und verwenden Sie den Satz vom Nullprodukt. Die

Lösung der quadratischen Gleichung erhalten Sie durch Wurzelziehen. Überlegen Sie, für welche Werte von a der Radikand (Ausdruck unter der Wurzel) positiv ist.

b) Die Extremstellen von f_a erhalten Sie mithilfe der 1. und 2. Ableitung von f_a, die Sie mit der Potenzregel bestimmen. Setzen Sie $x = 1$ in die notwendige Bedingung $f_a{}'(x) = 0$ ein und lösen Sie die Gleichung nach a auf. Setzen Sie den erhaltenen a-Wert und $x = 1$ in $f_a{}''(x)$ ein; falls das Ergebnis größer als Null ist, liegt ein Minimum vor.

42. a) Den Schnittpunkt des Graphen von f_k mit der x-Achse erhalten Sie, indem Sie die Gleichung $f_k(x) = 0$ nach x auflösen.

b) Überlegen Sie, was mithilfe der Terme $\int_0^a f_3(x)\mathrm{d}x$ und $\int_0^b f_4(x)\mathrm{d}x$ berechnet wird. Beachten Sie, dass der Flächeninhalt A des markierten Flächenstücks einen positiven Wert aufweist.

43. a) Den Wendepunkt des Graphen von f erhalten Sie mithilfe der 2. und 3. Ableitung von f, die Sie mit der Potenzregel bestimmen. Als notwendige Bedingung lösen Sie die Gleichung $f''(x) = 0$ nach x auf. Setzen Sie den erhaltenen x-Wert in $f'''(x)$ ein; falls das Ergebnis ungleich Null ist, handelt es sich um eine Wendestelle. Den zugehörigen y-Wert erhalten Sie, indem Sie den erhaltenen x-Wert in $f(x)$ einsetzen. Setzen Sie anschließend die Koordinaten von W in die gegebene Geradengleichung ein; bei einer wahren Aussage liegt der Wendepunkt von f auf der Geraden.

b) Überlegen Sie anhand der gegebenen Punkte, wie der Graph der Funktion f verschoben wurde. Beachten Sie, dass für die Funktionsgleichung der Funktion h, deren Graph um b nach rechts und c nach oben verschoben wurde, gilt : $h(x) = f(x-b)+c$.

44. (1) Prüfen Sie, ob beim Graph von f' eine Nullstelle mit Vorzeichenwechsel von $-$ nach $+$ vorliegt.

(2) Prüfen Sie, ob f für $-2 < x < -1$ streng monoton wachsend ist; dies ist der Fall, wenn in diesem Intervall der Graph von f' oberhalb der x-Achse verläuft. Alternativ können Sie auch mithilfe eines Integrals und dem zugehörigen Flächeninhalt argumentieren.

(3) Bestimmen Sie $f''(-2)$ mithilfe der Steigung des Graphen von f' sowie $f'(-2)$ mithilfe des gegebenen Graphen.

(4) Überlegen Sie anhand der Anzahl der Extrempunkte von f', welchen Grad f' hat. Beachten Sie, dass bei einer ganzrationalen Funktion gilt: Grad f = Grad $f' + 1$.

45. a) Als Ansatz für eine ganzrationale Funktion f dritten Grades verwenden Sie
$f(x) = ax^3 + bx^2 + cx + d$ mit $f'(x) = 3ax^2 + 2bx + c$.
Beachten Sie, dass der Graph von f im Ursprung einen Hochpunkt mit Steigung Null hat und stellen Sie daraus zwei Bedingungen auf. Bestimmen Sie den y-Wert des

Punktes, der auf der Tangente liegt und bestimmen Sie die Steigung in diesem Punkt. Stellen Sie daraus zwei weitere Bedingungen auf. Lösen Sie das zugehörige lineare Gleichungssystem mithilfe des Gaußschen Eliminationsverfahrens.

b) Skizzieren Sie die Gerade mit der Gleichung $y = 4 - \frac{1}{2}x$ im Intervall $[0\,;4]$, welche um die x-Achse rotiert. Beachten Sie, dass ein abgeschnittener Körper vorliegt.

46. a) Beachten Sie die Anzahl der Extrempunkte, die Symmetrie und das Verhalten der Graphen für $x \to \pm\infty$.

b) Das angegebene Integral erhalten Sie mithilfe des Hauptsatzes der Differential- und Integralrechnung. Verwenden Sie die angegebene Funktion h als Stammfunktion.

47. a) Beachten Sie, dass das Argument des ln größer als Null sein muss und lösen Sie die entprechende Ungleichung. Überlegen Sie, welche Wertemenge die ln-Funktion hat.

b) Den Schnittpunkt N von G mit der x-Achse erhalten Sie durch Lösen der Gleichung $f(x) = 0$. Die Steigung m in N erhalten Sie, indem Sie den erhaltenen x-Wert in $f'(x)$ einsetzen. Leiten Sie dazu f mit der Kettenregel ab. Sie erhalten die Gleichung der Tangente, indem Sie m und die Koordinaten von N in die Punkt-Steigungsform $y - y_1 = m \cdot (x - x_1)$ einsetzen.

48. a) Die Koordinaten des Extrempunkts E_a des Graphen von f_a erhalten Sie mithilfe der 1. und 2. Ableitung von f_a, die Sie mit der Produkt- und Kettenregel bestimmen. Als notwendige Bedingung lösen Sie die Gleichung $f_a{}'(x) = 0$ nach x auf. Setzen Sie den erhaltenen x-Wert in $f_a{}''(x)$ ein; falls das Ergebnis ungleich Null ist, handelt es sich um einen Extrempunkt. Den zugehörigen y-Wert bestimmen Sie, indem Sie den erhaltenen x-Wert in $f_a(x)$ einsetzen.

b) Setzen Sie den x-Wert von E_a gleich 2 und lösen Sie die Gleichung nach a auf.

2 Analytische Geometrie/ Lineare Algebra

2.1 Analytische Geometrie

Für das Rechnen mit Vektoren gelten folgende Gesetze:

Addition: $\begin{pmatrix} a_1 \\ a_2 \\ a_3 \end{pmatrix} + \begin{pmatrix} b_1 \\ b_2 \\ b_3 \end{pmatrix} = \begin{pmatrix} a_1+b_1 \\ a_2+b_2 \\ a_3+b_3 \end{pmatrix}$, Subtraktion: $\begin{pmatrix} a_1 \\ a_2 \\ a_3 \end{pmatrix} - \begin{pmatrix} b_1 \\ b_2 \\ b_3 \end{pmatrix} = \begin{pmatrix} a_1-b_1 \\ a_2-b_2 \\ a_3-b_3 \end{pmatrix}$

Skalare Multiplikation: $s \cdot \begin{pmatrix} a_1 \\ a_2 \\ a_3 \end{pmatrix} = \begin{pmatrix} s \cdot a_1 \\ s \cdot a_2 \\ s \cdot a_3 \end{pmatrix}$ (Zahl · Vektor = Vektor) für $s \in \mathbb{R}$.

Skalarprodukt: $\begin{pmatrix} a_1 \\ a_2 \\ a_3 \end{pmatrix} \cdot \begin{pmatrix} b_1 \\ b_2 \\ b_3 \end{pmatrix} = a_1 \cdot b_1 + a_2 \cdot b_2 + a_3 \cdot b_3$ (Vektor · Vektor = Zahl),

Betrag bzw. Länge: $\left| \begin{pmatrix} a_1 \\ a_2 \\ a_3 \end{pmatrix} \right| = \sqrt{a_1^2 + a_2^2 + a_3^2}$.

1. a) Um die beiden Ebenen in einem gemeinsamen Koordinatensystem darzustelllen, bestimmen Sie die jeweiligen Spurpunkte. Dazu setzen Sie jeweils zwei Koordinaten gleich Null. Bei einem Widerspruch ist die Ebene parallel zu der entsprechenden Koordinatenachse.

   Eine Gleichung der Schnittgeraden s von E und F erhalten Sie, indem Sie die Gleichung durch die berechneten Spurpunkte aufstellen. Alternativ können Sie auch das lineare Gleichungssystem, welches aus den beiden Ebenengleichungen besteht, lösen. Wählen Sie z.B. $x_2 = t$ und berechnen Sie x_1 und x_3 in Abhängigkeit von t. Schreiben Sie das erhaltene Ergebnis als Geradengleichung.

   b) Überlegen Sie, welche beiden Spurpunkte die Ebene G enthält. Verwenden Sie einen dieser Punkte als Stützpunkt.

   Da G parallel zur x_1-Achse ist, ist ein Spannvektor von G ein Richtungsvektor der x_1-Achse, der andere Spannvektor ist der Verbindungsvektor der beiden Spurpunkte. Damit erhalten Sie eine Parametergleichung der Ebene G.

   Alternativ können Sie auch als allgemeinen Ansatz der Ebene G die Koordinatengleichung $G: ax_1 + bx_2 + cx_3 = d$ mit Normalenvektor $\vec{n} = \begin{pmatrix} a \\ b \\ c \end{pmatrix}$ wählen. Beachten Sie, dass das Skalarprodukt des Normalenvektors $\vec{n}$ von G und des Richtungsvektors $\vec{r}$ der x_1-Achse gleich Null ist, da G parallel zur x_1-Achse ist . Setzen Sie die beiden Spurpunkte in die allgemeine Koordinatengleichung von G ein und lösen Sie das Gleichungssystem.

Das Vektorprodukt

Wenn man einen Vektor $\vec{n}$ sucht, der senkrecht auf zwei gegebenen Vektoren $\vec{a}$ und $\vec{b}$ steht (der Normalenvektor), geschieht dies einfach und schnell mit dem Vektorprodukt:

$$\vec{n} = \left(\vec{a} \times \vec{b}\right) = \begin{pmatrix} a_2b_3 & - & a_3b_2 \\ a_3b_1 & - & a_1b_3 \\ a_1b_2 & - & a_2b_1 \end{pmatrix}$$

Die Merkhilfe dazu:

1. Beide Vektoren werden je zweimal untereinandergeschrieben, dann werden die erste und die letzte Zeile gestrichen.
2. Anschließend wird «über Kreuz» multipliziert. Dabei erhalten die abwärts gerichteten Pfeile ein positives und die aufwärts gerichteten Pfeile ein negatives Vorzeichen.
3. Die einzelnen Komponenten werden subtrahiert – fertig!

$$\begin{array}{cc} \not{a_1} & \not{b_1} \\ a_2 & b_2 \\ a_3 & b_3 \\ a_1 & b_1 \\ a_2 & b_2 \\ \not{a_3} & \not{b_3} \end{array} \qquad \begin{array}{cc} a_2 & b_2 \\ a_3 & b_3 \\ a_1 & b_1 \\ a_2 & b_2 \end{array} \Rightarrow \begin{pmatrix} a_2b_3 - a_3b_2 \\ a_3b_1 - a_1b_3 \\ a_1b_2 - a_2b_1 \end{pmatrix}$$

Beispiel: Sind $\vec{a} = \begin{pmatrix} 1 \\ 3 \\ 2 \end{pmatrix}$ und $\vec{b} = \begin{pmatrix} -1 \\ 4 \\ 0 \end{pmatrix}$, ergibt sich für den gesuchten Vektor:

$$\begin{array}{cc} \not{1} & \not{-1} \\ 3 & 4 \\ 2 & 0 \\ 1 & -1 \\ 3 & 4 \\ \not{2} & \not{0} \end{array} \Rightarrow \begin{array}{cc} 3 & 4 \\ 2 & 0 \\ 1 & -1 \\ 3 & 4 \end{array} \Rightarrow \begin{pmatrix} 3 \cdot 0 - 2 \cdot 4 \\ 2 \cdot (-1) - 1 \cdot 0 \\ 1 \cdot 4 - 3 \cdot (-1) \end{pmatrix} = \begin{pmatrix} -8 \\ -2 \\ 7 \end{pmatrix}$$

Anmerkung:
Mithilfe des Vektoprodukts lässt sich die Fläche des Dreiecks ABC direkt ausrechnen. Es ist:

$$A_{\triangle} = \frac{1}{2}\left|\overrightarrow{AB} \times \overrightarrow{AC}\right|$$

Außerdem gilt für das Volumen eines von den drei Vektoren $\vec{a}$, $\vec{b}$ und $\vec{c}$ aufgespannten Spats:

$$V_{Spat} = \left|\left(\vec{a} \times \vec{b}\right) \cdot \vec{c}\right|$$

2. Skizzieren Sie die Problemstellung. Stellen Sie die Gleichung der Geraden g durch A und B auf. Den Abstand des Punktes C von der Geraden g erhalten Sie, indem Sie eine Hilfsebene E_H aufstellen, die durch C geht und orthogonal zu g verläuft, d.h. als Normalenvektor $\vec{n}$ von E_H können Sie den Richtungsvektor $\vec{r}_g$ von g wählen. Setzen Sie dazu den Ortsvektor von C und $\vec{n} = \vec{r}_g$ in die Punkt-Normalenform $(\vec{x} - \vec{c}) \cdot \vec{n} = 0$ ein. Anschließend schneiden Sie E_H und g und berechnen den Abstand von C zum Schnittpunkt S, indem Sie den Betrag des Verbindungsvektors von C zu S bestimmen.
   Alternativ können Sie auch überlegen, dass der Verbindungsvektor von C zu einem allgemeinen Punkt P_t der Geraden orthogonal zum Richtungsvektor $\vec{r}_g$ der Geraden g sein muss, also dass das Skalarprodukt der beiden Vektoren Null ergeben muss. Lösen Sie die entstandene Gleichung nach t auf und bestimmen Sie damit die Koordinaten eines Punktes S auf g. Bestimmen Sie den Betrag des Verbindungsvektors von C zu S.

3. Skizzieren Sie die Problemstellung.
   Überlegen Sie, wie Sie den Abstand von M zur Ebene E bestimmen können.
   Zur Bestimmung des Berührpunkts B verwenden Sie eine geeignete Lotgerade.

4. a) Zeigen Sie mithilfe des Skalarprodukts, dass der Normalenvektor der Ebene F senkrecht auf beiden Spannvektoren der Ebene E steht (das Skalarprodukt zweier Vektoren ist genau dann gleich Null, wenn diese senkrecht aufeinander stehen). Alternativ können Sie auch mithilfe des Kreuzprodukts einen Normalenvektor von E bestimmen und zeigen, dass dieser ein Vielfaches des Normalenvektors von F ist.

   b) Um den Abstand der beiden Ebenen zu bestimmen, setzen Sie einen Punkt von E und die Ebene F in Koordinatenform in die Abstandsformel $d(P; F) = \frac{|a \cdot p_1 + b \cdot p_2 + c \cdot p_3 - d|}{\sqrt{a^2+b^2+c^2}}$ ein, wobei $\begin{pmatrix} a \\ b \\ c \end{pmatrix}$ ein Normalenvektor von F ist.

5. a) Prüfen Sie, ob die Richtungsvektoren ein Vielfaches voneinander sind.

   b) Skizzieren Sie die Problemstellung.
   Um den Abstand der beiden Geraden zu bestimmen, stellen Sie die Gleichung einer Hilfsebene E_H orthogonal zur Geraden h durch den Stützpunkt G der Geraden g auf und schneiden E_H mit h. Wählen Sie Normalenvektor $\vec{n}$ von E_H den Richtungsvektor von g. Anschließend berechnen Sie den Abstand des berechneten Schnittpunkts zum Stützpunkt G mithilfe des Betrags des Verbindungsvektors der beiden Punkte.

6. a) Skizzieren Sie die Problemstellung. Die Koordinaten von Q erhalten Sie mithilfe einer Vektorkette.

   b) Bestimmen Sie den Radius r der Kugel als Abstand von M zu P, indem Sie die Länge des Verbindungsvektors berechnen. Überlegen Sie, wie groß der Abstand d von M zur

x_1x_2-Ebene ($x_3 = 0$) ist. Falls $r = d$ berührt die Kugel die x_1x_2-Ebene.

7. a) Überlegen Sie, zu welcher Koordinatenachse die Ebene E parallel ist.

   b) Berechnen Sie den Abstand e von Z zu E mithilfe der Abstandsformel $e = \frac{|n_1 \cdot p_1 + n_2 \cdot p_2 + n_3 \cdot p_3 + n_0|}{|\vec{n}|}$. Falls $e < r$ schneidet die Kugel die Ebene E.

8. a) Bestimmen Sie mithilfe des Kreuzprodukts (siehe Seite 60) zweier Verbindungsvektoren der drei Punkte von E einen Normalenvektor $\vec{n}$ von E.
   Prüfen Sie, ob das Skalarprodukt von $\vec{n}$ mit dem Richtungsvektor der Geraden g Null ergibt.

   b) Um den Abstand von g und E zu berechnen, bestimmen Sie eine Koordinatengleichung von E und setzen den Stützpunkt P von g und die Ebene E in die Abstandsformel $\mathrm{d}(\mathrm{P};\mathrm{E}) = \frac{|a \cdot p_1 + b \cdot p_2 + c \cdot p_3 - d|}{\sqrt{a^2+b^2+c^2}}$ ein, wobei $\begin{pmatrix} a \\ b \\ c \end{pmatrix}$ ein Normalenvektor von E ist.

9. Skizzieren Sie die möglichen Lagebeziehungen der beiden Ebenen.
   Überlegen Sie, wie die Normalenvektoren zueinander stehen müssen, damit die Ebenen parallel sind oder sich schneiden; beachten Sie, dass eine Punktprobe notwendig ist, um den Spezialfall, dass E_1 und E_2 identisch sind, zu untersuchen.

10. a) Bestimmen Sie die Spurpunkte von E (E ist zu einer Koordinatenachse parallel!)

    b) Schreiben Sie die Gerade g als allgemeinen Punkt P_g und setzen Sie diesen in die Koordinatengleichung von E ein. Bei einem Widerspruch ist g parallel zu E, bei einer wahren Aussage liegt g in E, bei einer eindeutigen Lösung gibt es einen Schnittpunkt.

    c) Den Abstand d des Ursprungs von E erhalten Sie mithilfe der Abstandsformel:
    $\mathrm{d}(\mathrm{P};\mathrm{E}) = \frac{|a \cdot p_1 + b \cdot p_2 + c \cdot p_3 - d|}{\sqrt{a^2+b^2+c^2}}$, wobei $\begin{pmatrix} a \\ b \\ c \end{pmatrix}$ ein Normalenvektor von E ist.

11. Skizzieren Sie die Problemstellung. Überlegen Sie, wie Sie mithilfe einer Hilfsebene durch A und A′ und deren Schnittpunkt mit g eine geeignete Vektorkette aufstellen können.

12. a) Lösen Sie das lineare Gleichungssystem mithilfe des Gaußschen Lösungsverfahrens. Hat eine Gleichung noch zwei Unbekannte, setzen Sie eine Unbekannte gleich t und bestimmen Sie die anderen Unbekannten in Abhängigkeit von t.

    b) Überlegen Sie, welches die geometrischen Entsprechungen einer Gleichung bzw. der Lösungsmenge des LGS sind.

13. a) Den Abstand d(P; E) des Punktes P von der Ebene E erhalten Sie mithilfe der Abstandsformel: $d(P;E) = \frac{|a \cdot p_1 + b \cdot p_2 + c \cdot p_3 - d|}{\sqrt{a^2+b^2+c^2}}$, wobei $\begin{pmatrix} a \\ b \\ c \end{pmatrix}$ ein Normalenvektor von E ist.
Alternativ können Sie auch eine Lotgerade von Punkt P auf die Ebene E aufstellen und diese mit E schneiden. Anschließend berechnen Sie die Länge des Verbindungsvektors von P zum Schnittpunkt.

b) Skizzieren Sie die Problemstellung.
Die Koordinaten des Punktes Q erhalten Sie mithilfe einer Vektorkette.

14. Skizzieren Sie die Problemstellung.
Überlegen Sie, wie Sie den Spiegelpunkt A′ des Stützpunktes A der Geraden erhalten können. Stellen Sie mithilfe von S und A′ eine Geradengleichung der Spiegelgeraden g' auf.

15. a) Skizzieren Sie die Problemstellung.
Um nachzuweisen, dass E und g parallel zueinander sind, berechnen Sie das Skalarprodukt des Normalenvektors $\vec{n}$ der Ebene E und des Richtungsvektors $\vec{r}_g$ der Geraden g; ist das Ergebnis gleich Null, sind $\vec{n}$ und $\vec{r}_g$ orthogonal zueinander und damit E und g parallel.

b) Um den Abstand von E und g zu bestimmen, ermitteln Sie zuerst eine Koordinatengleichung von E, indem Sie die gegebene Normalenform ausmultiplizieren.
Der Abstand d(g; E) von E und g entspricht dem Abstand d(P; E) des Stützpunktes $P(7 \mid 5 \mid -7)$ der Geraden g von der Ebene E. Diesen erhalten Sie mithilfe der Abstandsformel: $d(P;E) = \frac{|a \cdot p_1 + b \cdot p_2 + c \cdot p_3 - d|}{\sqrt{a^2+b^2+c^2}}$, wobei $\begin{pmatrix} a \\ b \\ c \end{pmatrix}$ ein Normalenvektor von E ist.
Alternativ können Sie auch eine Lotgerade von Punkt P auf die Ebene E aufstellen und diese mit E schneiden; anschließend berechnen Sie die Länge des Verbindungsvektors von P zum Schnittpunkt.

16. Skizzieren Sie die Problemstellung.
Überlegen Sie, wie man eine Hilfsebene E_H aufstellen kann, die durch A geht und orthogonal zu g ist und wie man den Punkt B mithilfe von E_H und g erhalten kann.

17. Bestimmen Sie zuerst eine Koordinatengleichung von E, indem Sie die angegebene Normalenform mithilfe des Skalarprodukts ausmultiplizieren. Lösen Sie das aus den Gleichungen von E und F entstandene lineare Gleichungssystem. Setzen Sie eine Unbekannte, z.B. x_3, gleich t. Bestimmen Sie die anderen Unbekannten in Abhängigkeit von t und stellen Sie das Ergebnis als Geradengleichung dar.

18. a) Bestimmen Sie die möglichen Spurpunkte von E.
Alternativ können Sie auch das Skalarprodukt des Normalenvektors $\vec{n}$ von E mit dem Richtungsvektor $\vec{r}$ der x_2-Achse berechnen. Falls $\vec{n} \cdot \vec{r} = 0$, ist der Normalenvektor von E orthogonal zum Richtungsvektor der x_2-Achse. Überlegen Sie, wie die Ebene E damit im Verhältnis zur x_2-Achse liegt.

b) Skizzieren Sie die Problemstellung. Um den Punkt A an der Ebene E zu spiegeln, stellen Sie eine Lotgerade l vom Punkt A auf die Ebene E auf und schneiden diese mit E; als Richtungsvektor von l verwenden Sie den Normalenvektor von E, den Sie aus der gegebenen Gleichung ablesen können. Stellen Sie eine Vektorkette unter Verwendung des berechneten Schnittpunkts auf.

19. Skizzieren Sie die Problemstellung. Als Stützpunkt der Geraden h können Sie einen beliebigen Punkt A der Ebene E verwenden. Überlegen Sie, auf welchen Vektoren der Richtungsvektor $\vec{r}_h$ der Geraden h orthogonal ist; verwenden Sie das Kreuzprodukt oder das Skalarprodukt.
Alternativ können Sie auch eine zur Geraden g orthogonale Hilfsebene E_H durch einen beliebigen Punkt A von E aufstellen und diese mit g schneiden; überlegen Sie, wie Sie mithilfe des Schnittpunkts den Richtungsvektor $\vec{r}_h$ der Geraden h erhalten.

20. a) Stellen Sie eine Gleichung der Geraden g durch die Punkte A und B auf. Da die Ebene E von g orthogonal geschnitten wird, können Sie den Richtungsvektor von g als Normalenvektor $\vec{n}$ von E verwenden. Setzen Sie die Koordinaten des Punktes C und $\vec{n}$ in die Punkt-Normalenform $\vec{n} \cdot (\vec{x} - \vec{c}) = 0$ ein und bestimmen Sie eine Koordinatengleichung von E durch Ausmultiplizieren des Skalarprodukts. Die Koordinaten des Schnittpunkts S von g und E erhalten Sie, indem Sie die Koordinaten eines allgemeinen Punktes P_t von g in die Koordinatengleichung von E einsetzen. Den erhaltenen t-Wert setzen Sie in g ein, um S zu erhalten.

b) Um zu untersuchen, ob S zwischen A und B liegt, betrachten Sie die Vektoren $\overrightarrow{AS}$ und $\overrightarrow{AB}$ sowie $\overrightarrow{AS} = t \cdot \overrightarrow{AB}$. Für $t > 1$ liegt S nicht zwischen A und B. Skizzieren Sie die Anordnung. Alternativ können Sie sich auch überlegen, ob die x_1-Koordinate von S zwischen den x_1-Koordinaten von A und B liegt, die x_2-Koordinate von S zwischen den x_2-Koordinaten und die x_3-Koordinate von S zwischen den x_3-Koordinaten von A und B liegt.

21. a) Bestimmen Sie einen Normalenvektor $\vec{n}_1$ von E_1 anhand der gegebenen Ebenengleichung. Einen Normalenvektor $\vec{n}_2$ von E_2 erhalten Sie mithilfe des Vektorproduktes (siehe Seite 60) der beiden Spannvektoren von E_2. Um zu zeigen, dass die beiden Ebenen E_1 und E_2 parallel zueinander sind, vergleichen Sie die beiden Normalenvektoren; ist der eine ein Vielfaches des anderen, sind die beiden Ebenen parallel.

Alternativ können Sie auch mithilfe des Skalarproduktes nachweisen, dass $\vec{n}_1$ orthogonal zu beiden Spannvektoren von E_2 ist; falls das Skalarprodukt von $\vec{n}_1$ mit den Spannvektoren von E_2 jeweils Null ergibt, ist $\vec{n}_1$ orthogonal zu beiden Spannvektoren von E_2.

b) Verwenden Sie für die Ebene E_3, die parallel zu E_1 und E_2 ist und von beiden Ebenen denselben Abstand hat, den Normalenvektor von E_1 und bestimmen Sie mithilfe der Mittelpunktsformel einen Punkt M, der in der Mitte zwischen den Punkten P von E_1 und Q von E_2 liegt. Setzen Sie die Koordinaten von M und $\vec{n}_1$ in die Punkt-Normalenform $\vec{n}_1 \cdot (\vec{x} - \vec{m}) = 0$ ein.

22. a) Bestimmen Sie die Spurpunkte der Ebene E, d.h. die Schnittpunkte von E mit den Koordinatenachsen. Hierzu setzen Sie jeweils zwei Koordinaten gleich Null und berechnen die dritte Koordinate. Stellen Sie die Gleichung von g mithilfe der beiden Spurpunkte auf, die in der x_1x_2-Ebene liegen.

b) Den Abstand d des Punktes $P(p_1 \mid p_2 \mid p_3)$ von der Ebene E erhalten Sie mithilfe der Abstandsformel $d = \frac{|a \cdot p_1 + b \cdot p_2 + c \cdot p_3 - d|}{\sqrt{a^2+b^2+c^2}}$.

23. a) Stellen Sie geeignete Vektorketten auf.

b) Verwenden Sie die Formel für das Volumen eines Spats: $V = \left|\left(\overrightarrow{AB} \times \overrightarrow{BC}\right) \cdot \overrightarrow{AE}\right|$.

24. a) Berechnen Sie das Skalarprodukt der beiden Vektoren $\vec{u}$ und $\vec{v}$. Falls $\vec{u} \cdot \vec{v} = 0$ sind die beiden Vektoren $\vec{u}$ und $\vec{v}$ orthogonal zueinander und spannen damit ein Rechteck auf. Den Flächeninhalt A des Rechtecks erhalten Sie durch $A = |\vec{u}| \cdot |\vec{v}|$.

b) Überlegen Sie, zu welchen Vektoren der Vektor $\vec{c}$ jeweils orthogonal ist.
Berechnen Sie den Betrag von $\vec{c}$ und vergleichen Sie das Ergebnis mit dem Flächeninhalt des Rechtecks.

25. a) Überlegen Sie, welchen Normalenvektor $\vec{n}$ die Tangentialebene T hat und setzen Sie die Koordinaten von A und $\vec{n}$ in die Punkt-Normalenform $\vec{n} \cdot (\vec{x} - \vec{a}) = 0$ ein.

b) Spiegeln Sie den Punkt A am Mittelpunkt M mithilfe einer Vektorkette. Überlegen Sie, welchen Normalenvektor die Tangentialebene T′ hat. Setzen Sie die Koordinaten des Spiegelpunktes A′ und $\vec{n}$ in die Punkt-Normalenform $\vec{n} \cdot \left(\vec{x} - \overrightarrow{a'}\right) = 0$ ein.

26. a) Den Flächeninhalt A des Parallelogramms erhalten Sie mit der Formel $A = \left|\overrightarrow{AB} \times \overrightarrow{AD}\right|$.

b) Skizzieren Sie die Problemstellung.
Beachten Sie, dass der Flächeninhalt A des Parallelogramms mit der Formel $A = \left|\overrightarrow{AB} \times \overrightarrow{AD}\right|$ oder durch $A = \left|\overrightarrow{AB}\right| \cdot h$ berechnet wird, wobei $\left|\overrightarrow{AB}\right|$ die Länge der Grundseite und h die Höhe des Parallelogramms ist. h entspricht dabei dem Abstand d des Punktes D von der Geraden g.
Setzen Sie die beiden Flächenformeln gleich und lösen Sie die Gleichung nach h auf.

27. a) Verwenden Sie das Gaußsche Eliminationsverfahren. Beachten Sie, dass es unendlich viele Lösungen geben kann. Stellen Sie a und b in Abhängigkeit von c dar.

    b) Damit die Lösungsmenge des Gleichungssystems leer wird, muss beispielsweise ein Widerspruch entstehen. Ersetzen Sie in Gleichung I die Zahl 4 durch eine andere Zahl und versuchen Sie das System zu lösen.

28. a) Um zu zeigen, dass jedes Dreieck ABC_t gleichschenklig ist, berechnen Sie die Längen der Seiten des Dreiecks, indem Sie die Beträge der jeweiligen Verbindungsvektoren bestimmen. Wenn zwei Dreiecksseiten gleich lang sind, ist das Dreieck gleichschenklig.

    b) Das Dreieck ABC_t ist gleichseitig, wenn gilt: $\overline{AB} = \overline{AC_t}$. Lösen Sie die Gleichung durch Quadrieren und mithilfe der binomischen Formeln nach t auf.

29. a) Bestimmen Sie das Skalarprodukt der Richtungsvektoren von g und h_a. Falls das Ergebnis Null ergibt, sind die beiden Vektoren senkrecht zueinander.

    b) Um nachzuweisen, dass sich für $a = -2$ die Geraden g und h_a senkrecht schneiden, setzen Sie $a = -2$ in h_a ein und setzen die Geradengleichungen gleich. Lösen Sie das entstandene Gleichungssystem.

30. a) Beachten Sie, dass der Punkt F genau senkrecht über dem Punkt B liegt. Daher hat der Punkt F dieselben x_1- und x_2-Koordinaten wie der Punkt B.

    b) Beachten Sie, dass die Punkte E und G beide die x_3-Koordinate 8 haben und dass der Punkt F genau senkrecht über dem Punkt B, der Punkt H genau senkrecht über dem Punkt D liegt. Da das Viereck EFGH ein Quadrat ist, verwenden Sie für die Punkte F und H die Koordinaten $F_t(4 \mid 7 \mid 8-t)$ und $H_t(-4 \mid 7 \mid 8+t)$ mit $t > 0$.
    Da bei Punkt E ein rechter Winkel ist, setzen Sie das Skalarprodukt der Vektoren $\overrightarrow{EF}$ und $\overrightarrow{EH}$ gleich Null und lösen die Gleichung nach t auf. Überlegen Sie, welche Lösung in Frage kommt. Setzen Sie den erhaltenen t-Wert in F_t und H_t ein.

31. Skizzieren Sie das Drachenviereck und überlegen Sie die Schritte, um den Punkt B an der Geraden AC zu spiegeln. Verwenden Sie eine Hilfsebene, einen Lotfußpunkt und eine Vektorkette.

32. Bestimmen Sie zuerst die Seitenlängen der Seiten $\overline{RT_u}$ und $\overline{ST_u}$ in Abhängigkeit von u. Damit das Dreieck gleichschenklig mit der Basis $\overline{RS}$ ist, lösen Sie die Gleichung
$\overline{RT_u} = \overline{ST_u}$ nach u auf.

33. a) Skizzieren Sie die Problemstellung. Um den Punkt Q an der Ebene H zu spiegeln, stellen Sie zuerst eine Lotgerade l auf, die durch den Punkt Q geht und orthogonal zu H ist; als Richtungsvektor von l verwenden Sie den Normalenvektor von H. Anschließend bestimmen Sie den Schnittpunkt S von H und l. Diesen erhalten Sie, indem Sie

die Koordinaten des allgemeinen Punktes P_t von l in die Koordinatengleichung von H einsetzen.
Die Koordinaten von Q' erhalten Sie mithilfe einer Vektorkette.

b) Da die Gerade h parallel zu H ist, muss der Richtungsvektor $\vec{r}_h$ von h orthogonal zum Normalenvektor $\vec{n}$ von H sein. Wählen Sie $\vec{r}_h$ so, dass das Skalarprodukt der beiden Vektoren Null ergibt.

34. a) Skizzieren Sie das Viereck ABCD. Um nachzuweisen, dass das Viereck ABCD ein Parallelogramm ist, bestimmen Sie die Verbindungsvektoren der Seiten des Vierecks. Falls gegenüberliegende Vektoren gleich sind, handelt es sich um ein Parallelogramm. Um zu zeigen, dass das Viereck ABCD kein Rechteck ist, prüfen Sie mithilfe des Skalarprodukts zweier Verbindungsvektoren anliegender Seiten, ob ein rechter Winkel vorhanden ist. Falls das Ergebnis ungleich Null ist, gibt es keinen rechten Winkel.

b) Die Koordinaten des Mittelpunktes M der Punkte A und C erhalten Sie mit der Mittelpunktsformel $M\left(\frac{a_1+c_1}{2} \mid \frac{a_2+c_2}{2} \mid \frac{a_3+c_3}{2}\right)$. Den Radius r des Kreises, der durch die Punkte A und C verläuft, erhalten Sie, indem Sie die Länge des Verbindungsvektors von A zu M bestimmen.

35. a) Bestimmen Sie die Spurpunkte der Ebene E, d.h. die Schnittpunkte von E mit den Koordinatenachsen. Hierzu setzen Sie jeweils zwei Koordinaten gleich Null und berechnen die dritte Koordinate. Stellen Sie die Gleichung von g mithilfe der beiden Spurpunkte auf, die in der x_1x_2-Ebene liegen.

b) Den Abstand d des Punktes $P(p_1 \mid p_2 \mid p_3)$ von der Ebene E erhalten Sie mithilfe der Abstandsformel $d = \frac{|n_1 \cdot p_1 + n_2 \cdot p_2 + n_3 \cdot p_3 + n_0|}{|\vec{n}|}$.

36. a) Beachten Sie, dass das Skalarprodukt zweier Vektoren eine Zahl, das Vektorprodukt zweier Vektoren ein Vektor und der Betrag eines Vektors eine Zahl ergibt.

b) Bestimmen Sie mithilfe des Stützpunkts A und den Spannvektoren $\overrightarrow{AB}$ und $\overrightarrow{AC}$ eine Parametergleichung der Ebene E. Einen Normalenvektor $\vec{n}$ von E, der orthogonal zu E ist, erhalten Sie mithilfe des Vektorprodukts der beiden Spannvektoren $\overrightarrow{AB}$ und $\overrightarrow{AC}$. Damit der auf E orthogonale Vektor die Länge 1 hat, teilen Sie $\vec{n}$ durch seinen Betrag.

37. a) Berechnen Sie die Länge des entsprechenden Verbindungsvektors. Skizzieren Sie die Problemstellung. Stellen Sie für die Koordinaten der Punkte C und D jeweils eine geeignete Vektorkette auf.

b) Skizzieren Sie die verschiedenen Parallelogramme und stellen Sie geeignete Vektorketten auf.

38. a) Die Schnittpunkte der Kugel K und der Geraden g erhalten Sie, indem Sie den allgemeinen Punkt P_s von g in die Koordinatengleichung von K einsetzen. Lösen Sie die Gleichung nach s auf und setzen Sie die erhaltenen s-Werte in P_s ein.

b) Prüfen Sie, ob der Mittelpunkt der Kugel K, also der Ursprung, in der Ebene liegt. Skizzieren Sie die Problemstellung und überlegen Sie, wie groß der Radius r^* des Schnittkreises ist.

39. a) Bestimmen Sie die Spurpunkte der Ebene E. Dazu setzen Sie jeweils zwei Koordinaten gleich Null. Bei einem Widerspruch ist die Ebene parallel zu der entsprechenden Koordinatenachse.

b) Bestimmen Sie zuerst den Abstand $\mathrm{d}(\mathrm{P}_t;\mathrm{E})$ eines allgemeinen Punktes P_t der x_3-Achse von der Ebene E mithilfe der Abstandsformel. Lösen Sie die Gleichung $\mathrm{d}(\mathrm{P}_t;\mathrm{E}) = 3$ durch Fallunterscheidung nach t auf. Setzen Sie die erhaltenen t-Werte jeweils in P_t ein.

40. a) Skizzieren Sie das Viereck ABCD. Um nachzuweisen, dass das Viereck ABCD ein Parallelogramm ist, bestimmen Sie die Verbindungsvektoren der Seiten des Vierecks. Falls gegenüberliegende Vektoren gleich sind, handelt es sich um ein Parallelogramm. Um zu zeigen, dass das Viereck ABCD ein Rechteck ist, prüfen Sie mithilfe des Skalarprodukts zweier Verbindungsvektoren anliegender Seiten, ob ein rechter Winkel vorhanden ist. Falls das Ergebnis gleich Null ist, gibt es einen rechten Winkel.

b) Das Volumen V der Pyramide erhalten Sie mit der Formel $\mathrm{V} = \frac{1}{3} \cdot \mathrm{G} \cdot h$. Der Flächeninhalt der Grundfläche G ist angegeben, die Höhe h erhalten Sie, indem Sie die Länge des Verbindungsvektors von A zu S bestimmen.

2.2 Lineare Algebra

Folgende Eigenschaften gelten für das Rechnen mit Matrizen:

1. Matrizen werden als $n \times m$ (gelesen «n kreuz m») Matrizen bezeichnet, wobei n die Anzahl der Zeilen und m die Anzahl der Spalten ist (Merkhilfe: ZVS = Zeile vor Spalte).
2. Die Zahlen, die in der Matrix stehen, heißen Elemente oder Einträge, sie werden grundsätzlich durch zwei Indices gekennzeichnet. Dabei gibt der erste Index die jeweilige Zeile und der zweite die jeweilige Spalte an. Manchmal werden 2×2 Matrizen auch als $\begin{pmatrix} a_1 & b_1 \\ a_2 & b_2 \end{pmatrix}$ dargestellt. Bei dieser Darstellung kann man leichter den Überblick behalten, da nur ein Index vorhanden ist.
3. Vektoren haben eine Spalte und können daher als 2×1 bzw. 3×1 Matrizen behandelt werden.
4. Matrizen werden mit Großbuchstaben gekennzeichnet, die Einträge mit Kleinbuchstaben.

Addition / Subtraktion

Die Summe / Differenz von zwei Matrizen wird berechnet, indem man jeweils die Elemente der beiden Matrizen mit gleichen Indices addiert / subtrahiert. Beispiel:

$$\begin{pmatrix} a_{11} & a_{12} \\ a_{21} & a_{22} \end{pmatrix} + \begin{pmatrix} b_{11} & b_{12} \\ b_{21} & b_{22} \end{pmatrix} = \begin{pmatrix} a_{11}+b_{11} & a_{12}+b_{12} \\ a_{21}+b_{21} & a_{22}+b_{22} \end{pmatrix}$$

Es können also nur Matrizen mit gleicher Zeilen- und Spaltenanzahl miteinander addiert bzw. voneinander subtrahiert werden.

Skalare Multiplikation

Eine Matrix wird mit einem Skalar (einer Zahl) multipliziert, indem jedes Elemente der Matrix mit dem Skalar multipliziert wird. Beispiel:

$$s \cdot \begin{pmatrix} a_{11} & a_{12} \\ a_{21} & a_{22} \end{pmatrix} = \begin{pmatrix} s \cdot a_{11} & s \cdot a_{12} \\ s \cdot a_{21} & s \cdot a_{22} \end{pmatrix}$$

Matrizenmultiplikation

Folgende Eigenschaften sind zu beachten:

1. Bei der Multiplikation von Matrizen kommt es auf die Reihenfolge an: In der Regel gilt $A \cdot B \neq B \cdot A$ (d. h. die Matrizenmultiplikation ist nicht kommutativ).
2. Das Produkt $A \cdot B$ kann nur berechnet werden, wenn die *Spalten*anzahl von A gleich der *Zeilen*anzahl von B ist.
3. Die Ergebnismatrix hat die *Zeilen*anzahl der ersten Matrix und die *Spalten*anzahl der zweiten Matrix. Siehe auch das Beispiel der Multiplikation einer Matrix mit einem Vektor auf der nächsten Seite.

Die eigentliche Multiplikation

Um das jeweilige Element der Ergebnismatrix zu berechnen, werden die Zeilen der ersten Matrix jeweils skalar mit den Spalten der zweiten Matrix multipliziert. Zur Berechnung empfiehlt sich das sogenannte Falksche Schema; dazu wird die zweite Matrix oberhalb der Ergebnismatrix plaziert, dies erleichtert das Rechnen.

Beispiel:

$$A = \begin{pmatrix} a_{11} & a_{12} \\ a_{21} & a_{22} \end{pmatrix} = \begin{pmatrix} 1 & 2 \\ 3 & 4 \end{pmatrix},\ B = \begin{pmatrix} b_{11} & b_{12} \\ b_{21} & b_{22} \end{pmatrix} = \begin{pmatrix} 5 & 6 \\ 7 & 8 \end{pmatrix},\ C = \begin{pmatrix} c_{11} & c_{12} \\ c_{21} & c_{22} \end{pmatrix}$$

gesucht ist das Produkt $A \cdot B = C$

Falksches Schema:

$$\begin{array}{cc} & \begin{pmatrix} b_{11} & b_{12} \\ b_{21} & b_{22} \end{pmatrix} \\ \begin{pmatrix} a_{11} & a_{12} \\ a_{21} & a_{22} \end{pmatrix} & \begin{pmatrix} c_{11} & c_{12} \\ c_{21} & c_{22} \end{pmatrix} \end{array} \quad \text{mit} \quad \begin{aligned} c_{11} &= a_{11} \cdot b_{11} + a_{12} \cdot b_{21} \\ c_{12} &= a_{11} \cdot b_{12} + a_{12} \cdot b_{22} \\ c_{21} &= a_{21} \cdot b_{11} + a_{22} \cdot b_{21} \\ c_{22} &= a_{21} \cdot b_{12} + a_{22} \cdot b_{22} \end{aligned}$$

bzw.

$$\begin{array}{cc} & \begin{pmatrix} 5 & 6 \\ 7 & 8 \end{pmatrix} \\ \begin{pmatrix} 1 & 2 \\ 3 & 4 \end{pmatrix} & \begin{pmatrix} c_{11} & c_{12} \\ c_{21} & c_{22} \end{pmatrix} \end{array} \quad \text{mit} \quad \begin{array}{l} c_{11} = 1 \cdot 5 + 2 \cdot 7 = 19 \\ c_{12} = 1 \cdot 6 + 2 \cdot 8 = 22 \\ c_{21} = 3 \cdot 5 + 4 \cdot 7 = 43 \\ c_{22} = 3 \cdot 6 + 4 \cdot 8 = 50 \end{array}$$

Also ist:

$$\begin{pmatrix} 1 & 2 \\ 3 & 4 \end{pmatrix} \cdot \begin{pmatrix} 5 & 6 \\ 7 & 8 \end{pmatrix} = \begin{pmatrix} 19 & 22 \\ 43 & 50 \end{pmatrix}$$

Multiplikation einer Matrix mit einem Vektor

Ein Vektor wird als 2×1 bzw. 3×1-Matrix aufgefasst; entsprechend gelten die gleichen Regeln wie bei der Multiplikation von Matrizen. Das Ergebnis der Multiplikation einer Matrix mit einem Vektor ist ein Vektor. Beispiel:

Matrix A ist eine 2×2 Matrix, $\vec{x}$ ist eine 2×1 Matrix, das Ergebnis ist also eine 2×1 Matrix:

$$\mathrm{A} \cdot \vec{x} = \begin{pmatrix} a_{11} & a_{12} \\ a_{21} & a_{22} \end{pmatrix} \cdot \begin{pmatrix} x_1 \\ x_2 \end{pmatrix} = \begin{pmatrix} a_{11} \cdot x_1 + a_{12} \cdot x_2 \\ a_{21} \cdot x_1 + a_{22} \cdot x_2 \end{pmatrix}$$

beziehungsweise mit $\mathrm{A} = \begin{pmatrix} 1 & 2 \\ 3 & 4 \end{pmatrix}$ und $\vec{x} = \begin{pmatrix} 5 \\ 6 \end{pmatrix}$:

$$\mathrm{A} \cdot \vec{x} = \begin{pmatrix} 1 & 2 \\ 3 & 4 \end{pmatrix} \cdot \begin{pmatrix} 5 \\ 6 \end{pmatrix} = \begin{pmatrix} 1 \cdot 5 + 2 \cdot 6 \\ 3 \cdot 5 + 4 \cdot 6 \end{pmatrix} = \begin{pmatrix} 17 \\ 39 \end{pmatrix}$$

Matrizen und Vektoren mit mehr Spalten werden analog mulitpliziert.

Zu den Aufgaben:

1. Für inverse Matrizen gilt $\mathrm{A} \cdot \mathrm{A}^{-1} = \mathrm{E}$. Multiplizieren Sie die beiden Matrizen A und B.

2. a) Berechnen Sie zuerst $\overrightarrow{v_1}$ und $\overrightarrow{v_2}$. Anschließend können Sie die Differenz berechnen.
   b) Multiplizieren Sie die Matrix mit einem allgemeinem Vektor und untersuchen Sie die Koeffizienten. Es muss für alle Koeffizienten gelten $\mathrm{A} \cdot \vec{v} = 2\vec{v}$.
   c) Gehen Sie vor wie bei Teilaufgabe b), nur dass $\mathrm{A} \cdot \vec{v} = 3\vec{v}$ gelten muss.
   d) Multiplizieren Sie auch hier die Matrix mit einem allgemeinen Vektor $\overrightarrow{w_0}$ und setzen Sie den gegebenen Ergebnisvektor $\overrightarrow{w_1}$ in das Gleichungssystem ein.

3. Wenn B die zu A inverse Matrix ist, muss gelten $\mathrm{A} \cdot \mathrm{B} = \mathrm{E}$. Führen Sie die Multiplikation durch und vergleichen Sie die Koeffizienten der Ergebnismatrix mit denen der Einheitsmatrix.

4. Wählen Sie als Ansatz eine allgemeine Matrix, z.B. $\mathrm{A} = \begin{pmatrix} a & b \\ c & d \end{pmatrix}$ mit $a, b, c, d \in \mathbb{R}$ und führen Sie die angegebenen zwei Multiplikationen durch. Mithilfe der Ergebnisvektoren können Sie Bedingungen für die Koeffizienten bestimmen.

5. a) Wenn die Matrix zu sich selbst invers ist, muss gelten: $A \cdot A = E$.

   b) Benutzen Sie das Ergebnis aus Teilaufgabe a). Es ist nicht notwendig, die Rechnung konkret durchzuführen.

   c) Berechnen Sie $B \cdot B$ und untersuchen Sie, ob das Ergebnis vom Parameter t abhängig ist.

6. a) Berechnen Sie $U \cdot C$. Wenn das Ergebnis die Einheitsmatrix E ist, sind die beiden Matrizen invers zueinander.

   b) Berechnen Sie $A \cdot B$. Damit B die zu A inverse Matrix ist, muss gelten $A \cdot B = E$. Was gilt für die Einträge oberhalb der Diagonalen?

7. a) Um zu zeigen, dass A und B kommutativ sind, berechnen Sie $A \cdot B$ bzw. $B \cdot A$ und vergleichen die Ergebnisse.

   b) Betrachten Sie die allgemeinen Diagonalmatrizen $C = \begin{pmatrix} r & 0 \\ 0 & s \end{pmatrix}$ und $D = \begin{pmatrix} t & 0 \\ 0 & u \end{pmatrix}$ mit $r, s, t, u \in \mathbb{R}$ und berechnen Sie die Produkte $C \cdot D$ und $D \cdot C$.

8. a) Überlegen Sie zuerst, wieviel Prozent der Filme nicht versendet werden. Zeichnen Sie dann mit diesen Werten den Übergangsgraphen. Um die Übergangstabelle und die Matrix zu erstellen, berücksichtigen Sie, dass die Wechsel immer von «Spalten zu Zeilen» stattfinden.

   b) Multiplizieren Sie den Vektor der Eingangswerte mit der Matrix.

   c) Der Vektor $\vec{x}$, der die langfristige Verteilung beschreibt, ist ein Fixvektor unter der Multiplikation mit der Übergangsmatrix M.
   Bestimmen Sie ihn aus dem Ansatz $M \cdot \vec{x} = \vec{x}$ und lösen Sie das entsprechende Gleichungssystem.
   Beachten Sie, dass Sie eine Variable frei wählen können, wenn das Gleichungssystem unendlich viele Lösungen hat.
   Bestimmen Sie schließlich den gesuchten Vektor unter Beachtung der konstanten Gesamtzahl der Filme.

9. a) Der Vektor $\vec{x}$, der eine langfristige Verteilung beschreibt, ist ein Fixvektor unter der Multiplikation mit der Übergangsmatrix, d.h. es gilt $M \cdot \vec{x} = \vec{x}$. Daraus ergeben sich 3 Gleichungen. Weitere zwei Gleichungen erhalten sie unter Verwendung der Tatsache, dass die Summe der Komponenten einer Spalte einer Übergangsmatrix immer gleich 1 sein muss.

   b) Geben Sie den Verteilungsvektor $\vec{z}$ der 5. Woche an und bestimmen Sie die Verteilung $\vec{y} = \begin{pmatrix} y_1 \\ y_2 \\ y_3 \end{pmatrix}$ der Vorwoche mithilfe der Gleichung $M \cdot \vec{y} = \vec{z}$; lösen Sie das zugehörige

Gleichungssystem. Alternativ können Sie die zu M inverse Matrix M^{-1} verwenden. Diese erhalten Sie, indem Sie rechts neben die Matrix M die 3×3-Einheitsmatrix schreiben und dann mithilfe von elementaren Umformungen so lange umformen, bis links die 3×3-Einheitsmatrix steht. (Elementare Umformungen sind das Addieren des Vielfachen einer Zeile zu einer anderen bzw. Multiplizieren einer Zeile mit einem Faktor.) Anschließend müssen Sie M^{-1} mit dem Verteilungsvektor der 5. Woche multiplizieren.

10. a) Schreiben Sie die Dezimalzahlen der Übergangsmatrix als Prozentzahlen. Eine Spalte der Matrix gibt an, wie viel Prozent der Mitarbeiter von einem bestimmten Standort zu den jeweiligen anderen wechseln. Eine Zeile der Matrix gibt an, wie viel Prozent der Mitarbeiter von den drei Standorten zu einem bestimmten Standort wechseln.

    b) Bestimmen Sie den Startvektor $\vec{x}$. Die Verteilung $\vec{y}$ nach einem Jahr erhalten Sie, indem Sie die Übergangsmatrix M mit dem Startvektor $\vec{x}$ multiplizieren.

    c) Interpretieren Sie die Koeffizienten der Matrix M^8 als Übergangsquoten für einen Zeitraum von 8 Jahren. Überlegen Sie, welche Bedeutung es für die Anzahl der Mitarbeiter hat, wenn in einer Zeile fast identische Koeffizienten stehen.

11. a) Benutzen Sie die Tabellen, um das Verflechtungsdiagramm zu zeichnen. Dieses muss insgesamt 9 Elemente enthalten.

    b) Die Matrix, die den Übergang von den Rohstoffen zu den Endprodukten beschreibt, entsteht durch Multiplikation der beiden Produktionsmatrizen, die die beiden Produktionsschritte beschreiben.

    c) Um den Bedarf an Rohstoffen zu berechnen, müssen Sie die Produktionsmatrix, die Sie in der vorangehenden Aufgabe berechnet haben mit dem Outputvektor, der sich aus den Mengen der Endprodukte zusammensetzt, multiplizieren.

12. a) Lösen Sie das gegebene Gleichungssystem mit dem Gauß-Algorithmus, so dass die Unbekannten x_1, x_2 und x_3 bestimmt werden können. Überlegen Sie, unter welchen Umständen es unendlich viele Lösungen gibt.

    b) Setzen Sie in das auf Stufenform gebrachte Gleichungssystem $t = 4$ ein und wählen Sie z.B. $x_3 = r$; anschließend berechnen Sie x_2 und x_1.

3 Stochastik

1. a) Zeichnen Sie ein Baumdiagramm mit den Ästen rot (r) und blau (b). Beachten Sie, dass es sich um ein dreistufiges Experiment handelt und sich beim Ziehen mit Zurücklegen die Wahrscheinlichkeiten nicht ändern. Überlegen Sie, welche Ergebnisse zum gesuchten Ereignis gehören und verwenden Sie die Pfadregeln.

   b) Zeichnen Sie ein Baumdiagramm mit den Ästen rot (r) und blau (b). Beachten Sie, dass es sich um ein dreistufiges Experiment handelt und sich die Wahrscheinlichkeiten bei jedem Ziehen ändern. Überlegen Sie, welche Ergebnisse zum gesuchten Ereignis gehören und verwenden Sie die Pfadregeln.

2. a) Zeichnen Sie ein Baumdiagramm mit den Ästen Gewinn (g) und Niete (n). Beachten Sie, dass sich beim Ziehen ohne Zurücklegen die Wahrscheinlichkeiten bei jedem Ziehen ändern. Überlegen Sie, welche Ergebnisse zum gesuchten Ereignis gehören und verwenden Sie die Pfadregeln.

   b) Überlegen Sie, welche Lose zuerst gezogen werden müssen und verwenden Sie die 1. Pfadregel.

3. a) Zeichnen Sie ein Baumdiagramm mit den Ästen Packung (P_1 bzw. P_2 und P_3) sowie gelb (g) und weiß (w). Beachten Sie, dass sich beim Ziehen ohne Zurücklegen die Wahrscheinlichkeiten bei jedem Ziehen ändern. Überlegen Sie, welche Ergebnisse zum gesuchten Ereignis gehören und verwenden Sie die Pfadregeln.

   b) Beachten Sie, dass es sich um ein dreistufiges Experiment handelt. Bestimmen Sie jeweils die Wahrscheinlichkeit für das Wählen einer Schachtel und anschließend die Wahrscheinlichkeiten für das Ziehen von zwei gelben Tabletten (falls möglich). Beachten Sie, dass sich beim Ziehen ohne Zurücklegen die Wahrscheinlichkeiten bei jedem Zug ändern.

4. a) Beachten Sie, dass es sich um ein vierstufiges Experiment handelt, bei welchem die Wahrscheinlichkeiten miteinander multipliziert werden. Die Wahrscheinlichkeiten einer jeden Stufe erhalten Sie mithilfe der 1. Pfadregel für das Ziehen ohne Zurücklegen.

   b) Zeichnen Sie ein Baumdiagramm mit den Ästen rot (r) und schwarz (s). Beachten Sie, dass sich beim Ziehen ohne Zurücklegen die Wahrscheinlichkeiten bei jedem Ziehen ändern. Überlegen Sie, wie viele Karten am Ende in Stapel 2 sind und welche Ergebnisse zum gesuchten Ereignis gehören; verwenden Sie die Pfadregeln.

5. Beachten Sie, dass es sich um Bernoulli-Experiment handelt, da es nur zwei verschiedene Ausgänge bei einem Spiel gibt. Geben Sie die Trefferwahrscheinlichkeit p für das Verlieren eines Spiels an und legen Sie X als Zufallsvariable für die Anzahl der verlorenen Spiele fest.

a) Um ein Ereignis A anzugeben, formen Sie die gegebene Wahrscheinlichkeit so um, dass bei jedem Summanden die Bernoulli-Formel $P(X=k) = \binom{n}{k} \cdot p^k \cdot (1-p)^{n-k}$ sichtbar wird. Bestimmen Sie anschließend die Anzahl der Spiele (n) und die Anzahl der verlorenen Spiele (k).

b) Bestimmen Sie n (Anzahl der Spiele) und k (Anzahl der verlorenen Spiele) und verwenden Sie die Bernoulli-Formel $P(X=k) = \binom{n}{k} \cdot p^k \cdot (1-p)^{n-k}$.

6. a) Um $P(X=1)$ zu berechnen, bestimmen Sie zuerst k und verwenden dazu die Bernoulli-Formel $P(X=k) = \binom{n}{k} \cdot p^k \cdot (1-p)^{n-k}$.

b) Überlegen Sie, welche Wahrscheinlichkeiten addiert werden müssen.

7. a) Zeichnen Sie ein Baumdiagramm mit den Ästen rot (r) und gelb (g). Beachten Sie, dass die Wahrscheinlichkeiten bei jedem Ziehen gleich bleiben. Überlegen Sie, welche Ergebnisse zum gesuchten Ereignis gehören und verwenden Sie die Pfadregeln oder rechnen Sie alternativ mit dem Gegenereignis $\overline{A}$ und verwenden Sie $P(A) = 1 - P(\bar{A})$.

b) Wählen Sie n als Anzahl der gelben Kugeln und zeichnen Sie ein Baumdiagramm. Bestimmen Sie die Wahrscheinlichkeit für das gesuchte Ereignis mithilfe des Gegenereignisses in Abhängigkeit von n; verwenden Sie $P(A) = 1 - P(\bar{A})$. Stellen Sie eine quadratische Gleichung auf und lösen Sie diese durch Wurzelziehen und Fallunterscheidung nach x auf. Beachten Sie, dass $n > 0$ sein muss.

8. a) Überlegen Sie, wie groß die Mittelpunktswinkel aufgrund der angegebenen Wahrscheinlichkeiten für die einzelnen Sektoren sein müssen und welche Beträge auf den Sektoren stehen.

b) Den Erwartungswert E von X (Zufallsvariable für die Höhe des Gewinns) erhalten Sie, indem Sie die möglichen Auszahlungsbeträge mit den zugehörigen Wahrscheinlichkeiten multiplizieren und den Einsatz x subtrahieren. Stellen Sie eine Gleichung auf und lösen Sie diese.

9. a) Verwenden Sie die Formel: $E(X) = n \cdot p$. Beachten Sie, dass $P(X = E(X))$ maximal sein muss.

b) Überlegen Sie, welche Wahrscheinlichkeiten addiert werden müssen bzw. rechnen Sie mit dem Gegenereignis $\overline{A}$ und verwenden Sie $P(A) = 1 - P(\bar{A})$.

10. a) Bestimmen Sie n und p und stellen Sie den Zusammenhang zur Formel $P(X=k) = \binom{n}{k} \cdot p^k \cdot (1-p)^{n-k}$ her.

b) Bestimmen Sie n, p und k und verwenden Sie die Formel $P(X=k) = \binom{n}{k} \cdot p^k \cdot (1-p)^{n-k}$.

11. a) Zeichnen Sie ein Baumdiagramm mit den Ästen rot (r) und blau (b). Beachten Sie, dass die Wahrscheinlichkeiten bei jedem Ziehen gleich bleiben. Überlegen Sie, welche Ergebnisse zum gesuchten Ereignis gehören und verwenden Sie die Pfadregeln oder rechnen Sie alternativ mit dem Gegenereignis $\overline{A}$ und verwenden Sie $P(A) = 1 - P(\bar{A})$.

    b) Wählen Sie n als Anzahl der roten Kugeln und zeichnen Sie ein Baumdiagramm. Bestimmen Sie die Wahrscheinlichkeit für das gesuchte Ereignis mithilfe der Pfadregelne in Abhängigkeit von n. Stellen Sie eine quadratische Gleichung auf und lösen Sie diese mithilfe der *pq*- oder *abc*-Formel. Beachten Sie, dass n eine ganze Zahl sein muss.

12. a) Vervollständigen Sie mithilfe der bedingten Wahrscheinlichkeit, der 1. Pfadregel und der Wahrscheinlichkeit des Gegenereignisses das Baumdiagramm. Berechnen Sie mithilfe der 2. Pfadregel $P\left(\overline{D}\right) = P\left(C \cap \overline{D}\right) + P\left(\overline{C} \cap \overline{D}\right)$.

    b) Bestimmen Sie $P(C)$ und $P(D)$ sowie $P(C \cap D)$. Die Ereignisse C und D sind abhängig, wenn $P(C) \cdot P(D) \neq P(C \cap D)$

    c) Wenn die Ereignisse C und D unabhängig sind, muss gelten: $P_C(D) = P_{\overline{C}}(D)$. Berechnen Sie mit der 1. Pfadregel $P\left(\overline{C} \cap D\right)$.

13. a) Unterscheiden Sie, ob aus Urne A zuerst eine rote oder eine weiße Kugel gezogen wird.

    b) Zeichnen Sie ein Baumdiagramm mit r: rot und w: weiß. Die Wahrscheinlichkeit für das Ereignis E erhalten Sie mithilfe der Pfadregeln. Für das Gegenereignis von E gilt: $P\left(\overline{E}\right) = 1 - P(E)$.

14. Bestimmen Sie den Erwartungswert von X, indem Sie die Werte von X mit der zugehörigen Wahrscheinlichkeit multiplizieren und die Ergebnisse addieren. Überlegen Sie, welchen Wert p_2 höchstens annehmen kann und bestimmen Sie damit den Maximalwert des Erwartungswerts.

15. a) Beachten Sie, dass es sich um Ziehen ohne Zurücklegen handelt und sich die Wahrscheinlichkeiten bei jedem Zug ändern. Bestimmen Sie die Wahrscheinlichkeit, beim ersten Zug und beim zweiten Zug einen blauen Baustein (b) zu ziehen. Entsprechendes erhalten Sie für die gelben (g) und die roten Bausteine (r).
    Berechnen Sie die gesuchte Wahrscheinlichkeit mithilfe der Pfadregeln:
    $P(\text{Kugeln haben gleiche Farbe}) = P(bb) + P(gg) + P(rr)$.

    b) Teilen Sie $P(rr)$ durch $P(\text{Kugeln haben gleiche Farbe})$, da es sich um eine bedingte Wahrscheinlichkeit handelt.

16. a) Beachten Sie, dass es sich beim Aufdecken zweier Karten um «Ziehen ohne Zurücklegen» handelt. Bezeichnen Sie mit a: Ass wird aufgedeckt und mit $\bar{a}$: Ass wird nicht aufgedeckt und zeichnen Sie das zugehörige Baumdiagramm. Bestimmen Sie die Wahrscheinlichkeit für das Aufdecken eines Asses bzw. eines Nicht-Asses. Beachten Sie, dass sich die Wahrscheinlichkeiten beim Aufdecken der 2. Karte ändern. Die Wahrscheinlichkeit für das Ereignis A erhalten Sie mit der 1. Pfadregel (Produktregel).
Bezeichnen Sie mit a: Ass wird gezogen, mit d: Dame wird gezogen und mit k: König wird gezogen, und zeichnen Sie das zugehörige Baumdiagramm mit den entsprechenden Wahrscheinlichkeiten. Beachten Sie, dass sich die Wahrscheinlichkeiten beim Aufdecken der 2. Karte ändern. Die Wahrscheinlichkeit für das Ereignis B erhalten Sie mit der 1. und 2. Pfadregel (Produkt- und Summenregel).

b) Überlegen Sie, wann spätestens ein Ass erscheint, um die Werte für X zu bestimmen. Bestimmen Sie die Wahrscheinlichkeit, dass beim Aufdecken der 1. Karte ein Ass erscheint und die Wahrscheinlichkeit, dass erst beim Aufdecken der 2. Karte ein Ass erscheint mithilfe der 1. und 2. Pfadregel.
Beachten Sie, dass $P(X \leqslant 2) = P(X = 1) + P(X = 2)$ ist.

17. a) Überlegen Sie, bei welchem Ergebnis die Wahrscheinlichkeit bei einmaligem Drehen des Glücksrads $p = \frac{4}{5}$ beträgt, wie oft das Glücksrad gedreht wird und wie oft das Ergebnis dabei erscheint.

b) Verwenden Sie $\binom{n}{k} = \frac{n!}{k!(n-k)!}$ und beachten Sie die Potenz- und Bruchrechnung.

18. a) Beachten Sie, dass es sich um Ziehen ohne Zurücklegen handelt. Verwenden Sie als Beispiel, dass aus einem Behälter Bauteile gezogen werden, wobei eine bestimmte Anzahl an Bauteilen defekt ist. Überlegen Sie, wie groß die Gesamtzahl der Bauteile, die Anzahl der defekten Bauteile, der Stichprobenumfang und die Anzahl der defekten Bauteile in der Stichprobe ist.

b) Verwenden Sie $\binom{n}{k} = \frac{n!}{k!(n-k)!}$ und beachten Sie die Bruchrechnung.

19. a) Verwenden Sie die Formeln $E(X) = n \cdot p$ und $\sigma = \sqrt{V(X)} = \sqrt{n \cdot p \cdot (1-p)}$.

b) Den Erwartungswert der Zufallsgröße Y erhalten Sie, indem Sie die Werte mit den entsprechenden Wahrscheinlichkeiten multipliziert und die Ergebnisse addieren.

c) Bestimmen Sie zuerst den Erwartungswert der Zufallsgröße Z, indem Sie die Werte mit den entsprechenden Wahrscheinlichkeiten multiplizieren und die Ergebnisse addieren. Die Varianz der Zufallsgröße Z erhalten Sie, indem Sie die Differenzen der Werte und dem Erwartungswert quadrieren, mit den entsprechenden Wahrscheinlichkeiten multiplizieren und die Ergebnisse addieren.

Vergleichen Sie die Wahrscheinlichkeiten für die drei Einzelwerte bei beiden Verteilungen und beachten Sie, bei welcher Zufallsgröße die Einzelwerte weiter auseinanderliegen.

20. a) Verwenden Sie die gegebenen Wahrscheinlichkeiten sowie die Wahrscheinlichkeit des Gegenereignisses: $P\left(\overline{A}\right) = 1 - P(A)$.

b) Beachten Sie, dass für stochastisch unabhängige Ereignisse A und B gilt: $P(A \cap B) = P(A) \cdot P(B)$. Bestimmen Sie $P(A \cap B)$ mit den gegebenen Werten $P(A)$ und $P_A(B)$.
Berechnen Sie daraus $P(B) = \frac{P(A \cap B)}{P(A)}$. Verwenden Sie, dass nun gilt: $P_{\overline{A}}\left(\overline{B}\right) = P\left(\overline{B}\right)$.

21. Bezeichnen Sie mit f: fehlerhaft und mit e: einwandfrei und bestimmen Sie entsprechend der Angaben: $P(f)$ und $P(e)$.
Bezeichnen Sie mit f*: fehlerhaft eingestuft und mit e*: einwandfrei eingestuft und bestimmen Sie entsprechend der Angaben: $P_f(f^*)$ und $P_e(f^*)$. Zeichnen Sie ein zugehöriges Baumdiagramm.

a) Die Wahrscheinlichkeit dafür, dass ein nach der Kontrolle zufällig ausgewähltes Bauteil einwandfrei ist und im Rahmen der Kontrolle korrekt eingestuft wurde, erhalten Sie mithilfe der 1. Pfadregel. Berechnen Sie $P(e \cap e^*)$.

b) Die Wahrscheinlichkeit dafür, dass ein nach der Kontrolle zufällig ausgewähltes Bauteil fehlerhaft ist, wenn es im Rahmen der Kontrolle als einwandfrei eingestuft wurde, erhalten Sie mithilfe der bedingten Wahrscheinlichkeit: $P_{e^*}(f) = \frac{P(e^* \cap f)}{P(e^*)}$.

22. a) Beachten Sie, dass es insgesamt drei Sektoren gibt und die Wahrscheinlichkeit, dass ein blauer oder ein roter Sektor gedreht wird, also kleiner als 1 sein muss. Lösen Sie die entstandene Ungleichung nach p auf.

b) Bestimmen Sie die Wahrscheinlichkeit für «nicht Rot» bei einmaligem Drehen: $P(\bar{r})$ und die Wahrscheinlichkeit für «Rot»: $P(r)$.
Die Wahrscheinlichkeit für das Ereignis E erhalten Sie mithilfe der Pfadregeln. Überlegen Sie, welche Ergebnisse zum Ereignis E gehören. Alternativ können Sie auch mithilfe der Wahrscheinlichkeit des Gegenereignisses rechnen.

23. Bezeichnen Sie mit s: Reißzwecke bleibt auf der Seite liegen und mit k: Reißzwecke bleibt auf dem Kopf liegen.
Überlegen Sie, wie man die Wahrscheinlichkeit dafür erhält, dass sie bei zwei Würfen mindestens einmal auf der Seite liegen bleibt. Bestimmen Sie damit und mithilfe des Gegenereignisses die Wahrscheinlichkeit $P(kk)$, dass sie beide Male auf dem Kopf liegen bleibt.
Bestimmen Sie für einmaliges Werfen: $P(k)$ und damit $P(s)$.
Die Wahrscheinlichkeit dafür, dass die Reißzwecke bei den zwei Würfen genau einmal auf dem Kopf liegen bleibt, erhalten Sie mithilfe der Pfadregeln.

24. a) Multiplizieren Sie die Wahrscheinlichkeiten jeder Stufe.

b) Bestimmen Sie die Wahrscheinlichkeit, dass eine Tasse nicht fehlerfrei glasiert ist und überlegen Sie, wie viele von den entnommenen Tassen höchstens nicht fehlerfrei glasiert sind.

25. a) Erstellen Sie ein Baumdiagramm mit den Ästen gelb (g) und blau (b); beachten Sie, dass sich die Wahrscheinlichkeiten beim zweiten Zug ändern, da es sich um Ziehen ohne Zurücklegen handelt. Die Wahrscheinlichkeit, dass die beiden gezogenen Kugeln die gleiche Farbe haben, erhalten Sie mithilfe der 1. und 2. Pfadregel (Produkt- und Summenregel).

b) Erstellen Sie ein Baumdiagramm mit den Ästen G_1 und G_2 und den Kugelfarben gelb (g) und blau (b). Bestimmen Sie die Wahrscheinlichkeit, dass die gezogene Kugel gelb ist, mithilfe der 1. und 2. Pfadregel (Produkt- und Summenregel). Die Wahrscheinlichkeit, dass diese Kugel aus dem Gefäß G_1 stammt, erhalten Sie mithilfe der bedingten Wahrscheinlichkeit: $P_r(G_1) = \frac{P(G_1 \cap r)}{P(r)}$.

26. a) Beachten Sie, dass es sich bei einem Schuss um ein Bernoulli-Experiment handelt, da es nur die Ergebnisse «Treffer» oder «Nicht-Treffer» geben kann.
Die Wahrscheinlichkeit des Ereignisses A erhalten Sie mithilfe der Bernoulliformel $P(X = k) = \binom{n}{k} \cdot p^k \cdot (1-p)^{n-k}$. Beachten Sie, dass es sich beim Ereignis B um ein zweistufiges Experiment handelt; bei der ersten Stufe trifft er bei zwei Schüssen genau zweimal, bei der zweiten Stufe trifft er von drei Schüssen noch genau einmal. Verwenden Sie die Bernoulliformel.

b) Bestimmen Sie anhand der gegebenen Wahrscheinlichkeit die Wahrscheinlichkeit p, dass er bei einem Schuss trifft.

27. a) Die Wahrscheinlichkeit, dass zwei zufällig ausgewählte Fahrräder Mountainbikes sind, erhalten Sie durch «Ziehen ohne Zurücklegen» mithilfe der 1. Pfadregel. Beim ersten Zug gibt es von 10 Fahrrädern zwei Mountainbikes, beim zweiten Zug gibt es von 9 Fahrrädern ein Mountainbike.

b) Überlegen Sie, wie viele verschiedene Möglichkeiten es gibt, dass die beiden Mountainbikes nebeneinader stehen und wie viele Möglichkeiten es gibt, zwei von den zehn Fahrrädern auszuwählen.

28. a) Bestimmen Sie anhand der gegeben Daten $P(W)$ und damit $P(\overline{W})$, $P_W(Z)$ und damit $P_W(\overline{Z})$ sowie $P_{\overline{W}}(Z)$ und damit $P_{\overline{W}}(\overline{Z})$. Erstellen Sie mithilfe dieser Daten ein Baumdiagramm.

b) Nutzen Sie die bedingte Wahrscheinlichkeit und die Pfadregeln, um $P_{\overline{Z}}(W) = \frac{P(W \cap \overline{Z})}{P(\overline{Z})}$ zu bestimmen.

29. a) Bestimmen Sie anhand der gegebenen Abbildung $P(X = -2)$, $P(X = 1)$ und $P(X = 2)$. Den Erwartungswert $E(X)$ der Zufallsvariablen X erhalten Sie, indem Sie die Werte von X mit den entsprechenden Wahrscheinlichkeiten multiplizieren und die Ergebnisse addieren.

    b) Bestimmen Sie die drei Möglichkeiten dafür, dass die Summe der beiden Werte von X negativ ist. Die Wahrscheinlichkeit P, dass die Summe dieser beiden Werte negativ ist, erhalten Sie mithilfe der Pfadregeln.

30. a) Beachten Sie, was die Zufallsvariable X angibt und prüfen Sie, ob es bei jedem Experiment nur zwei relevante Ausgänge gibt und ob die Wahrscheinlichkeit für «Rot» immer gleich ist.

    b) Verwenden Sie die Wahrscheinlichkeit des Gegenereignisses sowie die Werte der gegebenen Tabelle.

    c) Bestimmen Sie anhand der gegebenen Tabelle, für welchen k-Wert die Wahrscheinlichkeit von X am größten ist; dies entspricht in etwa dem Erwartungswert von X. Verwenden Sie die Formel für den Erwartungswert $E(X)$ einer binomialverteilten Zufallsvariablen X: $E(X) = n \cdot p$. Bestimmen Sie damit n.

31. a) Beachten Sie, dass es sich bei einem Schuss um ein Bernoulli-Experiment handelt, da es nur die Ergebnisse «Treffer» oder «Nicht-Treffer» geben kann.
    Die Wahrscheinlichkeit des Ereignisses A erhalten Sie mithilfe der Bernoulliformel $P(X = k) = \binom{n}{k} \cdot p^k \cdot (1-p)^{n-k}$. Legen Sie dazu X als binomialverteilte Zufallsvariable für die Anzahl der Treffer bei fünf Schüssen mit den Parametern n und p fest.

    b) Beachten Sie, dass die modellhafte Beschreibung der Schießeinlage durch eine Bernoullikette nur dann gegeben ist, wenn der Biathlet bei jedem Schuss die gleiche Trefferwahrscheinlichkeit p aufweist. Überlegen Sie, bei welcher Situation dies nicht mehr der Fall sein könnte.

32. Beachten Sie, dass es sich um 8-maliges Ziehen mit Zurücklegen handelt und es nur die beiden Ausgänge «rot» oder «nicht rot (blau)» gibt. Legen Sie X als binomialverteilte Zufallsvariable für die Anzahl der roten Kugeln mit den Parametern n und p fest.

    a) Formulieren Sie das Ereignis A so um, dass es sich um die Anzahl der roten Kugeln handelt. Die Wahrscheinlichkeit für das Ereignis A erhalten Sie mithilfe der Bernoulliformel $P(X = k) = \binom{n}{k} \cdot p^k \cdot (1-p)^{n-k}$.

    b) Schreiben Sie die angegebenen Terme so um, dass sie die Form der Bernoulliformel $P(X = k) = \binom{n}{k} \cdot p^k \cdot (1-p)^{n-k}$ haben und überlegen Sie, welches Ereignis oder Gegenereignis jeweils dazu gehört.

Lösungen

1 Analysis

1. Gegeben ist $f(x) = 4 - x^2$ und $g(x) = x^2 - 4$.

   a) Die Schnittstellen der beiden Graphen von f und g erhält man, indem man die Funktionsterme gleichsetzt:

$$\begin{aligned} f(x) &= g(x) \\ 4 - x^2 &= x^2 - 4 \\ 8 &= 2x^2 \\ 4 &= x^2 \\ x_{1,2} &= \pm 2 \end{aligned}$$

   Die Schnittstellen sind $x_1 = -2$ und $x_2 = 2$.

   b) Den Flächeninhalt A der Fläche, die die beiden Graphen einschließen, erhält man mithilfe eines Integrals; die Integrationsgrenzen sind die beiden Schnittstellen. Da K_f oberhalb von K_g verläuft, erhält man:

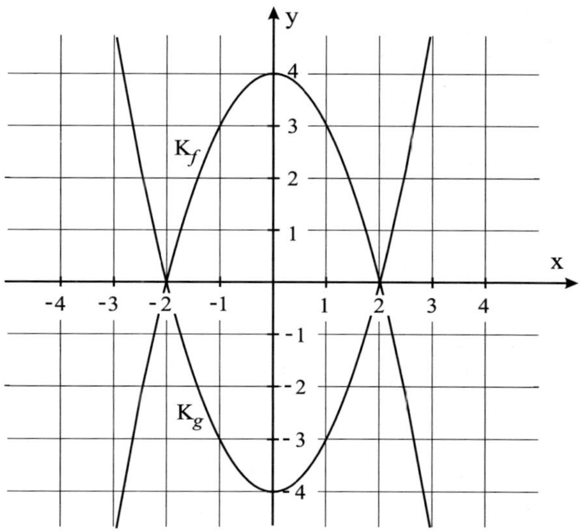

$$\begin{aligned} A &= \int_{-2}^{2} \left((4 - x^2) - (x^2 - 4)\right) dx = \int_{-2}^{2} (-2x^2 + 8)\, d \\ &= \left[-\frac{2}{3}x^3 + 8x\right]_{-2}^{2} = \frac{64}{3} \end{aligned}$$

   Der gesuchte Flächeninhalt beträgt also $\frac{64}{3}$ FE.

2. Als Ansatz für die Funktion f wählt man: $f(x) = ax^3 + bx^2 + cx + d$. Die zugehörigen Ableitungen sind $f'(x) = 3ax^2 + 2bx + c$ und $f''(x) = 6ax + 2b$.
Aus dem Wendepunkt W(0 | 0) ergibt sich: $f(0) = 0$ und $f''(0) = 0$. Aus dem Hochpunkt H(2 | 2) ergeben sich die beiden Bedingungen $f(2) = 2$ und $f'(2) = 0$. Damit erhält man vier Gleichungen mit vier Unbekannten:

$$\begin{array}{lclclclcl}
f(0)=0 & \Rightarrow & a\cdot 0^3 & + & b\cdot 0^2 & + & c\cdot 0 & + & d & = & 0\\
f''(0)=0 & \Rightarrow & 6a\cdot 0 & + & 2b & & & & & = & 0\\
f(2)=2 & \Rightarrow & a\cdot 2^3 & + & b\cdot 2^2 & + & c\cdot 2 & + & d & = & 2\\
f'(2)=0 & \Rightarrow & 3a\cdot 2^2 & + & 2b\cdot 2 & + & c & & & = & 0
\end{array}$$

Daraus ergibt sich das folgende Gleichungssystem:

$$\begin{array}{rcrcrcrcl}
 & & & & & & d & = & 0\\
 & & 2b & & & & & = & 0\\
8a & + & 4b & + & 2c & + & d & = & 2\\
12a & + & 4b & + & c & & & = & 0
\end{array}$$

Aus den ersten beiden Gleichungen erhält man $d = 0$ und $b = 0$.
Setzt man $d = 0$ und $b = 0$ in die unteren beiden Gleichungen ein, ergibt sich:

$$\begin{array}{lrcrcl}
\text{I} & 8a & + & 2c & = & 2\\
\text{II} & 12a & + & c & = & 0
\end{array}$$

Subtrahiert man das 2-fache der Gleichung II von Gleichung I, ergibt sich:

$$-16a = 2 \Rightarrow a = -\frac{1}{8}$$

Setzt man $a = -\frac{1}{8}$ in Gleichung I ein, erhält man:

$$8\cdot\left(-\frac{1}{8}\right) + 2c = 2 \Rightarrow c = \frac{3}{2}$$

Damit lautet die Funktionsgleichung: $f(x) = -\frac{1}{8}x^3 + \frac{3}{2}x$.

3. Man kann die Situation in einer Skizze darstellen:

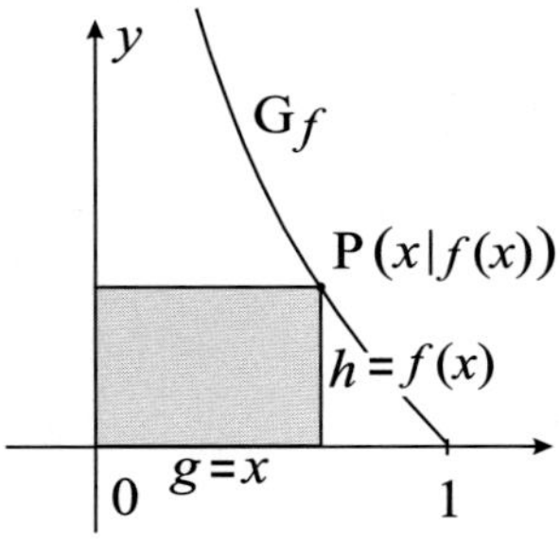

Das betrachtete Rechteck hat die Grundseite $g = x$ und die Höhe $h = f(x) = -\ln x$.

Der Flächeninhalt $\mathrm{A}(x)$ des betrachteten Rechtecks beträgt damit:

$$\mathrm{A}(x) = g \cdot h = x \cdot (-\ln x) = -x \cdot \ln x$$

Das Rechteck mit größtem Flächeninhalt erhält man mithilfe der 1. und 2. Ableitung von $\mathrm{A}(x)$, die man mit der Produktregel bestimmt:

$$\mathrm{A}'(x) = -1 \cdot \ln x + (-x) \cdot \frac{1}{x} = -\ln x - 1$$
$$\mathrm{A}''(x) = -\frac{1}{x}$$

Als notwendige Bedingung löst man die Gleichung $\mathrm{A}'(x) = 0$ nach x auf:

$$-\ln x - 1 = 0$$
$$\ln x = -1$$
$$x = e^{-1}$$

Setzt man $x = e^{-1}$ in $\mathrm{A}''(x)$ ein, ergibt sich:

$$\mathrm{A}''\left(e^{-1}\right) = -\frac{1}{e^{-1}} = -e < 0 \Rightarrow \text{Maximum}$$

Die Seitenlängen des Rechtecks mit maximalem Flächeninhalt sind somit $g = e^{-1}$ und $h = f\left(e^{-1}\right) = -\ln\left(e^{-1}\right) = 1$.

4. Den Extrempunkt des Graphen von $g(x) = \frac{x}{\ln x}$ bestimmt man mithilfe der 1. und 2. Ableitung, die man mit der Quotientenregel und der Ketttenregel erhält:

$$g'(x) = \frac{1 \cdot \ln x - x \cdot \frac{1}{x}}{(\ln x)^2} = \frac{\ln x - 1}{(\ln x)^2}$$
$$g''(x) = \frac{\frac{1}{x} \cdot (\ln x)^2 - (\ln x - 1) \cdot 2 \cdot \ln x \cdot \frac{1}{x}}{(\ln x)^4} = \frac{-\frac{1}{x}\ln x + \frac{2}{x}}{(\ln x)^3}$$

Die notwendige Bedingung $g'(x) = 0$ führt zu $\frac{\ln x - 1}{(\ln x)^2} = 0$ bzw. $\ln x - 1 = 0 \Rightarrow x = e$.
Setzt man $x = e$ in $g''(x)$ ein, ergibt sich:

$$g''(e) = \frac{-\frac{1}{e}\ln e + \frac{2}{e}}{(\ln e)^3} = \frac{-\frac{1}{e} + \frac{2}{e}}{1^3} = \frac{1}{e} > 0 \Rightarrow \text{Tiefpunkt}$$

Den zugehörigen y-Wert erhält man, indem man $x = e$ in $g(x)$ einsetzt:

$$g(e) = \frac{e}{\ln e} = e$$

Somit ist der Extrempunkt des Graphen von g ein Tiefpunkt mit den Koordinaten $\mathrm{T}(e \mid e)$.

5. Gegeben ist $f(x) = e^x \cdot (2x + x^2)$.

   a) Die Nullstellen der Funktion f erhält man, indem man die Gleichung $f(x) = 0$ nach x auflöst:

$$\begin{aligned} e^x \cdot (2x + x^2) &= 0 \\ 2x + x^2 &= 0 \\ x \cdot (2 + x) &= 0 \end{aligned}$$

   Mit dem Satz vom Nullprodukt erhält man die Lösungen $x_1 = 0$ und $x_2 = -2$. Somit hat f die Nullstellen $x_1 = 0$ und $x_2 = -2$.

   b) Um zu zeigen, dass die Funktion F mit $\mathrm{F}(x) = x^2 \cdot e^x$ eine Stammfunktion von f ist, bildet man die 1. Ableitung von F mit der Produktregel:

$$\mathrm{F}'(x) = 2x \cdot e^x + x^2 \cdot e^x = e^x \cdot (2x + x^2) = f(x)$$

   Wegen $\mathrm{F}'(x) = f(x)$ ist F eine Stammfunktion von f.
   Die Gleichung einer weiteren Stammfunktion G von f hat die Form:

$$\mathrm{G}(x) = \mathrm{F}(x) + c = x^2 \cdot e^x + c$$

   Mit $\mathrm{G}(1) = 2e$ erhält man: $1^2 \cdot e^1 + c = 2e \Rightarrow c = e$.
   Somit ist $\mathrm{G}(x) = x^2 \cdot e^x + e$ die gesuchte Stammfunktion.

6. Gegeben sind die Funktionen $g_{a,c}(x) = \sin(ax) + c$ mit $a,\ c \in \mathbb{R}_0^+$.

   a) α) Die Funktion $g_{1,1}(x) = \sin(x) + 1$ hat die Wertemenge $[0;\ 2]$, somit gilt: $a = 1$ und $c = 1$.

   β) Damit die Funktion $g_{a,c}$ im Intervall $[0;\ \pi]$ genau drei Nullstellen hat, muss die Periode p den Wert π haben und $c = 0$ gelten.
   Damit erhält man: $a = \frac{2\pi}{\pi} = 2$. Somit gilt: $g_{2,0}(x) = \sin(2x)$.

   b) Die 1. Ableitung von $g_{a,c}(x) = \sin(ax) + c$ erhält man mit der Kettenregel:

$${g_{a,c}}'(x) = \cos(ax) \cdot a = a \cdot \cos(ax)$$

   Dies ist eine Kosinusfunktion mit Amplitude a.
   Somit kann die Ableitung von $g_{a,c}$ die Werte $[-a;\, a]$ annehmen.

7. Es ist $f(x) = \cos(x)$ und $g(x) = 2\cos\left(\frac{\pi}{2}x\right) - 2$.

   a) Man erhält den Graphen von g aus dem Graphen von f, indem man den Graphen von f mit Faktor 2 in y-Richtung streckt, mit Faktor $\frac{\pi}{2}$ in x-Richtung staucht (bzw. mit Faktor $\frac{2}{\pi}$ streckt) und um 2 LE nach unten (in negative y-Richtung) verschiebt.

Die Periode p des Graphen von g ist $p = \frac{2\pi}{\frac{\pi}{2}} = 4$.

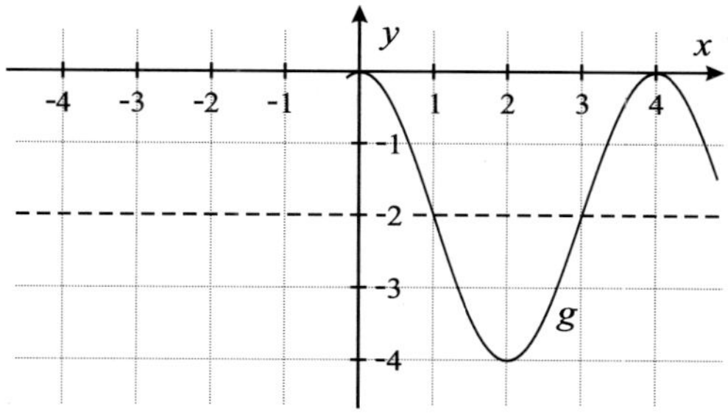

(Das Anfertigen einer Zeichnung ist nicht Bestandteil der Aufgabe.)

b) Die Nullstellen von g für $0 \leqslant x \leqslant 4$ erhält man durch Lösen der Gleichung $g(x) = 0$.

$$2\cos\left(\frac{\pi}{2}x\right) - 2 = 0$$
$$2\cos\left(\frac{\pi}{2}x\right) = 2$$
$$\cos\left(\frac{\pi}{2}x\right) = 1$$

Die Substitution $\frac{\pi}{2}x = z$ führt zu $\cos z = 1$ mit den Lösungen $z_1 = 0$, $z_2 = 2\pi$, $z_3 = 4\pi$, usw..
Die Resubstitution $\frac{\pi}{2}x = 0$ führt zur Lösung $x_1 = 0$, die Resubstitution $\frac{\pi}{2}x = 2\pi$ führt zur Lösung $x_2 = 4$. Alle weiteren Resubstitutionen führen zu Lösungen außerhalb des Intervalls $0 \leqslant x \leqslant 4$.
Alternativ kann man die Nullstellen $x_1 = 0$ und $x_2 = 4$ auch an der Zeichnung ablesen und rechnerisch nachweisen:
Es gilt:

$$2\cos\left(\frac{\pi}{2}\cdot 0\right) - 2 = 2\cos(0) - 2 = 2\cdot 1 - 2 = 0$$
$$2\cos\left(\frac{\pi}{2}\cdot 4\right) - 2 = 2\cos(2\pi) - 2 = 2\cdot 1 - 2 = 0$$

Somit hat g für $0 \leqslant x \leqslant 4$ die Nullstellen $x_1 = 0$ und $x_2 = 4$.

8. Anhand der gegebenen Schaubilder kann man folgende Funktionswerte und Steigungen direkt ablesen:
Für den Graphen von f gilt: $f(-1) = 5$, $f(0) = 0$, $f(1) = -3$, $f(2) = -4$, $f(3) = -3$, $f(4) = 0$ und $f(5) = 5$.
Da der Graph von f bei $x = 2$ einen Tiefpunkt hat, gilt: $f'(2) = 0$.
Für den Graphen von g gilt: $g(-3) = 5$, $g(-2) = 4$, $g(-1) = 3$, $g(0) = 2$, $g(1) = 1$, $g(2) = 0$, $g(3) = -1$, $g(4) = -2$ und $g(5) = -3$.
Da der Graph von g eine Gerade mit Steigung $m = -1$ ist, gilt für alle x-Werte: $g'(x) = -1$.

a) Verwendet man die abgelesenen Funktionswerte, so gilt:

$$f(g(3)) = f(-1) = 5$$

Um einen Wert für x so zu bestimmen, dass $f(g(x)) = 0$ ist, verwendet man die Nullstellen von f.
Mit $f(0) = 0$ muss gelten: $g(x) = 0 \Rightarrow x = 2$.
Mit $f(4) = 0$ muss gelten: $g(x) = 4 \Rightarrow x = -2$.
Somit gilt $f(g(x) = 0)$ für $x_1 = -2$ und $x_2 = 2$.

b) Die 1. Ableitung der Funktion h mit $h(x) = f(x) \cdot g(x)$ erhält man mit der Produktregel:

$$h'(x) = f'(x) \cdot g(x) + f(x) \cdot g'(x)$$

Setzt man die abgelesenen Funktionswerte und Steigungen für $x = 2$ ein, ergibt sich:

$$\begin{aligned} h'(2) &= f'(2) \cdot g(2) + f(2) \cdot g'(2) \\ &= 0 \cdot 0 + (-4) \cdot (-1) = 4 \end{aligned}$$

9. a) Zur Bestimmung des Wendepunkts des Graphen von $f(x) = -x^3 + 3x^2 - x - 3$ leitet man f drei mal ab und setzt die zweite Ableitung gleich Null:

$$\begin{aligned} f'(x) &= -3x^2 + 6x - 1 \\ f''(x) &= -6x + 6 \\ f'''(x) &= -6 \end{aligned}$$

Die notwendige Bedingung $f''(x) = 0$ führt zu:

$$-6x + 6 = 0 \Rightarrow x_W = 1$$

Wegen $f'''(1) = -6 \neq 0$ handelt es sich um eine Wendestelle.
Den zugehörigen y-Wert y_W erhält man, indem man $x_W = 1$ in $f(x)$ einsetzt:

$$y_W = -1^3 + 3 \cdot 1^2 - 1 - 3 = -2 \Rightarrow W(1 \mid -2)$$

Die Steigung m_t der Tangente erhält man, indem man $x_W = 1$ in $f'(x)$ einsetzt:

$$m_t = f'(1) = -3 \cdot 1^2 + 6 \cdot 1 - 1 = 2$$

Die Gleichung der Tangente t in W erhält man mithilfe der Punkt-Steigungsform:

$$\begin{aligned} t &: y - y_W = m_t \cdot (x - x_W) \\ t &: y - (-2) = 2 \cdot (x - 1) \\ t &: y = 2x - 4 \end{aligned}$$

Die Tangente im Wendepunkt $W(1 \mid -2)$ hat damit die Gleichung $y = 2x - 4$.

b) Die Koordinaten des Schnittpunkts S der Tangente t in W mit der x-Achse erhält man, indem man den Term von t gleich Null setzt:

$$2x-4=0 \Rightarrow x=2$$

Somit hat der Schnittpunkt S die Koordinaten $\mathrm{S}\,(2 \mid 0)$.

10. a) Wegen $g(x) = -f(-x)+2$ entsteht der Graph von g aus dem Graph von f durch Spiegelung an der x-Achse, durch Spiegelung an der y-Achse und durch Verschiebung um 2 LE in y-Richtung.

b) Um zu zeigen, dass sich die Graphen von f und g in $\mathrm{P}(0 \mid 1)$ berühren, muss man nachweisen, dass $\mathrm{P}(0 \mid 1)$ auf beiden Graphen liegt (für $x=0$ müssen also die y-Werte übereinstimmen) und dass die Tangentensteigungen in P bei beiden Graphen gleich sind.
Hierzu setzt man den Wert $x=0$ in $f(x)=e^x$ und $g(x)=-e^{-x}+2$ bzw. $f'(x)=e^x$ und $g'(x)=-e^{-x}\cdot(-1)=e^{-x}$ ein:

$$f(0)=e^0=1 \qquad f'(0)=e^0=1$$
$$g(0)=-e^{-0}+2=-1+2=1 \qquad g'(0)=e^{-0}=1$$

Wegen $f(0)=g(0)=1$ liegt $\mathrm{P}(0 \mid 1)$ auf beiden Graphen.
Wegen $f'(0)=g'(0)=1$ sind die Tangentensteigungen in P gleich.
Damit berühren sich die Graphen von f und g in $\mathrm{P}(0 \mid 1)$.

11. (1) Der Graph von f beschreibt die Steigung des Graphen von F.
Da der Graph von f für $-3 \leqslant x \leqslant 1$ oberhalb der x-Achse verläuft, gilt:
$\mathrm{F}'(x)=f(x) \geqslant 0$. Damit ist F für $-3 \leqslant x \leqslant 1$ monoton wachsend.

(2) Der Graph von f besitzt einen Hochpunkt bei $x=-2{,}5$, einen Sattelpunkt bei $x=0$ und einen Tiefpunkt bei $x=2{,}5$. Also gibt es drei waagerechte Tangenten mit Steigung Null, so dass die Ableitungsfunktion f' für $-3{,}5 \leqslant x \leqslant 3{,}5$ drei Nullstellen hat.

(3) Da f eine Stammfunktion von f' ist, ergibt sich für das Integral:

$$\int_0^3 f'(x)\mathrm{d}x = \Big[f(x)\Big]_0^3 = f(3)-f(0)$$
$$=0-1=-1$$

(4) Der Graph von f hat bei $x=0$ einen Wendepunkt mit der Steigung Null, also einen Sattelpunkt.
Damit hat der Graph von f' bei $x=0$ einen Extrempunkt mit y-Wert Null.
Für $-1 \leqslant x < 0$ hat der Graph von f eine negative Steigung, für $x=0$ ist sie Null und für $0 < x \leqslant 1$ ist sie wieder negativ. Damit hat f' an der Stelle $x=0$ ein Maximum. Somit ist $\mathrm{O}(0 \mid 0)$ Hochpunkt des Graphen von f'.

12. a) Die gemeinsamen Punkte der Graphen von $f(x) = \frac{2}{x}$ und $g(x) = 2x - 3$ erhält man durch Gleichsetzen der Funktionsterme:

$$\begin{aligned} f(x) &= g(x) \\ \frac{2}{x} &= 2x - 3 \\ 2 &= 2x^2 - 3x \\ 0 &= 2x^2 - 3x - 2 \end{aligned}$$

Mithilfe der *pq*- oder *abc*-Formel erhält man als Lösungen der quadratischen Gleichung $x_1 = 2$ und $x_2 = -\frac{1}{2}$.
Die zugehörigen y-Werte erhält man, indem man $x_1 = 2$ und $x_2 = -\frac{1}{2}$ jeweils in $f(x)$ oder $g(x)$ einsetzt: $y_1 = f(2) = \frac{2}{2} = 1$ und $y_2 = f\left(-\frac{1}{2}\right) = \frac{2}{-\frac{1}{2}} = -4$.
Damit erhält man als gemeinsame Punkte $P_1\,(2 \mid 1)$ und $P_2\left(-\frac{1}{2} \mid -4\right)$.

b) Um zu untersuchen, ob sich die beiden Graphen senkrecht schneiden, berechnet man mithilfe der 1. Ableitung von $f(x) = \frac{2}{x} = 2 \cdot x^{-1}$ und $g(x)$ die Steigung in den gemeinsamen Punkten P_1 und P_2.
Es ist $f'(x) = -2 \cdot x^{-2} = -\frac{2}{x^2}$ und $g'(x) = 2$ (Steigung der Geraden).
Setzt man $x_1 = 2$ in $f'(x)$ und $g'(x)$ ein, erhält man: $f'(2) = -\frac{2}{2^2} = -\frac{1}{2}$ und $g'(2) = 2$
Da die eine Steigung der negative Kehrwert der anderen Steigung ist bzw.

$$f'(2) \cdot g'(2) = -\frac{1}{2} \cdot 2 = -1$$

gilt, schneiden sich die beiden Graphen in P_1 senkrecht.
Setzt man $x_1 = -\frac{1}{2}$ in $f'(x)$ und $g'(x)$ ein, erhält man:

$$f'\left(-\frac{1}{2}\right) = -\frac{2}{\left(-\frac{1}{2}\right)^2} = -8 \text{ und } g'\left(-\frac{1}{2}\right) = 2$$

Da die eine Steigung nicht der negative Kehrwert der anderen Steigung ist bzw.

$$f'\left(-\frac{1}{2}\right) \cdot g'\left(-\frac{1}{2}\right) = -8 \cdot 2 \neq -1$$

gilt, schneiden sich die beiden Graphen in P_2 nicht senkrecht.
Somit schneiden sich die beiden Graphen nur in $P_1\,(2 \mid 1)$ senkrecht.

13. a) Die Schnittpunkte der beiden Graphen erhält man durch Gleichsetzen der Funktionsterme:

$$\begin{aligned} f(x) &= g(x) \\ -x^2 + 3 &= 2x \\ 0 &= x^2 + 2x - 3 \end{aligned}$$

Mithilfe der *pq*- oder *abc*-Formel ergeben sich die Schnittstellen $x_1 = -3$ und $x_2 = 1$.

Die zugehörigen y-Werte erhält man, indem man $x_1 = -3$ und $x_2 = 1$ in $g(x)$ einsetzt:

$$y_1 = g(-3) = 2 \cdot (-3) = -6$$
$$y_2 = g(1) = 2 \cdot 1 = 2$$

Somit haben die Schnittpunkte der Graphen von f und g die Koordinaten $S_1\,(-3 \mid -6)$ und $S_2\,(1 \mid 2)$.

b) Der Graph von f mit $f(x) = -x^2 + 3$ ist eine nach unten geöffnete Normalparabel mit Scheitel $S\,(0 \mid 3)$, der Graph von g mit $g(x) = 2x$ ist eine Ursprungsgerade mit Steigung $m = 2$ (das Anfertigen einer Zeichnung ist nicht Bestandteil der Aufgabe).

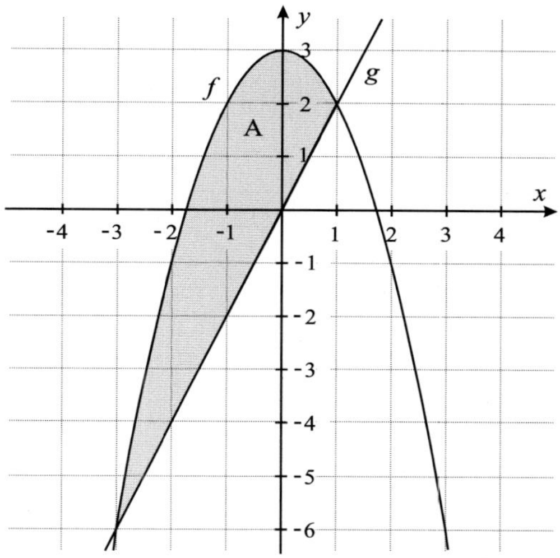

Den Inhalt A der Fläche, die von den Graphen der beiden Funktionen eingeschlossen wird, erhält man mithilfe eines Integrals. Die Integrationsgrenzen sind die beiden Schnittstellen der Graphen,

Da der Graph von f oberhalb des Graphen von g verläuft, erhält man:

$$\begin{aligned}
\text{A} &= \int_{-3}^{1} (f(x) - g(x))\,\mathrm{d}x \\
&= \int_{-3}^{1} \left(-x^2 + 3 - 2x\right)\mathrm{d}x \\
&= \left[-\frac{1}{3}x^3 + 3x - x^2\right]_{-3}^{1} \\
&= \left(-\frac{1}{3} \cdot 1^3 + 3 \cdot 1 - 1^2\right) - \left(-\frac{1}{3} \cdot (-3)^3 + 3 \cdot (-3) - (-3)^2\right) \\
&= \frac{5}{3} - (-9) = \frac{32}{3}
\end{aligned}$$

Der Flächeninhalt der gesuchten Fläche A beträgt $\frac{32}{3}$ FE.

14. a) Die Eigenschaft (1) $f(2) = 1$ bedeutet, dass der Gaph von f durch den Punkt $P(2 \mid 1)$ geht.
Die Eigenschaft (2) $f'(2) = 0$ bedeutet, dass der Graph von f an der Stelle $x = 2$, d.h. im Punkt $P(2 \mid 1)$, eine waagrechte Tangente hat.
Die Eigenschaft (3) $f''(4) = 0$ und $f'''(4) \neq 0$ bedeutet, dass der Graph von f an der Stelle $x = 4$ einen Wendepunkt besitzt.
Die Eigenschaft (4) für $x \to +\infty$ und $x \to -\infty$ gilt $f(x) \to 5$ bedeutet, dass der Graph von f eine waagerechte Asymptote mit der Gleichung $y = 5$ für $x \to +\infty$ und $x \to -\infty$ hat.

b) Damit kann man den Graphen von f etwa folgendermaßen skizzieren:

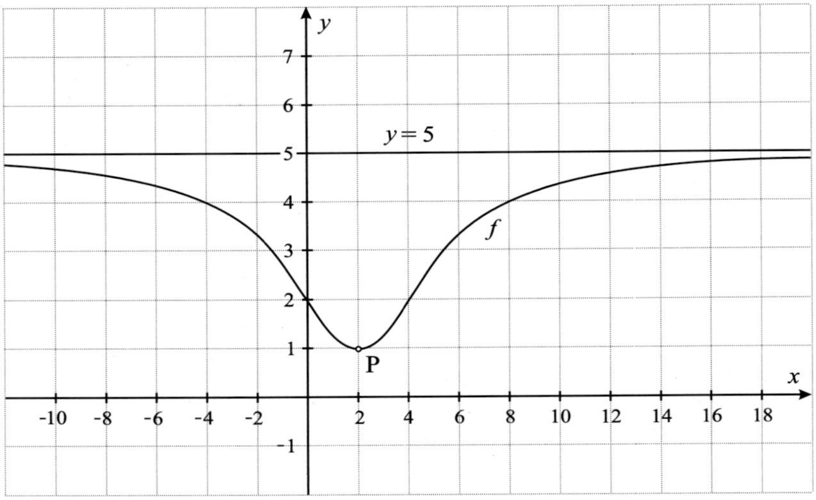

15. a) Abbildung 2 zeigt den Graphen von f, weil $f(0) = 0^3 - 3 \cdot 0 - 2 = -2$ gilt. Nur der Graph in Abbildung 2 schneidet die y-Achse im Punkt $(0 \mid -2)$.

b) Der Graph der Funktion g mit $g(x) = f(x-a)$ ist der um a LE in x-Richtung verschobene Graph von f. Abbildung 4 zeigt den um 2 LE nach rechts (in positive x-Richtung) verschobenen Graphen von f.
Damit zeigt Abbildung 4 den Graphen von g und es gilt: $a = 2$.
Der Graph der Funktion h mit $h(x) = b \cdot f(x)$ ist der mit Faktor b gestreckte/gestauchte Graph von f. Abbildung 3 zeigt den mit Faktor $\frac{1}{2}$ gestauchten und an der x-Achse gespiegelten Graphen von f. Der Graph der Abbildung 3 besitzt dieselben Nullstellen wie der Graph von f und schneidet die y-Achse bei $(0 \mid 1)$ statt bei $(0 \mid -2)$.
Damit zeigt Abbildung 3 den Graphen von h und es gilt: $b = -\frac{1}{2}$.

c) Der Graph in Abbildung 1 ist der um 3 LE nach oben verschobene Graph von f.
Damit gilt: $k(x) = f(x) + 3$ bzw. $k(x) = x^3 - 3x + 1$.

16. a) Da der Graph von f' für $x \leqslant 3$ oberhalb beziehungsweise auf der x-Achse verläuft, ist dort $f'(x) \geqslant 0$ und damit ist die Funktion f für $x \leqslant 3$ monoton wachsend. Für $x > 3$ ist f streng monoton fallend, da $f'(x) < 0$.
Bei $x = 3$ hat f' eine Nullstelle mit Vorzeichenwechsel von $+$ nach $-$, also hat die Funktion f dort eine Extremstelle (Hochpunkt).
Bei $x = 0$ hat f' zwar eine Nullstelle, aber es findet kein Vorzeichenwechsel statt. Deshalb hat die Funktion f dort keine Extremstelle sondern einen Sattelpunkt (Wendepunkt mit waagerechter Tangente).
An den Stellen $x = 0$ und $x = 2$ hat f' Extremstellen, also hat die Funktion f dort Wendestellen.

b) Um den Graph von f zu skizzieren, kann man neben $f(0) = 2$ noch obige Eigenschaften verwenden:
Bei $x = 0$ ist ein Wendepunkt mit Steigung Null ($f'(0) = 0$), also ein Sattelpunkt (S).
Bei $x = 2$ ist ein Wendepunkt (W) mit Steigung 2 ($f'(2) = 2$).
Bei $x = 3$ ist ein Hochpunkt (H).
Somit erhält man eine Skizze des Graphen von f wie rechts abgebildet.

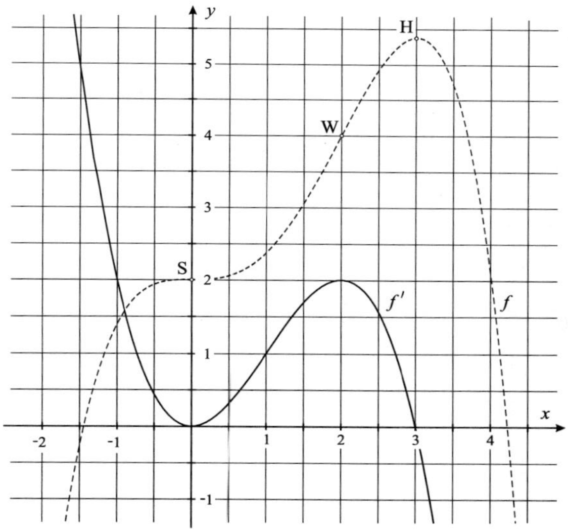

17. a) Als Ansatz für eine ganzrationale Funktion h zweiten Grades verwendet man $h(x) = ax^2 + bx + c$ sowie deren Ableitung $h'(x) = 2ax + b$.
Da T$\,(-1 \mid -4)$ der Tiefpunkt des Graphen von h ist, gelten die Bedingungen: $h(-1) = -4$ und $h'(-1) = 0$.
Da Q$\,(2 \mid 5)$ ein weiterer Punkt des Graphen von h ist, gilt die Bedingung: $h(2) = 5$.
Damit erhält man folgendes lineares Gleichungssystem:

$$\begin{array}{lcccccccc} \text{I} & a \cdot (-1)^2 & + & b \cdot (-1) & + & c & = & -4 \\ \text{II} & 2a \cdot (-1) & + & b & & & = & 0 \\ \text{III} & a \cdot 2^2 & + & b \cdot 2 & + & c & = & 5 \end{array}$$

bzw.

$$\begin{array}{lcccccccc} \text{I} & a & - & b & + & c & = & -4 \\ \text{II} & -2a & + & b & & & = & 0 \\ \text{III} & 4a & + & 2b & + & c & = & 5 \end{array}$$

Subtrahiert man Gleichung III von Gleichung I, erhält man:

$$\begin{array}{lrcrcrcr} \text{I} & a & - & b & + & c & = & -4 \\ \text{II} & -2a & + & b & & & = & 0 \\ \text{IIIa} & -3a & - & 3b & & & = & -9 \end{array}$$

Addiert man das 3-fache von Gleichung II zu Gleichung IIIa , erhält man:

$$\begin{array}{lrcrcrcr} \text{I} & a & - & b & + & c & = & -4 \\ \text{II} & -2a & + & b & & & = & 0 \\ \text{IIIb} & -9a & & & & & = & -9 \end{array}$$

Aus Gleichung IIIb erhält man $a = 1$.
Setzt man $a = 1$ in Gleichung II ein, erhält man: $-2 \cdot 1 + b = 0 \Rightarrow b = 2$.
Setzt man $a = 1$ und $b = 2$ in Gleichung I ein, erhält man: $1 - 2 + c = -4 \Rightarrow c = -3$.
Damit lautet die gesuchte Funktionsgleichung: $h(x) = x^2 + 2x - 3$.

b) Die Schnittpunkte des Graphen von h mit der x-Achse erhält man durch Lösen der Gleichung $h(x) = 0$ bzw. $x^2 + 2x - 3 = 0$.
Mithilfe der *abc*- oder *pq*- Formel erhält man die Lösungen $x_1 = -3$ und $x_2 = 1$.
Damit ergeben sich die Schnittpunkte $\text{N}_1(-3 \mid 0)$ und $\text{N}_2(1 \mid 0)$.

18. Es ist $f(x) = x \cdot e^{-x}$.

a) Eine Stammfunktion F von f erhält man mithilfe der partiellen Integration. Hierzu verwendet man die Formel: $\text{F}(x) = \int u'(x) \cdot v(x) \mathrm{d}x = u(x) \cdot v(x) - \int u(x) \cdot v'(x) \mathrm{d}x$.
Wählt man $u'(x) = e^{-x}$ mit $u(x) = -e^{-x}$ und $v(x) = x$ mit $v'(x) = 1$ erhält man:

$$\begin{aligned} \text{F}(x) &= \int \left(e^{-x} \cdot x\right) \mathrm{d}x \\ &= -e^{-x} \cdot x - \int \left(-e^{-x} \cdot 1\right) \mathrm{d}x \\ &= -e^{-x} \cdot x - e^{-x} \\ &= -e^{-x} \cdot (x + 1) \end{aligned}$$

Somit ist $\text{F}(x) = -e^{-x} \cdot (x + 1)$ eine Stammfunktion von f.

b) Der Graph von F besitzt einen lokalen Hoch- oder Tiefpunkt, wenn gilt: $\text{F}'(x) = 0$.
Wegen $\text{F}'(x) = f(x)$ muss also gelten: $f(x) = 0$.
Die Gleichung $f(x) = 0$ bzw. $x \cdot e^{-x} = 0$ hat nur die Lösung $x = 0$.
Um zu prüfen, ob die Ableitung von $\text{F}(x)$, also $f(x)$, an der Stelle $x = 0$ das Vorzeichen wechselt, betrachtet man $f(x)$ für $x < 0$ bzw. $x > 0$.
Für $x < 0$ gilt: $f(x) < 0$ und für $x > 0$ gilt: $f(x) > 0$.
Somit wechselt $f(x)$, also die Ableitung von $\text{F}(x)$, an der Stelle $x = 0$ das Vorzeichen von $-$ nach $+$.
Damit hat der Graph von F an der Stelle $x = 0$ einen Tiefpunkt.

19. Es ist $f(x) = (x+2)^2 \cdot e^{-x}$ und $f'(x) = -\left(x^2+2x\right) \cdot e^{-x}$.

   a) Die zweite Ableitung f'' erhält man, indem man die 1. Ableitung mithilfe der Produkt- und Kettenregel ableitet:

$$f''(x) = -(2x+2) \cdot e^{-x} + \left(-\left(x^2+2x\right)\right) \cdot e^{-x} \cdot (-1) = e^{-x} \cdot \left(x^2-2\right)$$

   b) Der Graph der Funktion f hat wegen

$$f(-2) = (-2+2)^2 \cdot e^{-(-2)} = 0$$

   eine doppelte Nullstelle bei $x = -2$, somit kann der Graph der Abbildung 2 nicht zu f gehören.
   Für $x \to \infty$ geht $f(x) \to 0$, somit können die Graphen der Abbildungen 1 und 3 nicht zu f gehören.
   Damit gehört der Graph von Abbildung 4 zur Funktion f.

20. Es ist $f_a(x) = x \cdot e^{x+a}$. Dabei sei a eine positive reelle Zahl.

   a) Man erhält die Gleichung des Graphen f_a, der durch den Punkt $(-2 \mid -2)$ verläuft, indem man die Gleichung $f_a(-2) = -2$ nach a auflöst:

$$\begin{aligned} -2 \cdot e^{-2+a} &= -2 \\ e^{-2+a} &= 1 \\ -2+a &= \ln 1 \\ -2+a &= 0 \\ a &= 2 \end{aligned}$$

   Damit erhält man: $f_2(x) = x \cdot e^{x+2}$.

   b) Um nachzuweisen, dass jede Funktion der Schar einen Graphen mit einem Tiefpunkt hat, bestimmt man mithilfe der Produkt- und Kettenregel die 1. und 2. Ableitung von f_a:

$$\begin{aligned} f_a{}'(x) &= 1 \cdot e^{x+a} + x \cdot e^{x+a} \cdot 1 = (1+x) \cdot e^{x+a} \\ f_a{}''(x) &= 1 \cdot e^{x+a} + (1+x) \cdot e^{x+a} \cdot 1 = (2+x) \cdot e^{x+a} \end{aligned}$$

   Die notwendige Bedingung $f_a{}'(x) = 0$ führt zu

$$(1+x) \cdot e^{x+a} = 0 \Rightarrow x = -1$$

   Setzt man $x = -1$ in $f_a{}''(x)$ ein, ergibt sich:

$$f_a{}''(-1) = (2+(-1)) \cdot e^{-1+a} = e^{-1+a} > 0 \Rightarrow \text{Tiefpunkt}$$

   Damit hat jeder Graph der Schar bei $x = -1$ einen Tiefpunkt.

21. Es ist $f_a(x) = \left(x^2 - a^2\right) \cdot e^{ax}$ für jede positive Zahl a.

a) Die Nullstellen der Funktion f_a erhält man, indem man die Gleichung $f_a(x) = 0$ nach x auflöst:

$$\begin{aligned} \left(x^2 - a^2\right) \cdot e^{ax} &= 0 \\ x^2 - a^2 &= 0 \\ x^2 &= a^2 \\ \Rightarrow x_1 = -a \text{ und } x_2 &= a \end{aligned}$$

Somit hat f_a die Nullstellen $x_1 = -a$ und $x_2 = a$.

b) Um zu zeigen, dass die positive Nullstelle von f_a niemals eine Extremstelle dieser Funktion sein kann, bestimmt man zuerst die 1. Ableitung von f_a mithilfe der Produkt- und Kettenregel:

$$f_a{}'(x) = 2x \cdot e^{ax} + \left(x^2 - a^2\right) \cdot e^{ax} \cdot a = \left(ax^2 + 2x - a^3\right) \cdot e^{ax}$$

Setzt man die positive Nullstelle von f_a, also $x = a$ in $f_a{}'(x)$ ein, erhält man:

$$f_a{}'(a) = \left(a \cdot a^2 + 2a - a^3\right) \cdot e^{a \cdot a} = 2a \cdot e^{a^2}$$

Für $a > 0$ gilt: $f_a{}'(a) > 0$.
Damit ist die notwendige Bedingung für eine Extremstelle $f_a{}'(a) = 0$ von f_a bei $x = a$ für kein a erfüllt.
Somit kann die positive Nullstelle von f_a niemals eine Extremstelle dieser Funktion sein.

22. Es ist $\mathrm{F}(x) = -\frac{1}{6} \cdot \left(\sqrt{-x^2 + 2x + 3}\right)^3$ eine Stammfunktion von f, d.h. es gilt: $\mathrm{F}'(x) = f(x)$.

a) $\mathrm{H}(x) = -\frac{1}{6} \cdot \left(\sqrt{-x^2 + 2x + 3}\right)^3 + 1 = \mathrm{F}(x) + 1$ ist ebenfalls eine Stammfunktion von f, da sich die beiden Funktionen F und H nur durch ein konstantes Glied $(+1)$ unterscheiden, welches beim Ableiten wegfällt:

$$\mathrm{H}'(x) = (\mathrm{F}(x) + 1)' = \mathrm{F}'(x) + 0 = f(x)$$

Wegen $\mathrm{H}'(x) = f(x)$ ist H ebenfalls eine Stammfunktion von f.

b) Für $0 \leqslant x \leqslant 3$ liegt ein Teil des Graphen von f unterhalb und ein Teil oberhalb der x-Achse. Die Funktion f hat eine Nullstelle mit Vorzeichenwechsel. Somit kann der Wert des Integrals $\int_0^3 f(x)\mathrm{d}x$ nicht mit dem Inhalt der Fläche übereinstimmen, die für $0 \leqslant x \leqslant 3$ zwischen G_f und der x-Achse liegt.

c) Den Inhalt A der Fläche, die G_f im ersten Quadranten mit der x-Achse einschließt, erhält man mithilfe eines Integrals. Die Integrationsgrenzen sind dabei die Nullstellen $x_1 = 1$ und $x_2 = 3$. Als Stammfunktion verwendet man die gegebene Funktion F:

$$\begin{aligned} A &= \int_1^3 f(x)\mathrm{d}x \\ &= \Big[F(x)\Big]_1^3 \\ &= \left[-\frac{1}{6}\cdot\left(\sqrt{-x^2+2x+3}\right)^3\right]_1^3 \\ &= \left(-\frac{1}{6}\cdot\left(\sqrt{-3^2+2\cdot 3+3}\right)^3\right) - \left(-\frac{1}{6}\cdot\left(\sqrt{-1^2+2\cdot 1+3}\right)^3\right) \\ &= 0+\frac{1}{6}\cdot 2^3 \\ &= \frac{4}{3} \end{aligned}$$

Der Flächeninhalt A beträgt damit $\frac{4}{3}$ FE.

23. a) Der Graph von f hat eine Extremstelle (Minimum), daher hat der Graph von f' an dieser Stelle eine Nullstelle mit Vorzeichenwechsel von $-$ nach $+$.
Der Graph von f hat eine Wendestelle mit positiver Steigung, daher hat der Graph von f' an dieser Stelle eine Extremstelle (Maximum).
Der Graph von f hat eine Wendestelle mit Steigung Null (Sattelpunkt), daher hat der Graph von f' an dieser Stelle eine Nullstelle ohne Vorzeichenwechsel , d.h. eine Extremstelle. Da die Steigung vor und nach dem Sattelpunkt positiv ist, hat f' an dieser Stelle ein Minimum.

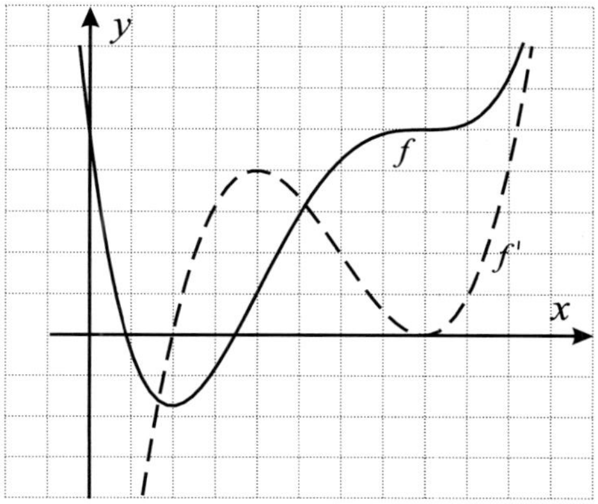

b) Der Graph von f besitzt mindestens zwei Wendepunkte, also hat die Gleichung $f''(x) = 0$ mindestens zwei Lösungen. Somit muss die Funktionsgleichung der 2. Ableitungsfunktion also mindestens zweiten Grades sein. Damit muss die Funktion f eine Funktion mindestens vierten Grades sein.

24. Gegeben sind $f(x) = -6x^2 + 12x + 18$, $x \in \mathbb{R}$ sowie die Punkte H(1 | 24) und N(3 | 0).

a) Zur Berechnung des Integrals verwendet man den Hauptsatz der Differential- und Integralrechnung:

$$\begin{aligned}\int_0^1 f(x)\mathrm{d}x &= \int_0^1 \left(-6x^2 + 12x + 18\right)\mathrm{d}x \\ &= \left[-\frac{6}{3}x^3 + \frac{12}{2}x^2 + 18x\right]_0^1 \\ &= \left[-2x^3 + 6x^2 + 18x\right]_0^1 \\ &= \left(-2\cdot 1^3 + 6\cdot 1^2 + 18\cdot 1\right) - \left(-2\cdot 0^3 + 6\cdot 0^2 + 18\cdot 0\right) \\ &= 22 - 0 \\ &= 22\end{aligned}$$

Somit gilt: $\int_0^1 f(x)\mathrm{d}x = 22$.

b) Die Fläche A, die der Graph von f im ersten Quadranten mit den Koordinatenachsen einschließt, hat den Inhalt 54.

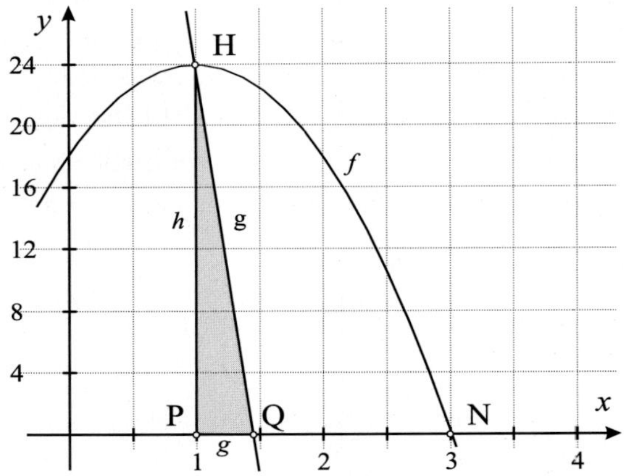

Die Fläche A_1, die der Graph von f mit der x-Achse und den Geraden $x = 0$ und $x = 1$ einschließt, hat den Inhalt:

$$\int_0^1 f(x)\mathrm{d}x = 22$$

Da die Gerade g, die durch den Punkt H verläuft, die gesamte Fläche A in zwei Teilflächen gleichen Inhalts teilen soll, hat jede Teilfläche den Inhalt $\frac{54}{2} = 27$. Somit muss das Dreick PQH einen Flächeninhalt von $A_{PQH} = 27 - 22 = 5$ haben.
Den Flächeninhalt des Dreiecks PQH erhält man durch $A_{PQH} = \frac{g\cdot h}{2}$.
Wählt man als Grundseite g_{PQH} die Strecke PQ, so ist die zugehörige Höhe h die Strecke $\overline{PH} = 24$.

Damit ergibt sich:

$$5 = \frac{g \cdot 24}{2} \Rightarrow g = \frac{10}{24} = \frac{5}{12}$$

Das Dreick PQH hat damit die Grundseite $g = \frac{5}{12}$ und der Punkt Q hat die Koordinaten $\mathrm{Q}\left(\frac{17}{12} \mid 0\right)$.

Die Stelle, an der die Gerade g die x-Achse schneidet, ist somit

$$x = 1 + \frac{5}{12} = \frac{17}{12}$$

25. a) Für den Definitionsbereich D_f von $f(x) = \frac{\ln x}{x-2}$ muss gelten: $x > 0$, da die ln-Funktion nur für positive Zahlen definiert ist, und $x \neq 2$, da sonst durch Null geteilt werden würde. Damit gilt:

$$\mathrm{D}_f = \mathbb{R}^+ \setminus \{2\}$$

b) Zur Bestimmung der Gleichung der Tangente an den Graphen von f im Punkt $(1 \mid f(1))$ benötigt man den zugehörigen Funktionswert $y_1 = f(1) = \frac{\ln 1}{1-2} = 0$ und die Steigung m_t, die man mithilfe der 1. Ableitung von f bestimmt. Verwendet man die Quotientenregel zur Bestimmung der Ableitung, ergibt sich:

$$f'(x) = \frac{\frac{1}{x} \cdot (x-2) - \ln x \cdot 1}{(x-2)^2}$$

Setzt man $x_1 = 1$ in $f'(x)$ ein, erhält man:

$$m_t = \frac{\frac{1}{1} \cdot (1-2) - \ln 1 \cdot 1}{(1-2)^2} = \frac{-1-0}{(-1)^2} = -1$$

Setzt man die Werte $x_1 = 1$, $y_1 = 0$ und $m_t = -1$ in die Punkt-Steigungsform $y - y_1 = m_t \cdot (x - x_1)$ ein, ergibt sich:

$$t\colon y - 0 = -1 \cdot (x-1)$$
$$t\colon y = -x + 1$$

Alternativ kann man auch die Hauptform $y = m \cdot x + b$ verwenden und $m_t = -1$ sowie anschließend $x_1 = 1$ und $y_1 = 0$ einsetzen:

$$y = m \cdot x + b$$
$$y = -1 \cdot x + b$$
$$0 = -1 \cdot 1 + b$$
$$\Rightarrow b = 1$$
$$\Rightarrow y = -1 \cdot x + 1$$

Die gesuchte Tangente hat die Gleichung $y = -x + 1$.

26. a) Da f bei $x_1 = -1$ und bei $x_2 = 2$ jeweils eine Nullstelle mit Vorzeichenwechsel hat, hat F zwei Extremstellen im Bereich $-2 < x < 7$.
Da f bei $x = 0$ eine Extremstelle hat, hat F dort eine Wendestelle.
Eine Aussage über Nullstellen von F ist nicht möglich, da das absolute Glied von F nicht eindeutig bestimmt ist und der Graph von F deswegen in y-Richtung verschiebbar ist.

b) Schreibt man $F(6) - F(2)$ mithilfe des Hauptsatzes der Differential- und Integralrechnung als Integral, erhält man:

$$F(6) - F(2) = \int_2^6 f(x)\mathrm{d}x$$

Interpretiert man dieses Integral als Flächeninhalt der Fläche zwischen dem Graph von f und der x-Achse, so kann man anhand des gegebenen Graphen abschätzen bzw. erkennen, dass für $2 \leqslant x \leqslant 6$ dieser Flächeninhalt größer als 1 ist.
Damit ist die Behauptung $F(6) - F(2) > 1$ wahr.

27. Die Funktion $e(x) = \sqrt{x-r}$ gehört zum Graphen ii, da die Steigung im Schnittpunkt mit der x-Achse gegen Unendlich geht. Da der Graph durch den Punkt $(2 \mid 1)$ geht, gilt:

$$1 = \sqrt{2-r} \Rightarrow r = 1$$

Die Funktion $g(x) = -\frac{1}{x} + s$ gehört zum Graphen iii, da dieser als einziger eine waagerechte Asymptote besitzt. Da die Asymptote die Gleichung $y = 1$ hat, gilt: $s = 1$.

Die Funktion $f(x) = \ln x$ gehört zum verbleibenden Graphen i. Dies kann man auch daran sehen, dass der Punkt $(e \mid 1)$ nur auf Graph i liegt, für den gilt: $f(e) = \ln e = 1$.

28. Es ist $f(x) = x^2 + 2$ und $g(x) = -2x$.

a) Der Graph von f ist eine Normalparabel, die um zwei Längeneinheiten nach oben verschoben wurde.
Der Graph von g ist eine Ursprungsgerade mit der Steigung -2.
(Zeichnung auf der folgenden Seite)

b) Um die Stelle, an der die Differenz der Funktionswerte von f und g am kleinsten ist, zu berechnen, stellt man zuerst eine Funktion $d(x)$ auf, welche die Differenz der beiden Funktionen darstellt:

$$d(x) = f(x) - g(x) = x^2 + 2 - (-2x) = x^2 + 2x + 2$$

Das Minimum von $d(x)$ erhält man mit der 1. und 2. Ableitung von $d(x)$:

$$d'(x) = 2x + 2$$
$$d''(x) = 2$$

Die notwendige Bedingung $d'(x) = 0$ führt zu $2x + 2 = 0 \Rightarrow x = -1$.
Wegen $d''(-1) = 2 > 0$ handelt es sich um ein Minimum.
Somit ist an der Stelle $x = -1$ die Differenz der Funktionswerte von f und g am kleinsten mit $d(-1) = 1$.

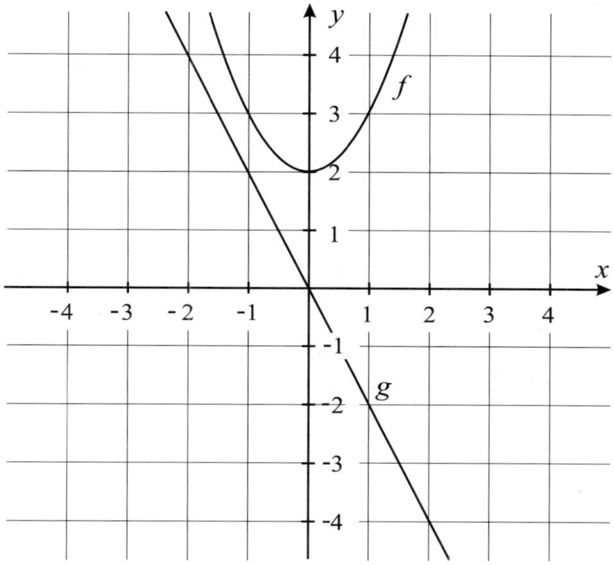

29. Es ist $f_t(x) = x^3 - 2tx^2 + t^2x$ mit $t \in \mathbb{R}$.

a) Die Wendestelle des Graphen von f_t erhält man mithilfe der 2. und 3. Ableitung der Funktion f_t:

$$f_t{}'(x) = 3x^2 - 4tx + t^2$$
$$f_t{}''(x) = 6x - 4t$$
$$f_t{}'''(x) = 6$$

Die notwendige Bedingung $f_t{}''(x) = 0$ führt zu $6x - 4t = 0 \Rightarrow x = \frac{2}{3}t$.
Wegen $f_t{}'''\left(\frac{2}{3}t\right) = 6 \neq 0$ hat der Graph von f_t bei $x = \frac{2}{3}t$ eine Wendestelle.

b) Die Nullstellen von f_t erhält man durch Lösen der Gleichung $f_t(x) = 0$:

$$x^3 - 2tx^2 + t^2x = 0$$
$$x \cdot \left(x^2 - 2tx + t^2\right) = 0$$

Mithilfe des Satzes vom Nullprodukt ergibt sich $x_1 = 0$ und aus $x^2 - 2tx + t^2 = 0$ erhält man mithilfe der pq-Formel die Lösungen $x_{2,3} = t \pm \sqrt{t^2 - t^2} = t$
Für $t = 0$ gibt es somit nur eine Nullstelle, nämlich $x = 0$.
Für $t \neq 0$ gibt es zwei Nullstellen, nämlich $x_1 = 0$ und $x_2 = t$.

30. Es ist $f(x) = \cos x + 1$.

a) Der Graph von f geht aus dem Graphen von $\cos x$ durch Verschiebung um eine Längeneinheit nach oben hervor:

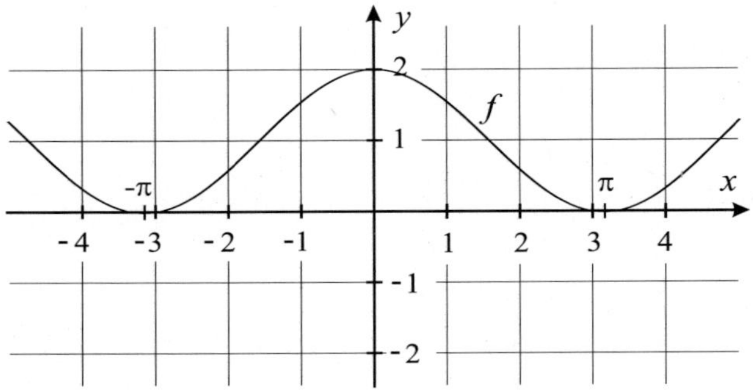

b) Für den Wertebereich von f gilt: $0 \leqslant f(x) \leqslant 2$

c) Verschiebt man den Graphen von $\sin x$ um eine Längeneinheit nach oben und um $\frac{\pi}{2}$ nach links, so erhält man den Graphen der Funktion f. Damit hat die Funktion g die Gleichung $g(x) = \sin\left(x + \frac{\pi}{2}\right) + 1$.

31. Es ist $f(x) = \frac{2}{x} + 2$ mit $x \neq 0$.

a) Um die Tangentengleichung zu ermitteln, braucht man die Koordinaten des Punktes P auf der Kurve sowie die Steigung m_{P} im Punkt P:

$$y_{\mathrm{P}} = v = f(1) = \frac{2}{1} + 2 = 4 \Rightarrow \mathrm{P}(1 \mid 4).$$

und

$$m = f'(x) = -\frac{2}{x^2} \Rightarrow m_{\mathrm{P}} = f'(1) = -\frac{2}{1^2} = -2$$

Setzt man P und m_{P} in die Punkt-Steigungsform $y - y_1 = m \cdot (x - x_1)$ ein, so erhält man die Tangentengleichung:

$$t:\ y - 4 = -2 \cdot (x - 1) \Rightarrow t:\ y = -2x + 6$$

b) Den Schnittpunkt S von t mit der x-Achse erhält man, indem man $y = 0$ setzt:

$$0 = -2x + 6 \Rightarrow x = 3$$

Somit hat der Schnittpunkt der Tangenten mit der x-Achse die Koordinaten S $(3 \mid 0)$.

32. Es ist $f(x) = \frac{x^2}{x+1}$; $x \neq -1$.

a) Um die Punkte des Schaubilds von f mit waagrechter Tangente zu bestimmen, bildet man zuerst mithilfe der Quotientenregel die 1. Ableitung von $f(x)$ und setzt diese gleich Null:

$$f'(x) = \frac{2x \cdot (x+1) - x^2 \cdot 1}{(x+1)^2} = \frac{x^2+2x}{(x+1)^2}$$

$f'(x) = 0$ führt zu $\frac{x^2+2x}{(x+1)^2} = 0$ bzw. $x^2 + 2x = 0 \Rightarrow x_1 = 0$ und $x_2 = -2$.

Die zugehörigen y-Werte erhält man durch Einsetzen der x-Werte in $f(x)$:

$$y_1 = f(0) = \frac{0^2}{0+1} = 0 \text{ und } y_2 = f(-2) = \frac{(-2)^2}{-2+1} = -4$$

Somit sind $P_1\,(0 \mid 0)$ und $P_2\,(-2 \mid -4)$ die Punkte des Schaubilds von f mit waagrechter Tangente.

b) Zur Bestimmung der Gleichung der Normalen n benötigt man zuerst die Steigung m_t der Tangente im Punkt $P\left(1 \mid \frac{1}{2}\right)$: $m_t = f'(1) = \frac{1^2+2\cdot 1}{(1+1)^2} = \frac{3}{4}$.

Die Normalensteigung m_n erhält man, indem man den negativen Kehrwert von m_t bestimmt:

$$m_n = -\frac{1}{m_t} = -\frac{1}{\frac{3}{4}} = -\frac{4}{3}$$

Setzt man m_n und die Koordinaten von P in die Punkt-Steigungsform ein, so ergibt sich die gesuchte Gleichung der Normalen n: $y - \frac{1}{2} = -\frac{4}{3} \cdot (x-1)$ bzw.

$$y = -\frac{4}{3}x + \frac{11}{6}$$

33. Gegeben ist das Rechteck ABCD mit $A\,(0 \mid 0)$, $B\,(4 \mid 0)$, $C\,(4 \mid 2)$ und $D\,(0 \mid 2)$ sowie $f(x) = \frac{1}{8}x^2$; $x \in \mathbb{R}$, $x \geqslant 0$.

a) Setzt man die x-Koordinate von C, also $x = 4$, in $f(x)$ ein, erhält man:

$$y = f(4) = \frac{1}{8} \cdot 4^2 = 2$$

Somit liegt der Punkt C auf dem Graphen von f.

b)

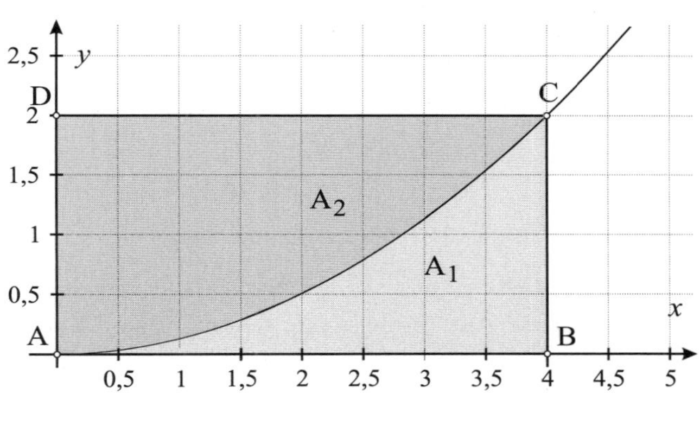

Der Graph von f schneidet das Rechteck ABCD in den Punkten A $(0 \mid 0)$ und C $(4 \mid 2)$ und teilt damit die Fläche A des Rechtecks in zwei Teilflächen A_1 und A_2.
Den Flächeninhalt A_1 der unteren Teilfläche erhält man mithilfe eines Integrals. Die Integrationsgrenzen sind $x_1 = 0$ und $x_2 = 4$. Da der Graph von f oberhalb der x-Achse, auf der die Grundlinie des Rechtecks liegt, verläuft, gilt:

$$\begin{aligned} A_1 &= \int_0^4 f(x)\mathrm{d}x = \int_0^4 \frac{1}{8}x^2\mathrm{d}x = \left[\frac{1}{24}x^3\right]_0^4 \\ &= \left(\frac{1}{24}\cdot 4^3\right) - \left(\frac{1}{24}\cdot 0^3\right) \\ &= \frac{1}{24}\cdot 64 - 0 \\ &= \frac{8}{3} \end{aligned}$$

Das Rechteck ABCD hat den Flächeninhalt $A = 4 \cdot 2 = 8$.
Damit ergibt sich für den Flächeninhalt A_2 der oberen Teilfläche:

$$A_2 = A - A_1 = 8 - \frac{8}{3} = \frac{24}{3} - \frac{8}{3} = \frac{16}{3}$$

Das Verhältnis v der Inhalte der beiden Teilflächen erhält man, indem man die eine Teilfläche durch die andere Teilfläche teilt:

$$v = \frac{A_1}{A_2} = \frac{\frac{8}{3}}{\frac{16}{3}} = \frac{8}{3}\cdot\frac{3}{16} = \frac{1}{2}$$

Das Verhältnis der beiden Teilflächen A_1 und A_2 beträgt also 1 : 2.

34. Es ist $f(x) = -0,5\cdot x^3 + 4,5\cdot x^2 - 12\cdot x + 8\,;\; x \in \mathbb{R}$.

a) Um zu zeigen, dass der Graph von f die x-Achse bei $x = 4$ berührt, setzt man $x = 4$ in $f(x)$, $f'(x)$ und $f''(x)$ ein. Mit $f'(x) = -1,5x^2 + 9x - 12$ und $f''(x) = -3x + 9$ ergibt sich:

$$\begin{aligned} f(4) &= -0,5\cdot 4^3 + 4,5\cdot 4^2 - 12\cdot 4 + 8 = 0 \\ f'(4) &= -1,5\cdot 4^2 + 9\cdot 4 - 12 = 0 \\ f''(4) &= -3\cdot 4 + 9 = -3 < 0 \end{aligned}$$

Wegen $f(4) = 0$ hat der Graph von f bei $x = 4$ eine Nullstelle.
Wegen $f'(4) = 0$ und $f''(4) = -3 < 0$ hat der Graph von f bei $x = 4$ einen Hochpunkt.
Somit berührt der Graph von f bei $x = 4$ die x-Achse.

b) Durch die Gleichung $0 = -0,5\cdot x^3 + 4,5\cdot x^2 - 12\cdot x + 8$ werden die Nullstellen der Funktion f berechnet. Alle Lösungen der Gleichung sind Nullstellen von f und umgekehrt. Anhand der gegebenen Abbildung erkennt man, dass es eine Nullstelle x_0

im Intervall $[0;1]$ gibt. Da der Graph von f genau einen Hochpunkt $H(x_H \mid y_H)$ und einen Tiefpunkt $T(x_T \mid y_T)$ hat, kann es keine weiteren Extrempunkte geben, da f' eine quadratische Funktion ist. Da der Hochpunkt auf der x-Achse bei $x = 4$ liegt, verläuft der Graph von f für $x_0 < x < 4$ und für $x > 4$ unterhalb der x-Achse.
Damit hat f genau zwei Nullstellen und die angegebene Gleichung genau zwei Lösungen.

35. Es sei f die Funktion zum abgebildeten Graphen, d.h. f beschreibt die Zufluss- bzw. Abflussrate $\left(\text{in } \frac{\text{m}^3}{\text{h}}\right)$ der Flüssigkeit.

a) Den Zeitraum, in dem die Zuflussrate größer als $3\,\frac{\text{m}^3}{\text{h}}$ ist, erhält man, indem man den Graph von f mit der Geraden $y = 3$ schneidet. Es ergeben sich näherungsweise die Schnittstellen $x_1 \approx 0{,}75$ und $x_2 \approx 2{,}5$. Somit beträgt der Zeitraum etwa $1{,}75$ Stunden.

b) Das Volumen im Tank ist maximal, wenn die Zuflussrate wieder Null ist und dann negativ bleibt. Bei $x = 3$ hat der Graph von f eine Nullstelle, bei der die Zuflussrate von positiv nach negativ wechselt. Somit ist das Volumen im Tank nach drei Stunden maximal.

c) Das Volumen der in den ersten drei Stunden zufließenden Flüssigkeit in m^3 erhält man mithilfe des Integrals $\int_0^3 f(x)\mathrm{d}x$, da die Zuflüsse summiert werden. Einen Wert für das Integral kann man näherungsweise ermitteln, indem man den Flächeninhalt A der Fläche zwischen dem Graphen von f und der Zeitachse im Intervall $[0;3]$ abschätzt (2 Kästchen entsprechen $1\,\text{m}^3$). Es ergibt sich: $\text{A} = \int_0^3 f(x)\mathrm{d}x \approx 9$. Somit beträgt das Volumen etwa $9\,\text{m}^3$.

36. Es ist $f_a(x) = e^{a\cdot x^2} - e^a$; $a > 0$, $x \in \mathbb{R}$.

a) Den y-Wert des Punktes $\text{P}_a\,(1 \mid f_a(1))$ erhält man, indem man $x = 1$ in $f_a(x)$ einsetzt:

$$y = f_a(1) = e^{a\cdot 1^2} - e^a = e^a - e^a = 0 \Rightarrow \text{P}_a\,(1 \mid 0)$$

b) Zur Bestimmung der Gleichung der Tangente t_a an den Graphen der Funktion f_a im Punkt P_a benötigt man die Koordinaten des Punktes P_a sowie die Steigung m_a in P_a. Die Steigung m_a in P_a erhält man, indem man $x = 1$ in die 1. Ableitung von f_a einsetzt, die man mit der Kettenregel erhält: $f_a{}'(x) = e^{a\cdot x^2} \cdot 2 \cdot a \cdot x$.
Damit ergibt sich:

$$m_a = f_a{}'(1) = e^{a\cdot 1^2} \cdot 2 \cdot a \cdot 1 = 2 \cdot a \cdot e^a$$

Setzt man die Koordinaten von P_a und die Steigung m_a in die Punkt-Steigungsform $y - y_1 = m \cdot (x - x_1)$ ein, erhält man:

$$\begin{aligned} y - 0 &= 2 \cdot a \cdot e^a \cdot (x - 1) \\ y &= 2 \cdot a \cdot e^a \cdot x - 2 \cdot a \cdot e^a \end{aligned}$$

Damit kann die gesuchte Tangente durch die Gleichung $y = 2 \cdot a \cdot e^a \cdot x - 2 \cdot a \cdot e^a$ beschrieben werden.

37. Die Funktion f mit $f(x) = \frac{1}{x-1}$ hat die Definitionsmenge $D_f = \mathbb{R} \setminus \{1\}$, da nur für $x = 1$ der Nenner Null ist.

f hat keine Nullstellen, da der Zähler von $f(x)$ für kein x Null ist.

Für die Definitionsmenge der Funktion g mit $g(x) = \sqrt{x-1}$ muss gelten: $x - 1 \geqslant 0 \Rightarrow x \geqslant 1$. Somit hat g die Definitionsmenge $D_g = [1; +\infty[$.

Die Nullstellen von g erhält man durch quadrieren der Gleichung $g(x) = 0$:

$$\sqrt{x-1} = 0 \Rightarrow x - 1 = 0 \Rightarrow x = 1$$

Somit hat g die Nullstelle $x = 1$.

Für die Definitionsmenge der Funktion h mit $h(x) = \ln(x-1)$ muss gelten: $x - 1 > 0 \Rightarrow x > 1$. Somit hat h die Definitionsmenge $D_h =]1; +\infty[$.

Die Nullstellen von h erhält man durch die Gleichung $h(x) = 0$:

$$\begin{aligned} \ln(x-1) &= 0 \quad | \, e^{(\cdot)} \\ x - 1 &= 1 \\ x &= 2 \end{aligned}$$

Somit hat h die Nullstelle $x = 2$.

38. Da die Tangente einen Neigungswinkel von 135° gegen die x-Achse hat, beträgt die Steigung der Tangente $m_t = \tan 135^\circ = -1$. In einem Berührpunkt $B(x_B \mid y_B)$ der Tangente mit Steigung $m_t = -1$ mit dem Graphen von $f(x) = x^2$ muss die 1. Ableitung gleich -1 betragen. Also gilt:

$$f'(x) = -1 \Leftrightarrow 2x = -1 \Leftrightarrow x = -\frac{1}{2}$$

Der zugehörige Funktionswert ist

$$y_B = f(x_B) = f\left(-\frac{1}{2}\right) = \left(-\frac{1}{2}\right)^2 = \frac{1}{4} \Rightarrow B\left(-\frac{1}{2} \mid \frac{1}{4}\right)$$

Um die Gleichung der Tangente zu bestimmen, setzt man die Koordinaten von B und der Steigung $m_t = -1$ in die Punkt-Steigungsform $y - y_1 = m \cdot (x - x_1)$ ein:

$$\begin{aligned} t\colon y - \frac{1}{4} &= -1 \cdot \left(x - \left(-\frac{1}{2}\right)\right) \\ y - \frac{1}{4} &= -1 \cdot \left(x + \frac{1}{2}\right) \\ y &= -x - \frac{1}{4} \end{aligned}$$

Alternativ kann man auch die Hauptform $y = m \cdot x + b$ verwenden und $m_t = -1$ sowie anschließend $x_{\mathrm{B}} = -\frac{1}{2}$ und $y_{\mathrm{B}} = \frac{1}{4}$ einsetzen:

$$\begin{aligned} y &= m \cdot x + b \\ y &= -1 \cdot x + b \\ \frac{1}{4} &= -1 \cdot \left(-\frac{1}{2}\right) + b \\ b &= -\frac{1}{4} \\ \Rightarrow\ y &= -x - \frac{1}{4} \end{aligned}$$

Die gesuchte Tangente hat damit die Gleichung $y = -x - \frac{1}{4}$.

39. a) Ist der Graph einer Funktion f punktsymmetrisch zum Koordinatenursprung, so gilt für alle $x \in \mathrm{D}_f$:

$$f(-x) = -f(x)$$

Damit ist der Flächeninhalt der Fläche zwischen dem Graphen von f und der x-Achse im Intervall $[-a\,;0]$ aufgrund der Punktsymmetrie zum Ursprung genau gleich groß wie der Flächeninhalt der Fläche zwischen dem Graphen von f und der x-Achse im Intervall $[0\,;a]$. Da wegen der Punktymmetrie bei der Berechnung des Integrals $\int_{-a}^{a} f(x)\mathrm{d}x$ diese beiden Flächeninhalte mit unterschiedlichem Vorzeichen eingehen, gilt für alle $a \in \mathbb{R}^+$:

$$\int_{-a}^{a} f(x)\mathrm{d}x = \int_{-a}^{0} f(x)\mathrm{d}x + \int_{0}^{a} f(x)\mathrm{d}x = -\int_{0}^{a} f(x)\mathrm{d}x + \int_{0}^{a} f(x)\mathrm{d}x = 0$$

b) Beispielsweise kann man die Funktion f mit $f(x) = x^3$ wählen, da

$$f(-x) = (-x)^3 = -x^3 = -f(x)$$

gilt und somit der Graph von f punktsymmetrisch zum Koordinatenursprung ist. Damit erhält man:

$$\begin{aligned} \int_{-a}^{a} f(x)\mathrm{d}x = \int_{-a}^{a} x^3\mathrm{d}x &= \left[\frac{1}{4}x^4\right]_{-a}^{a} \\ &= \left(\frac{1}{4}a^4\right) - \left(\frac{1}{4}\cdot(-a)^4\right) \\ &= \frac{1}{4}a^4 - \frac{1}{4}a^4 \\ &= 0 \end{aligned}$$

40. a) Die Nullstellen von $f(x) = (e^x - 2) \cdot (x^3 - 2x)$ erhält man durch Auflösen der Gleichung $f(x) = 0$ nach x:

$$(e^x - 2) \cdot (x^3 - 2x) = 0$$

Um diese Gleichung zu lösen, setzt man jede Klammer gleich Null und löst die entstandenen Gleichungen nach x auf (Satz vom Nullprodukt). Für die erste Klammer ergibt sich:

$$e^x - 2 = 0 \Rightarrow e^x = 2 \Rightarrow x = \ln 2$$

Für die zweite Klammer ergibt sich:

$$\begin{aligned} x^3 - 2x &= 0 \\ x \cdot (x^2 - 2) &= 0 \\ \Rightarrow x_1 = 0 \text{ oder } x^2 - 2 &= 0 \\ \Rightarrow x_1 = 0 \text{ oder } x_{2,3} &= \pm\sqrt{2} \end{aligned}$$

Damit hat die Funktion f die vier Nullstellen $x_1 = 0$, $x_2 = -\sqrt{2}$, $x_3 = \sqrt{2}$ und $x_4 = \ln 2$.

b) Eine Stammfunktion G von $g(x) = \frac{1}{\sqrt{x}} = x^{-\frac{1}{2}}$ ist

$$G(x) = \frac{1}{\frac{1}{2}} x^{\frac{1}{2}} + C = 2\sqrt{x} + C$$

Da der Graph von G durch den Punkt $(4 \mid -1)$ verläuft, setzt man die Koordinaten des Punktes $(4 \mid -1)$ in G ein. Man erhält:

$$-1 = 2\sqrt{4} + C \Rightarrow C = -5$$

Somit ergibt sich die Stammfunktion $G(x) = 2\sqrt{x} - 5$.

41. Es ist $f_a(x) = a \cdot x^6 - x^4$; $x \in \mathbb{R}$; $a \in \mathbb{R}$; $a \neq 0$.

a) Die Nullstellen von f_a erhält man durch Lösen der Gleichung $f_a(x) = 0$:

$$\begin{aligned} a \cdot x^6 - x^4 &= 0 \\ x^4 \cdot (a \cdot x^2 - 1) &= 0 \end{aligned}$$

Mithilfe des Satzes vom Nullprodukt erhält man als erste Lösung $x_1 = 0$.
Die Gleichung $a \cdot x^2 - 1 = 0$ löst man durch Wurzelziehen: $x_{2,3} = \pm\sqrt{\frac{1}{a}}$.
Es gibt aber nur weitere Lösungen, wenn der Radikand (Ausdruck unter der Wurzel) positiv ist. Dies ist nur für $a > 0$ der Fall.
Somit hat f_a für $a > 0$ mehr als eine Nullstelle.

b) Die Extremstellen von f_a erhält man mithilfe der 1. und 2. Ableitung von f_a, die man mit der Potenzregel bestimmt:

$$f_a{}'(x) = 6 \cdot a \cdot x^5 - 4 \cdot x^3$$
$$f_a{}''(x) = 30 \cdot a \cdot x^4 - 12 \cdot x^2$$

Mit der notwendigen Bedingung $f_a{}'(x) = 0$ für ein Minimum gilt an der Stelle $x = 1$:

$$\begin{aligned} f_a{}'(1) &= 0 \\ 6 \cdot a \cdot 1^5 - 4 \cdot 1^3 &= 0 \\ 6 \cdot a - 4 &= 0 \\ a &= \frac{2}{3} \end{aligned}$$

Setzt man $x = 1$ und $a = \frac{2}{3}$ in $f_a{}''(x)$ ein, erhält man:

$$f_{\frac{2}{3}}{}''(1) = 30 \cdot \frac{2}{3} \cdot 1^4 - 12 \cdot 1^2 = 8 > 0 \Rightarrow \text{Minimum}$$

Somit hat f_a an der Stelle $x = 1$ für $a = \frac{2}{3}$ ein Minimum.

42. Es ist $f_k(x) = (x-k) \cdot e^{\frac{1}{2}x}$ für $k > 0$ und $x \in \mathbb{R}$.

a) Den Schnittpunkt des Graphen von f_k mit der x-Achse erhält man durch Lösen der Gleichung $f_k(x) = 0$:

$$\begin{aligned} (x-k) \cdot e^{\frac{1}{2}x} &= 0 \\ x - k &= 0 \\ x &= k \end{aligned}$$

Somit hat der Schnittpunkt die Koordinaten $\mathrm{N}_k(k \mid 0)$.

b) Mithilfe des Terms $\int_0^a f_3(x)\mathrm{d}x$ erhält man den negativ orientierten Flächeninhalt der Fläche zwischen dem Graphen von f_3 und der x-Achse.

Mithilfe des Terms $\int_0^b f_4(x)\mathrm{d}x$ erhält man den negativ orientierten Flächeninhalt der Fläche zwischen dem Graphen von f_4 und der x-Achse.

Damit der Flächeninhalt A des markierten Flächenstücks einen positiven Wert aufweist, muss die Differenz zwischen beiden Integralen positiv sein oder der Betrag der Differenz zwischen diesen beiden Integralen wird gebildet.

Damit erhält man die Tabelle auf der folgenden Seite:

Term	richtig	falsch
$\left\lvert\int_d^b f_4(x)\mathrm{d}x - \int_c^a f_3(x)\mathrm{d}x\right\rvert$		X
$\left\lvert\int_0^a f_4(x)\mathrm{d}x - \int_0^b f_3(x)\mathrm{d}x\right\rvert$		X
$\left\lvert\int_0^a f_3(x)\mathrm{d}x - \int_0^b f_4(x)\mathrm{d}x\right\rvert$	X	
$\int_0^b f_4(x)\mathrm{d}x - \int_0^a f_3(x)\mathrm{d}x$		X
$\int_0^a f_3(x)\mathrm{d}x - \int_0^b f_4(x)\mathrm{d}x$	X	
$\int_0^b \lvert f_3(x) - f_4(x)\rvert\,\mathrm{d}x$		X

43. Es ist $f(x) = x^3 - 6\cdot x^2 + 11\cdot x - 6\ ;\ x \in \mathbb{R}$.

a) Den Wendepunkt des Graphen von f erhält man mithilfe der 2. und 3. Ableitung von f, die man mit der Potenzregel bestimmt:

$$f'(x) = 3\cdot x^2 - 12\cdot x + 11$$
$$f''(x) = 6\cdot x - 12$$
$$f'''(x) = 6$$

Die notwendige Bedingung $f''(x) = 0$ führt zu $6\cdot x - 12 = 0 \Rightarrow x = 2$.
Wegen $f'''(2) = 6 \neq 0$ handelt es sich um eine Wendestelle.
Den zugehörigen y-Wert erhält man, indem man $x = 2$ in $f(x)$ einsetzt:

$$y = f(2) = 2^3 - 6\cdot 2^2 + 11\cdot 2 - 6 = 0 \Rightarrow \mathrm{W}(2 \mid 0)$$

Der Wendepunkt hat die Koordinaten $\mathrm{W}(2 \mid 0)$.
Um nachzuweisen, dass W auf der Geraden mit der Gleichung $y = x - 2$ liegt, setzt man die Koordinaten von W in die Geradengleichung ein:

$$0 = 2 - 2 \Rightarrow 0 = 0$$

Aufgrund der wahren Aussage liegt der Wendepunkt von f auf der Geraden mit der Gleichung $y = x - 2$.

b) Da der Punkt $(2 \mid 0)$ des Graphen der Funktion f nach der Verschiebung die Koordinaten $(3 \mid 2)$ besitzt, wurde der Graph von f um 1 LE nach rechts und um 2 LE nach oben verschoben. Damit gilt:

$$h(x) = f(x-1) + 2 = (x-1)^3 - 6 \cdot (x-1)^2 + 11 \cdot (x-1) - 4$$

Somit hat h die Gleichung $h(x) = (x-1)^3 - 6 \cdot (x-1)^2 + 11 \cdot (x-1) - 4$.

44. (1) Die Aussage ist wahr. Der Graph von f hat bei $x = -3$ einen Tiefpunkt, da der Graph von f' bei $x = -3$ eine Nullstelle mit Vorzeichenwechsel von $-$ nach $+$ hat.

(2) Die Aussage ist wahr. Der Graph von f' verläuft für $-2 < x < -1$ oberhalb der x-Achse, also gilt $f'(x) > 0$ für $-2 < x < -1$. Somit ist f in diesem Intervall streng monoton wachsend, so dass gilt: $f(-2) < f(-1)$.
Alternativ kann man sich auch folgendes überlegen: Es ist

$$\int_{-2}^{-1} f'(x)\,\mathrm{dx} = \Big[f(x)\Big]_{-2}^{-1} = f(-1) - f(-2)$$

Der Wert dieses Integrals kann als Flächeninhalt zwischen dem Graphen von f' und der x-Achse über dem Intervall $[-2\,;\,-1]$ gedeutet werden. Da dieser Flächeninhalt positiv ist, gilt: $f(-1) - f(-2) > 0 \Rightarrow f(-1) > f(-2)$ bzw. $f(-2) < f(-1)$.

(3) Die Aussage ist falsch. Da $f''(-2)$ die Steigung des Graphen von f' an der Stelle $x = -2$ beschreibt und der Graph von f' an dieser Stelle einen Hochpunkt hat, gilt: $f''(-2) = 0$. Anhand des gegebenen Graphen von f' kann man ablesen: $f'(-2) = 2$. Somit gilt: $f''(-2) + f'(-2) = 0 + 2 = 2 > 1$.

(4) Die Aussage ist wahr. Da der Graph von f' mindestens zwei Extrempunkte hat, ist der Grad des Graphen von f' mindestens drei. Da der Grad von f um eins größer ist als der Grad von f', ist der Grad der Funktion f mindestens vier.

45. a) Als Ansatz für eine ganzrationale Funktion f dritten Grades verwendet man:

$$f(x) = ax^3 + bx^2 + cx + d \text{ mit } \quad f'(x) = 3ax^2 + 2bx + c$$

Da der Graph von f im Ursprung einen Hochpunkt, also einen Punkt mit der Steigung Null hat, gelten die Bedingungen $f(0) = 0$ und $f'(0) = 0$.
Da der Graph von f an der Stelle $x = 2$ die Tangente mit der Gleichung $y = 4x - 12$ hat, erhält man den y-Wert eines Punktes P des Graphen, indem man $x = 2$ in die Tangentengleichung einsetzt:

$$y = 4 \cdot 2 - 12 = -4 \Rightarrow \mathrm{P}(2 \mid -4)$$

Somit gilt als weitere Bedingung $f(2) = -4$. Da die Tangente bei $x = 2$ die Steigung $m = 4$ hat, gilt $f'(2) = 4$.

Damit erhält man folgendes lineare Gleichungssystem:

$$\begin{array}{llcl} \text{I} & f(0) & = & 0 \\ \text{II} & f'(0) & = & 0 \\ \text{III} & f(2) & = & -4 \\ \text{IV} & f'(2) & = & 4 \end{array}$$

Dies führt zu:

$$\begin{array}{lccccccccc} \text{I} & a\cdot 0^3 & + & b\cdot 0^2 & + & c\cdot 0 & + & d & = & 0 \\ \text{II} & 3a\cdot 0^2 & + & 2b\cdot 0 & + & c & & & = & 0 \\ \text{III} & a\cdot 2^3 & + & b\cdot 2^2 & + & c\cdot 2 & + & d & = & -4 \\ \text{IV} & 3a\cdot 2^2 & + & 2b\cdot 2 & + & c & & & = & 4 \end{array}$$

bzw.

$$\begin{array}{lccccc} \text{I} & & & d & = & 0 \\ \text{II} & & & c & = & 0 \\ \text{III} & 8a & + & 4b & = & -4 \\ \text{IV} & 12a & + & 4b & = & 4 \end{array}$$

Subtrahiert man Gleichung III von Gleichung IV, ergibt sich:

$$4a = 8 \Rightarrow a = 2$$

Setzt man $a = 2$ in Gleichung III ein, erhält man:

$$8\cdot 2 + 4b = -4 \Rightarrow b = -5$$

Damit erhält man eine Funktionsgleichung von f:

$$f(x) = 2x^3 - 5x^2$$

b) Mit

$$\text{V} = \pi \int_0^4 \left(4 - \frac{1}{2}x\right)^2 \,\mathrm{d}x$$

wird der Rauminhalt eines Körpers berechnet, der entsteht, wenn die Gerade mit der Gleichung $y = 4 - \frac{1}{2}x$ im Intervall $[0;4]$ um die x-Achse rotiert.
Es handelt sich dabei um einen abgeschnittenen Kegel, also einen Kegelstumpf.

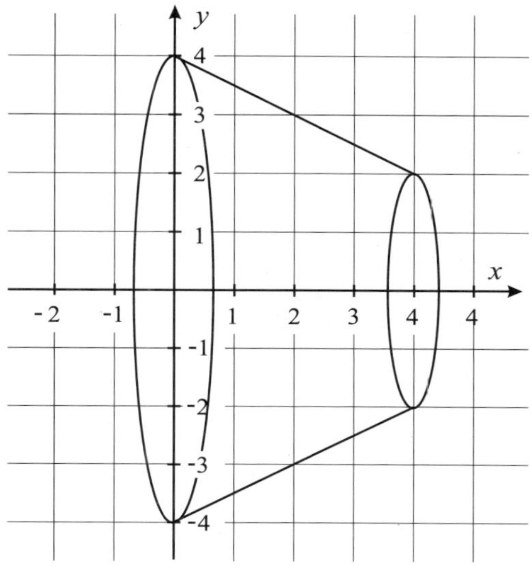

46. Gegeben sind $f(x) = x^2 - x + 1$, $g(x) = x^3 - x + 1$ und $h(x) = x^4 + x^2 + 1$.

   a) Bei Abbildung 1 handelt es sich um den Graph der Funktion g.
   Es kann nicht der Graph von f sein, da der Graph von f eine Parabel ist, welche nur einen Extrempunkt besitzt.
   Es kann nicht der Graph von h sein, da die y-Werte des Graphen von h für $x \to \pm\infty$ gegen $+\infty$ gehen.
   Außerdem ist der Graph von h achsensymmetrisch zur y-Achse, da nur gerade Potenzen vorkommen.

   b) Das angegebene Integral erhält man mithilfe des Hauptsatzes der Differential- und Integralrechnung. Als Stammfunktion verwendet man die gegebene Funktion h:

$$\begin{aligned}\int_0^1 h'(x)\mathrm{d}x &= \Big[h(x)\Big]_0^1 \\ &= \Big[x^4 + x^2 + 1\Big]_0^1 \\ &= \left(1^4 + 1^2 + 1\right) - \left(0^4 - 0^2 + 1\right) \\ &= 2\end{aligned}$$

47. Gegeben ist $f(x) = \ln(2x + 3)$.

   a) Die maximale Definitionsmenge D von f erhält man durch $2x + 3 > 0 \Rightarrow x > -\frac{3}{2}$.
   Somit ergibt sich:

$$\mathrm{D} = \left]-\frac{3}{2}\,;+\infty\right[$$

Die Wertemenge W von f sind alle reellen Zahlen, also:

$$\mathrm{W} = \mathbb{R}$$

b) Den Schnittpunkt N von G mit der x-Achse erhält man durch Lösen der Gleichung $f(x) = 0$:

$$\begin{aligned} \ln(2x+3) &= 0 \\ 2x+3 &= e^0 \\ 2x+3 &= 1 \\ x &= -1 \end{aligned}$$

Somit hat der Schnittpunkt N mit der x-Achse die Koordinaten $\mathrm{N}(-1 \mid 0)$.
Die Steigung m in N erhält man, indem man $x = -1$ in $f'(x)$ einsetzt. Die 1. Ableitung von f bestimmt man mit der Kettenregel:

$$f'(x) = \frac{1}{2x+3} \cdot 2 = \frac{2}{2x+3}$$

Damit ergibt sich:

$$m = f'(-1) = \frac{2}{2 \cdot (-1) + 3} = 2$$

Setzt man $m = 2$ und die Koordinaten von N in die Punkt-Steigungsform $y - y_1 = m \cdot (x - x_1)$ ein, erhält man die Gleichung der Tangente t:

$$\begin{aligned} t\colon\ y - 0 &= 2 \cdot (x - (-1)) \\ t\colon\ y &= 2x + 2 \end{aligned}$$

Die Tangente t hat die Gleichung $t\colon\ y = 2x + 2$.

48. Es ist $f_a(x) = x \cdot e^{a \cdot x}$ für $a \in \mathbb{R} \setminus \{0\}$.

a) Die Koordinaten des Extrempunkts E_a des Graphen von f_a erhält man mithilfe der 1. und 2. Ableitung von f_a, die man mit der Produkt- und Kettenregel bestimmt:

$$\begin{aligned} f_a{}'(x) &= 1 \cdot e^{a \cdot x} + x \cdot e^{a \cdot x} \cdot a \\ &= (1 + ax) \cdot e^{a \cdot x} \\ f_a{}''(x) &= a \cdot e^{a \cdot x} + (1 + ax) \cdot e^{a \cdot x} \cdot a \\ &= \left(2a + a^2 x\right) \cdot e^{a \cdot x} \end{aligned}$$

Die notwendige Bedingung $f_a{}'(x) = 0$ führt zu:

$$\begin{aligned} (1 + ax) \cdot e^{a \cdot x} &= 0 \\ 1 + ax &= 0 \\ x &= -\frac{1}{a} \end{aligned}$$

Wegen $f_a{}''\left(-\frac{1}{a}\right) = \left(2a + a^2 \cdot \left(-\frac{1}{a}\right)\right) \cdot e^{a \cdot \left(-\frac{1}{a}\right)} = a \cdot e^{-1} \neq 0$ handelt es sich um einen Extrempunkt.

Den zugehörigen y-Wert erhält man, indem man $x = -\frac{1}{a}$ in $f_a(x)$ einsetzt:

$$y = f_a\left(-\frac{1}{a}\right) = -\frac{1}{a} \cdot e^{a \cdot \left(-\frac{1}{a}\right)} = -\frac{1}{a} \cdot e^{-1}$$

Somit hat der Extrempunkt von f_a die Koordinaten $\mathrm{E_a}\left(-\frac{1}{a} \mid -\frac{1}{a} \cdot e^{-1}\right)$.

b) Der Extrempunkt E_a liegt auf der Geraden $x = 2$, falls gilt:

$$-\frac{1}{a} = 2 \Rightarrow a = -\frac{1}{2}$$

2 Analytische Geometrie/ Lineare Algebra

2.1 Analytische Geometrie

Für alle Parameter bei Geraden und Ebenen gilt $r, s, t, \ldots \in \mathbb{R}$, falls nicht anders angegeben.

1. Gegeben sind die Ebenen E: $x_1 + x_2 = 4$ und F: $x_1 + x_2 + 2x_3 = 4$.

   a) Um die beiden Ebenen in einem gemeinsamen Koordinatensystem darzustelllen, bestimmt man die jeweiligen Spurpunkte. Dazu setzt man jeweils zwei Koordinaten gleich Null.
   Für die Ebene E ergeben sich die Spurpunkte $S_1\,(4\,|\,0\,|\,0)$ und $S_2\,(0\,|\,4\,|\,0)$, einen Spurpunkt auf der x_3-Achse ergibt sich aufgrund des Widerspruchs $0 = 4$ nicht, also ist die Ebene E parallel zur x_3-Achse.
   Für die Ebene F ergeben sich die Spurpunkte $T_1\,(4\,|\,0\,|\,0)$, $T_2\,(0\,|\,4\,|\,0)$ und $T_3\,(0\,|\,0\,|\,2)$.

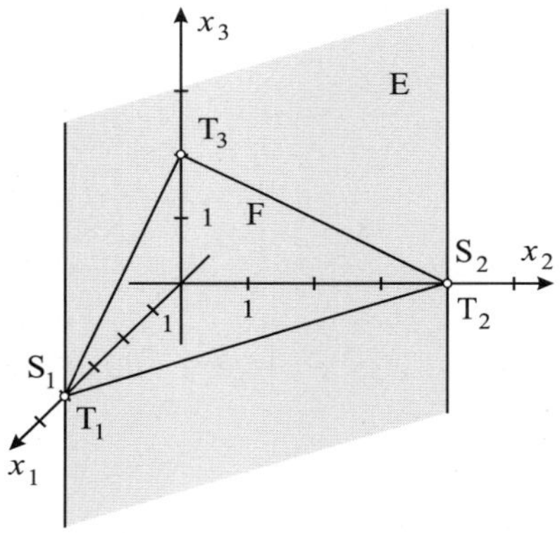

   Eine Gleichung der Schnittgeraden s von E und F erhält man, indem man die Gleichung durch die Punkte $S_1\,(4\,|\,0\,|\,0)$ und $S_2\,(0\,|\,4\,|\,0)$ bzw. $T_1\,(4\,|\,0\,|\,0)$ und $T_2\,(0\,|\,4\,|\,0)$ aufstellt:

$$s\colon \vec{x} = \begin{pmatrix} 4 \\ 0 \\ 0 \end{pmatrix} + t \cdot \begin{pmatrix} -4 \\ 4 \\ 0 \end{pmatrix}$$

   Alternativ kann man auch das lineare Gleichungssystem, welches durch die beiden Ebenengleichungen entsteht, lösen:

$$\begin{array}{lccccccc} \text{I} & x_1 & + & x_2 & & & = & 4 \\ \text{II} & x_1 & + & x_2 & + & 2x_3 & = & 4 \end{array}$$

   Wählt man in Gleichung I $x_2 = t$, so ergibt sich: $x_1 + t = 4 \Rightarrow x_1 = 4 - t$.
   Setzt man $x_1 = 4 - t$ und $x_2 = t$ in Gleichung II ein, erhält man:

$$4 - t + t + 2x_3 = 4 \Rightarrow x_3 = 0$$

Damit kann man die Gleichung der Schnittgeraden s von E und F aufstellen:

$$s\colon \vec{x} = \begin{pmatrix} 4 \\ 0 \\ 0 \end{pmatrix} + t \cdot \begin{pmatrix} -1 \\ 1 \\ 0 \end{pmatrix}$$

b) Die Ebene G ist parallel zur x_1-Achse und schneidet die x_2x_3-Ebene in derselben Spurgeraden wie die Ebene F.
Damit enthält G die Spurpunkte $T_2\,(0 \mid 4 \mid 0)$ und $T_3\,(0 \mid 0 \mid 2)$.
Als Stützpunkt von G kann man den Punkt $T_3\,(0 \mid 0 \mid 2)$ wählen.
Die Spannvektoren sind $\vec{v}_1 = \overrightarrow{T_2T_3} = \begin{pmatrix} 0 \\ -4 \\ 2 \end{pmatrix}$ und $\vec{v}_2 = \begin{pmatrix} 1 \\ 0 \\ 0 \end{pmatrix}$, da G parallel zur x_1-Achse mit Richtungsvektor $\begin{pmatrix} 1 \\ 0 \\ 0 \end{pmatrix}$ ist.
Somit erhält man eine Parametergleichung der Ebene G:

$$G\colon \vec{x} = \begin{pmatrix} 0 \\ 0 \\ 2 \end{pmatrix} + s \cdot \begin{pmatrix} 0 \\ -4 \\ 2 \end{pmatrix} + t \cdot \begin{pmatrix} 1 \\ 0 \\ 0 \end{pmatrix}$$

Alternativ kann man sich auch folgendes überlegen:
Als allgemeinen Ansatz der Ebene G wählt man die Koordinatengleichung G:
$ax_1 + bx_2 + cx_3 = d$ mit Normalenvektor $\vec{n} = \begin{pmatrix} a \\ b \\ c \end{pmatrix}$.

Da G parallel zur x_1-Achse ist, ist das Skalarprodukt des Normalenvektors $\vec{n}$ von G und des Richtungsvektors $\vec{r}$ der x_1-Achse gleich Null. Damit gilt: $\vec{n} \cdot \vec{r} = 0$ bzw.

$$\begin{pmatrix} a \\ b \\ c \end{pmatrix} \cdot \begin{pmatrix} 1 \\ 0 \\ 0 \end{pmatrix} = 0 \Rightarrow a \cdot 1 + b \cdot 0 + c \cdot 0 = 0 \Rightarrow a = 0$$

Da die Punkte $T_2\,(0 \mid 4 \mid 0)$ und $T_3\,(0 \mid 0 \mid 2)$ auf G liegen, kann man diese in die allgemeine Koordinatengleichung von G einsetzen und erhält:

$$\begin{array}{lccccccc} \text{I} & a \cdot 0 & + & b \cdot 4 & + & c \cdot 0 & = & d \\ \text{II} & a \cdot 0 & + & b \cdot 0 & + & c \cdot 2 & = & d \end{array}$$

bzw.

$$\begin{array}{lccc} \text{I} & 4b & = & d \\ \text{II} & 2c & = & d \end{array}$$

Durch Gleichsetzen von Gleichung I und II ergibt sich: $4b = 2c$.
Wählt man $b = 1$, so erhält man: $4 \cdot 1 = 2c \Rightarrow c = 2$.
Setzt man $b = 1$ in Gleichung I oder $c = 2$ in Gleichung II ein, ergibt sich: $d = 4$.
Somit hat die Ebene G die Koordinatengleichung:

$$\mathrm{G}\colon x_2 + 2x_3 = 4$$

2. Gegeben sind die Punkte A(1 | 10 | 1), B(−3 | 13 | 1) und C(2 | 3 | 1).
Die Gerade g durch A und B hat die Gleichung:

$$g\colon \vec{x} = \begin{pmatrix} 1 \\ 10 \\ 1 \end{pmatrix} + t \cdot \begin{pmatrix} -4 \\ 3 \\ 0 \end{pmatrix}$$

Den Abstand des Punktes C von der Geraden g erhält man, indem man eine Hilfsebene $\mathrm{E_H}$ aufstellt, die durch C geht und orthogonal zu g verläuft, d.h. als Normalenvektor $\vec{n}$ von $\mathrm{E_H}$ kann man den Richtungsvektor $\vec{r}_g$ von g wählen. Anschließend schneidet man $\mathrm{E_H}$ und g und berechnet den Abstand von C zum Schnittpunkt S.

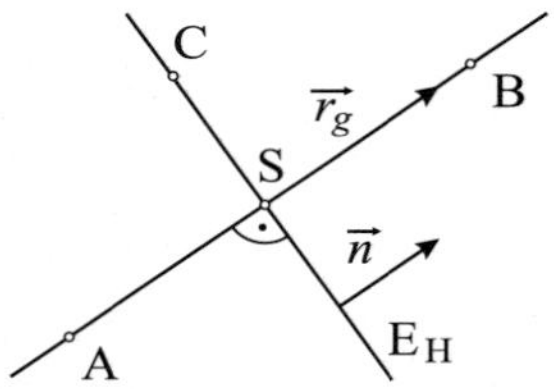

Setzt man den Ortsvektor von C und $\vec{n} = \vec{r}_g = \begin{pmatrix} -4 \\ 3 \\ 0 \end{pmatrix}$ in die Punkt-Normalenform

$(\vec{x} - \vec{c}) \cdot \vec{n} = 0$ ein, erhält man:

$$\mathrm{E_H}\colon \left(\vec{x} - \begin{pmatrix} 2 \\ 3 \\ 1 \end{pmatrix}\right) \cdot \begin{pmatrix} -4 \\ 3 \\ 0 \end{pmatrix} = 0$$

$$\mathrm{E_H}\colon (x_1 - 2) \cdot (-4) + (x_2 - 3) \cdot 3 + (x_3 - 1) \cdot 0 = 0$$

$$\mathrm{E_H}\colon -4x_1 + 8 + 3x_2 - 9 = 0$$

$$\mathrm{E_H}\colon -4x_1 + 3x_2 = 1$$

Die Koordinaten des Schnittpunkts S von $\mathrm{E_H}$ und g erhält man, indem man die Koordinaten des allgemeinen Punkts $\mathrm{P}_t\,(1 - 4t \mid 10 + 3t \mid 1)$ von g in die Koordinatengleichung von $\mathrm{E_H}$ einsetzt:

$$-4 \cdot (1 - 4t) + 3 \cdot (10 + 3t) = 1 \Rightarrow t = -1$$

Setzt man $t = -1$ in P_t ein, erhält man die Koordinaten des Schnittpunkts $S\,(5 \mid 7 \mid 1)$.
Der Abstand von C zu g ist gleich groß wie der Abstand von C zu S, also berechnet man den Betrag des Verbindungsvektors von C zu S:

$$d\,(C;g) = \left|\overrightarrow{CS}\right| = \left|\begin{pmatrix} 3 \\ 4 \\ 0 \end{pmatrix}\right| = \sqrt{3^2+4^2+0^2} = \sqrt{25} = 5$$

Der Punkt C hat von der Geraden g einen Abstand von 5 LE.
Alternativ kann man sich auch überlegen, dass der Verbindungsvektor von C zu einem allgemeinen Punkt $P_t\,(1-4t \mid 10+3t \mid 1)$ der Geraden orthogonal zum Richtungsvektor

$$\vec{r}_g = \begin{pmatrix} -4 \\ 3 \\ 0 \end{pmatrix}$$

der Geraden g sein muss, also dass das Skalarprodukt der beiden Vektoren Null ergeben muss:

$$\begin{aligned}
\overrightarrow{CP_t} \cdot \vec{r}_g &= 0 \\
\begin{pmatrix} 1-4t-2 \\ 10+3t-3 \\ 1-1 \end{pmatrix} \cdot \begin{pmatrix} -4 \\ 3 \\ 0 \end{pmatrix} &= 0 \\
\begin{pmatrix} -1-4t \\ 7+3t \\ 0 \end{pmatrix} \cdot \begin{pmatrix} -4 \\ 3 \\ 0 \end{pmatrix} &= 0 \\
(-1-4t)\cdot(-4)+(7+3t)\cdot 3+0\cdot 0 &= 0 \\
25t &= -25 \\
t &= -1
\end{aligned}$$

Setzt man $t = -1$ in P_t ein, erhält man die Koordinaten des Punktes $S\,(5 \mid 7 \mid 1)$.
Der Abstand von C zu g ist gleich groß wie der Abstand von C zu S, also berechnet man den Betrag des Verbindungsvektors von C zu S:

$$d\,(C;g) = \left|\overrightarrow{CS}\right| = \left|\begin{pmatrix} 3 \\ 4 \\ 0 \end{pmatrix}\right| = \sqrt{3^2+4^2+0^2} = \sqrt{25} = 5$$

Der Punkt C hat von der Geraden g einen Abstand von 5 LE.

3. Die Situation veranschaulicht man am besten mithilfe einer Skizze:

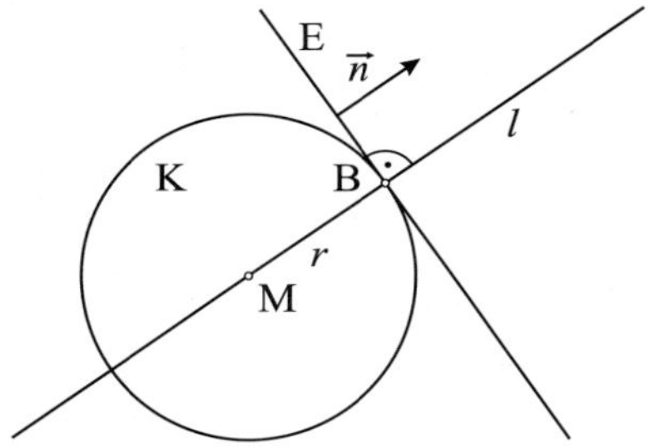

Den Kugelradius r erhält man, indem man den Abstand von $\mathrm{M}(m_1 \mid m_2 \mid m_3)$ zur Ebene E: $ax_1 + bx_2 + cx_3 = d$ mithilfe der Abstandsformel bestimmt:

$$r = \frac{|a \cdot m_1 + b \cdot m_2 + c \cdot m_3 - d|}{\sqrt{a^2 + b^2 + c^2}}$$

Den Berührpunkt B erhält man, indem man eine Lotgerade l aufstellt, die durch den Punkt M geht und orthogonal zu E ist, d.h. man kann den Normalenvektor $\vec{n}$ der Ebene E als Richtungsvektor $\vec{r}_l$ von l wählen:

$$l\colon \vec{x} = \vec{m} + t \cdot \vec{n}$$

Anschließend schneidet man l und E. Der Schnittpunkt von l und E ist gleichzeitig der Berührpunkt B.
Alternativ kann man nun den Kugelradius r bestimmen, indem man den Abstand von $\mathrm{M}(m_1 \mid m_2 \mid m_3)$ zu $\mathrm{B}(b_1 \mid b_2 \mid b_3)$ berechnet:

$$r = \left|\overrightarrow{\mathrm{MB}}\right| = \sqrt{(b_1 - m_1)^2 + (b_2 - m_2)^2 + (b_3 - m_3)^2}$$

4. a) Um zu zeigen, dass die Ebenen E und F parallel sind, berechnet man jeweils das Skalarprodukt des Normalenvektors $\vec{n_{\mathrm{F}}} = \begin{pmatrix} 2 \\ 2 \\ -1 \end{pmatrix}$ von F mit den beiden Spannvektoren von E. Man erhält:

$$\begin{pmatrix} 2 \\ 2 \\ -1 \end{pmatrix} \cdot \begin{pmatrix} 1 \\ 0 \\ 2 \end{pmatrix} = 2 \cdot 1 + 2 \cdot 0 + (-1) \cdot 2 = 0$$

$$\begin{pmatrix} 2 \\ 2 \\ -1 \end{pmatrix} \cdot \begin{pmatrix} -1 \\ 1 \\ 0 \end{pmatrix} = 2 \cdot (-1) + 2 \cdot 1 + (-1) \cdot 0 = 0$$

Da die Skalarprodukte jeweils Null ergeben, steht der Normalenvektor von F senkrecht auf beiden Spannvektoren von E; somit sind die Ebenen E und F parallel.

Alternativ kann man auch mithilfe des Kreuzprodukts der beiden Spannvektoren von E einen Normalenvektor von E bestimmen:

$$\overrightarrow{n_E} = \begin{pmatrix} 1 \\ 0 \\ 2 \end{pmatrix} \times \begin{pmatrix} -1 \\ 1 \\ 0 \end{pmatrix} = \begin{pmatrix} -2 \\ -2 \\ 1 \end{pmatrix}$$

Die Normalenvektoren $\overrightarrow{n_E}$ und $\overrightarrow{n_F}$ sind Vielfache voneinander: $\overrightarrow{n_E} = -1 \cdot \overrightarrow{n_F}$, also sind die Ebenen E und F parallel.

b) Um den Abstand d der beiden Ebenen zu bestimmen, berechnet man den Abstand des Punktes $P(1 \mid 1 \mid 0)$ der Ebene E von der Ebene F. Dazu wird zuerst die Koordinatengleichung von F bestimmt, indem man die gegebene Normalenform ausrechnet. Man erhält

$$F\colon 2x_1 + 2x_2 - x_3 - 8 = 0$$

Setzt man die Koordinaten von P in die Abstandsformel mit der Ebenen F ein, so erhält man:

$$d = \frac{|2 \cdot 1 + 2 \cdot 1 - 0 - 8|}{\left|\begin{pmatrix} 2 \\ 2 \\ -1 \end{pmatrix}\right|} = \frac{|-4|}{\sqrt{2^2 + 2^2 + (-1)^2}} = \frac{4}{3}$$

Der Abstand der Ebenen E und F beträgt somit $\frac{4}{3}$ LE.

5. a) Die Geraden $g\colon \vec{x} = \begin{pmatrix} 2 \\ 9 \\ 4 \end{pmatrix} + s \begin{pmatrix} 3 \\ -4 \\ 1 \end{pmatrix}$ und $h\colon \vec{x} = \begin{pmatrix} 1 \\ 2 \\ 5 \end{pmatrix} + t \begin{pmatrix} 6 \\ -8 \\ 2 \end{pmatrix}$ sind parallel, da die Richtungsvektoren ein Vielfaches voneinander sind:

$$\begin{pmatrix} 6 \\ -8 \\ 2 \end{pmatrix} = 2 \cdot \begin{pmatrix} 3 \\ -4 \\ 1 \end{pmatrix}$$

b) Um den Abstand d der beiden Geraden zu bestimmen, stellt man eine Hilfsebene E_H orthogonal zu den Geraden g und h durch den Stützpunkt $G(2 \mid 9 \mid 4)$ der Geraden g auf und schneidet E_H mit h.

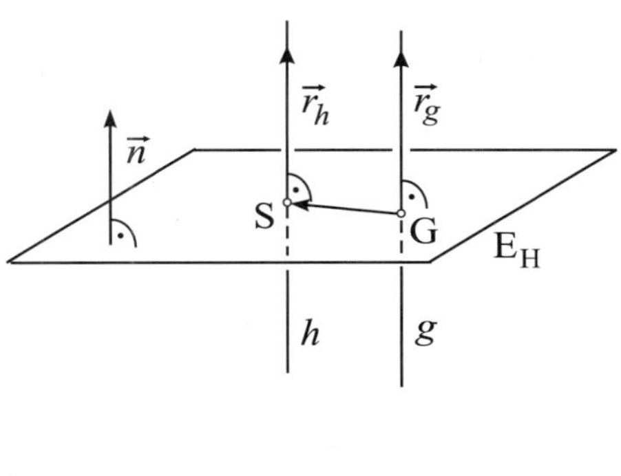

Als Normalenvektor $\vec{n}$ von E_H wählt man den Richtungsvektor von g:

$$E_H: \vec{n}\cdot(\vec{x}-\vec{g})=0$$

$$\begin{pmatrix}3\\-4\\1\end{pmatrix}\cdot\begin{pmatrix}x_1-2\\x_2-9\\x_3-4\end{pmatrix}=0$$

$$3\cdot(x_1-2)+(-4)\cdot(x_2-9)+1\cdot(x_3-4)=0$$

$$3x_1-4x_2+x_3+26=0$$

Zur Berechnung des Schnittpunkts S von E_H mit h setzt man die Koordinaten eines allgemeinen Punktes $P_t\,(1+6t\mid 2-8t\mid 5+2t)$ der Geraden h in die Koordinatengleichung von E_H ein und erhält:

$$3\cdot(1+6t)-4\cdot(2-8t)+(5+2t)+26=0 \Rightarrow t=-\frac{1}{2}$$

Setzt man $t=-\frac{1}{2}$ in die Gleichung von h ein, erhält man die Koordinaten von S:

$$\vec{s}=\begin{pmatrix}1\\2\\5\end{pmatrix}-\frac{1}{2}\cdot\begin{pmatrix}6\\-8\\2\end{pmatrix} \Rightarrow S(-2\mid 6\mid 4)$$

Der gesuchte Abstand d der beiden Geraden g und h ist der Abstand der Punkte S und G:

$$d=\left|\overrightarrow{GS}\right|=\left|\begin{pmatrix}-4\\-3\\0\end{pmatrix}\right|=\sqrt{(-4)^2+(-3)^2+0^2}=5$$

Der Abstand der beiden Geraden g und h beträgt 5 LE.

6. Gegeben ist eine Kugel mit Mittelpunkt $M(-3\mid 2\mid 7)$ und ein Punkt $P(3\mid 4\mid 4)$ auf der Kugel.

   a) Die Situation veranschaulicht man anhand einer Zeichnung:

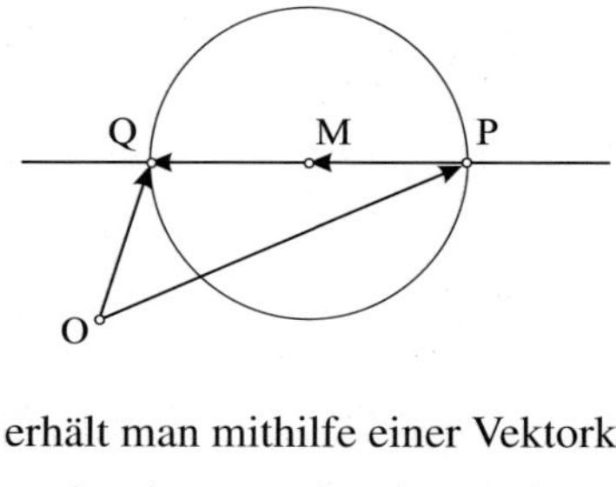

Die Koordinaten von Q erhält man mithilfe einer Vektorkette:

$$\vec{Q}=\vec{P}+2\cdot\overrightarrow{PM}=\begin{pmatrix}3\\4\\4\end{pmatrix}+2\cdot\begin{pmatrix}-6\\-2\\3\end{pmatrix}=\begin{pmatrix}-9\\0\\10\end{pmatrix} \Rightarrow Q(-9\mid 0\mid 10)$$

b) Auch diese Situation kann man veranschaulichen:

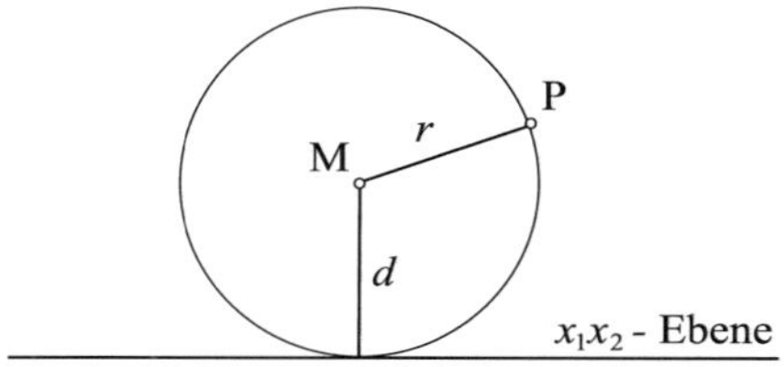

Der Radius r der Kugel ist der Abstand von M zu P:

$$r = \overline{PM} = \left|\overrightarrow{PM}\right| = \left|\begin{pmatrix} -6 \\ -2 \\ 3 \end{pmatrix}\right| = \sqrt{(-6)^2 + (-2)^2 + 3^2} = \sqrt{49} = 7$$

Um nachzuweisen, dass die Kugel die x_1x_2-Ebene berührt, berechnet man den Abstand d von M zur x_1x_2-Ebene ($x_3 = 0$). Dieser ist gleich groß wie die x_3-Koordinate des Punktes M: $d = 7$. Wegen $r = d$ berührt die Kugel die x_1x_2-Ebene.

7. Gegeben ist die Ebene E: $3x_2 + 4x_3 = 5$.

   a) Die Ebene E ist parallel zur x_1-Achse, da es wegen $3 \cdot 0 + 4 \cdot 0 = 5$ (Widerspruch) keinen gemeinsamen Punkt von E und der x_1-Achse gibt.

   b) Um zu untersuchen, ob die Kugel mit Mittelpunkt $Z(1 \mid 6 \mid 3)$ und Radius $r = 7$ die Ebene E schneidet, berechnet man den Abstand e von Z zu E mithilfe der Abstandsformel:
   $$e = \frac{|3 \cdot 6 + 4 \cdot 3 - 5|}{\sqrt{0^2 + 3^2 + 4^2}} = \frac{25}{5} = 5$$
   Wegen $e < r$ schneidet die Kugel die Ebene E.

8. a) Um zu untersuchen, ob die Gerade $g\colon \vec{x} = \begin{pmatrix} -4 \\ 2 \\ 3 \end{pmatrix} + t\begin{pmatrix} -2 \\ 3 \\ 2 \end{pmatrix}$; $t \in \mathbb{R}$ parallel zur Ebene E durch die Punkte $A(1{,}5 \mid 0 \mid 0)$, $B(0 \mid 3 \mid 0)$ und $C(0 \mid 0 \mid 6)$ verläuft, prüft man, ob das Skalarprodukt eines Normalenvektors der Ebene E und des Richtungsvektors der Geraden g Null ergibt.

   Einen Normalenvektor $\vec{n}$ von E bestimmt man z.B. mithilfe des Kreuzprodukts der beiden Spannvektoren $\overrightarrow{AB} = \begin{pmatrix} -1{,}5 \\ 3 \\ 0 \end{pmatrix}$ und $\overrightarrow{AC} = \begin{pmatrix} -1{,}5 \\ 0 \\ 6 \end{pmatrix}$:

$$\overrightarrow{AB} \times \overrightarrow{AC} = \begin{pmatrix} -1{,}5 \\ 3 \\ 0 \end{pmatrix} \times \begin{pmatrix} -1{,}5 \\ 0 \\ 6 \end{pmatrix} = \begin{pmatrix} 18 \\ 9 \\ 4{,}5 \end{pmatrix} = 4{,}5 \cdot \begin{pmatrix} 4 \\ 2 \\ 1 \end{pmatrix} \Rightarrow \vec{n} = \begin{pmatrix} 4 \\ 2 \\ 1 \end{pmatrix}$$

Bestimmt man das Skalarprodukt von $\vec{n}$ und dem Richtungsvektor $\vec{r_g}$der Geraden g, erhält man:

$$\vec{n}\cdot\overrightarrow{r_g}=\begin{pmatrix}4\\2\\1\end{pmatrix}\cdot\begin{pmatrix}-2\\3\\2\end{pmatrix}=4\cdot(-2)+2\cdot3+1\cdot2=0$$

Da das Skalarprodukt von $\vec{n}$ und $\overrightarrow{r_g}$ Null ergibt, sind die Ebene E und die Gerade g parallel.

b) Um den Abstand d von g und E zu bestimmen, berechnet man den Abstand des Stützpunktes P der Geraden g von der Ebene E. Dazu bestimmt man zuerst eine Koordinatengleichung von E, indem man beispielsweise den Punkt A und den Normalenvektor $\vec{n}$ in die Punkt-Normalenform $\vec{n}\cdot(\vec{x}-\vec{a})=0$ einsetzt:

$$\text{E}: \begin{pmatrix}4\\2\\1\end{pmatrix}\cdot\left[\vec{x}-\begin{pmatrix}1,5\\0\\0\end{pmatrix}\right]=0$$

$$\text{E}: 4\cdot(x_1-1,5)+2\cdot(x_2-0)+1\cdot(x_3-0)=0$$

$$\text{E}: 4x_1+2x_2+x_3-6=0$$

Der Abstand d(g; E) von E und g entspricht dem Abstand d(P; E) des Stützpunktes P$(-4\mid2\mid3)$ der Geraden g von der Ebene E. Diesen erhält man mithilfe der Abstandsformel:

$$\text{d}(g;\text{E})=\text{d}(\text{P};\text{E})=\frac{|4\cdot(-4)+2\cdot2+3-6|}{\sqrt{4^2+2^2+1^2}}=\frac{|-15|}{\sqrt{21}}=\frac{15}{\sqrt{21}}$$

Der Abstand von g und E beträgt somit $\frac{15}{\sqrt{21}}$ LE.

9. Als mögliche Lagebeziehungen kommen in Frage:

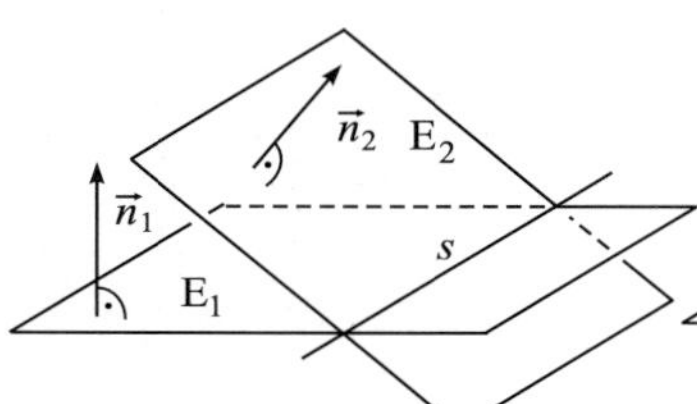

E_1 und E_2 schneiden sich in der Geraden s

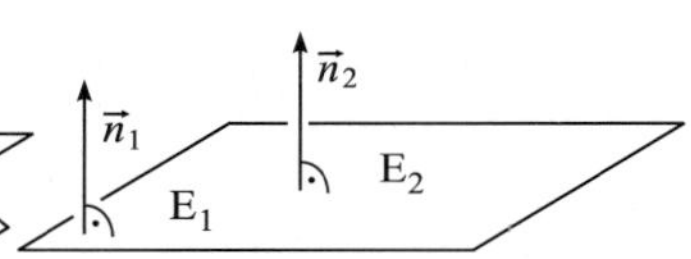

E_1 und E_2 sind identisch

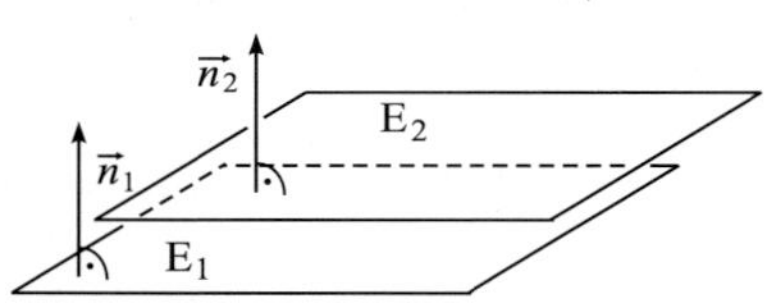

E_1 und E_2 sind parallel

Um die gegenseitige Lage der beiden Ebenen $E_1: \vec{n}_1\cdot(\vec{x}-\vec{p}_1)=0$ und $E_2: \vec{n}_2\cdot(\vec{x}-\vec{p}_2)=0$

zu untersuchen, prüft man zunächst, ob die Normalenvektoren $\vec{n}_1$ und $\vec{n}_2$ ein Vielfaches voneinander (linear abhängig) sind.
Ist dies der Fall, gilt also $\vec{n}_1 = k \cdot \vec{n}_2; k \in \mathbb{R} \setminus \{0\}$, sind die beiden Ebenen parallel. Falls der Ortsvektor $\vec{p}_2$ von E_2 die Bedingung $\vec{n}_1 \cdot (\vec{p}_2 - \vec{p}_1) = 0$ erfüllt, liegt der Punkt P_2 von E_2 auch in E_1 und die beiden Ebenen sind identisch.
Ist dies nicht der Fall, sind also die Normalenvektoren $\vec{n}_1$ und $\vec{n}_2$ kein Vielfaches voneinander (linear unabhängig), schneiden sich die beiden Ebenen in einer Schnittgeraden s; falls zusätzlich $\vec{n}_1 \cdot \vec{n}_2 = 0$ gilt, schneiden sich die beiden Ebenen rechtwinklig.

10. a) Zur Veranschaulichung der Ebene $E: x_1 + x_2 = 4$ in einem Koordinatensystem bestimmt man die Spurpunkte von E mit den Koordinatenachsen:
Den Schnittpunkt S_1 auf der x_1-Achse erhält man durch $x_1 + 0 = 4 \Rightarrow S_1\,(4 \mid 0 \mid 0)$.
Den Schnittpunkt S_2 auf der x_2-Achse erhält man durch $0 + x_2 = 4 \Rightarrow S_2\,(0 \mid 4 \mid 0)$.
Den Schnittpunkt S_3 auf der x_3-Achse erhält man durch $0 + 0 = 4$.
Aufgrund des Widerspruchs gibt es keinen Schnittpunkt; also ist E parallel zur x_3-Achse:

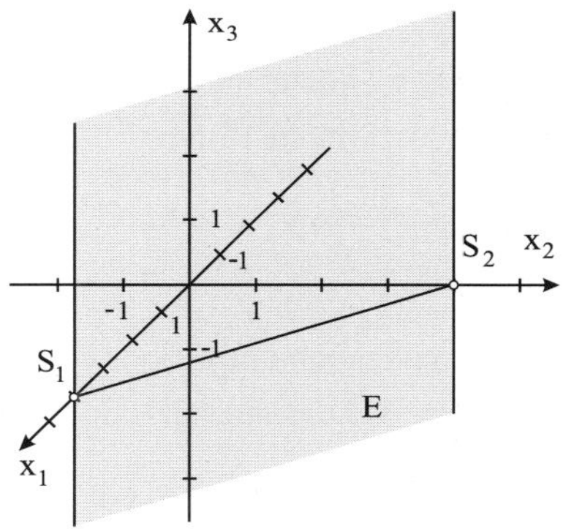

b) Um die gegenseitige Lage von $g: \vec{x} = \begin{pmatrix} 1 \\ 3 \\ 3 \end{pmatrix} + r \cdot \begin{pmatrix} 1 \\ -1 \\ 0 \end{pmatrix}$ und E zu untersuchen,

setzt man den allgemeinen Punkt $P_r\,(1 + r \mid 3 - r \mid 3)$ von g in die Koordinatengleichung von E ein und erhält:

$$1 + r + 3 - r = 4 \Rightarrow 4 = 4$$

Aufgrund der wahren Aussage liegt g in der Ebene E.

c) Den Abstand d des Ursprungs $O\,(0 \mid 0 \mid 0)$ von E erhält man mithilfe der Abstandsformel:

$$d\,(O; E) = \frac{|1 \cdot 0 + 1 \cdot 0 - 4|}{\sqrt{1^2 + 1^2}} = \frac{4}{\sqrt{2}}$$

Alternativ kann man auch eine Lotgerade l vom Ursprung auf die Ebene E aufstellen und diese mit E schneiden:

$$l\colon \vec{x} = \begin{pmatrix} 0 \\ 0 \\ 0 \end{pmatrix} + r \cdot \begin{pmatrix} 1 \\ 1 \\ 0 \end{pmatrix}$$

Setzt man den allgemeinen Punkt $\mathrm{P}_r\,(r \mid r \mid 0)$ von l in E ein, erhält man: $r + r = 4 \Rightarrow r = 2$.

Setzt man $r = 2$ in P_r ein, erhält man die Koordinaten des Schnittpunkts $\mathrm{F}\,(2 \mid 2 \mid 0)$ der Lotgeraden l und der Ebene E.

Die Länge des Verbindungsvektors vom Ursprung zu F ist der Abstand vom Ursprung zu E:

$$\mathrm{d}\,(\mathrm{O}\,;\mathrm{E}) = \left|\overrightarrow{\mathrm{OF}}\right| = \left|\begin{pmatrix} 2 \\ 2 \\ 0 \end{pmatrix}\right| = \sqrt{2^2 + 2^2} = \sqrt{8}$$

Der Abstand vom Ursprung zur Ebene E beträgt $\sqrt{8}\,\mathrm{LE}$.

11. Um den Punkt A an der Geraden g zu spiegeln, bestimmt man zuerst die zu g orthogonale Hilfsebene $\mathrm{E_H}$, die den Punkt A enthält und deren Normalenvektor der Richtungsvektor $\overrightarrow{r_g}$ ist:

$$\mathrm{E_H}\colon\ \overrightarrow{r_g} \cdot (\vec{x} - \vec{a}) = 0$$

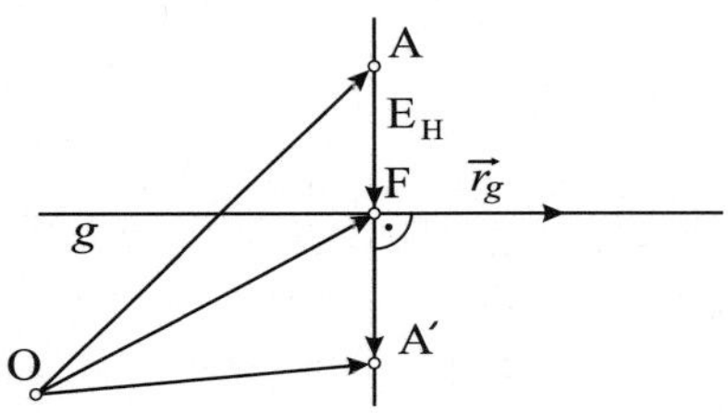

Anschließend ermittelt man den Schnittpunkt F von g und $\mathrm{E_H}$.

Zum Schluss stellt man eine Vektorkette auf, um den Bildpunkt A′ zu erhalten:

$$\overrightarrow{\mathrm{OA}'} = \overrightarrow{\mathrm{OA}} + 2 \cdot \overrightarrow{\mathrm{AF}}$$

oder alternativ:

$$\overrightarrow{\mathrm{OA}'} = \overrightarrow{\mathrm{OF}} + \overrightarrow{\mathrm{AF}}$$

12. Gegeben ist das lineare Gleichungssystem

$$\begin{array}{lrcrcrcr} \text{I} & 3x_1 & - & x_2 & + & 2x_3 & = & 7 \\ \text{II} & x_1 & + & 2x_2 & + & 3x_3 & = & 14 \\ \text{III} & x_1 & - & 5x_2 & - & 4x_3 & = & -21 \end{array}$$

a) Addiert man zu Gleichung I das (-3)-fache von Gleichung II, bzw. zieht man Gleichung III von Gleichung II ab, so erhält man:

$$\begin{array}{lrcrcrcr} \text{I} & 3x_1 & - & x_2 & + & 2x_3 & = & 7 \\ \text{IIa} & & - & 7x_2 & - & 7x_3 & = & -35 \\ \text{IIIa} & & & 7x_2 & + & 7x_3 & = & 35 \end{array}$$

Da die beiden Gleichungen IIa und IIIa Vielfache voneinander sind, gibt es unendlich viele Lösungen des Gleichungssystems:
Setzt man $x_3 = t$, so ist $x_2 = 5 - t$ und durch Einsetzen in I erhält man $x_1 = 4 - t$.
Die Lösungsmenge des Gleichungssystems ist damit $\mathrm{L} = \{(4 - \mathrm{t} \mid 5 - \mathrm{t} \mid \mathrm{t}) \mid \mathrm{t} \in \mathbb{R}\}$.

b) Jede Gleichung des linearen Gleichungssystems entspricht der Gleichung einer Ebene im Raum. Das Gleichungssystem entspricht somit geometrisch der Suche nach Punkten, die in allen drei Ebenen liegen. Die Lösungsmenge gibt diese gemeinsamen Punkte an und entspricht in diesem Fall einer Geraden, der Schnittgeraden g der drei Ebenen:

$$g\colon \vec{x} = \begin{pmatrix} x_1 \\ x_2 \\ x_3 \end{pmatrix} = \begin{pmatrix} 4 \\ 5 \\ 0 \end{pmatrix} + t \cdot \begin{pmatrix} -1 \\ -1 \\ 1 \end{pmatrix},\ \mathrm{t} \in \mathbb{R}.$$

13. a) Den Abstand $\mathrm{d}(\mathrm{P};\mathrm{E})$ des Punktes $\mathrm{P}(9 \mid -4 \mid 1)$ von der Ebene $\mathrm{E}\colon 3x_1 - 4x_3 = -7$ erhält man mithilfe der Abstandsformel:

$$\mathrm{d}(\mathrm{P};\mathrm{E}) = \frac{|3 \cdot 9 - 4 \cdot 1 + 7|}{\sqrt{3^2 + (-4)^2}} = \frac{30}{5} = 6$$

Der Abstand des Punktes P zur Ebene E beträgt somit 6 LE.
Alternativ kann man auch eine Lotgerade l vom Punkt P auf die Ebene E aufstellen und diese mit E schneiden (der Normalenvektor von E wird als Richtungsvektor von g verwendet):

$$l\colon \vec{x} = \begin{pmatrix} 9 \\ -4 \\ 1 \end{pmatrix} + r \cdot \begin{pmatrix} 3 \\ 0 \\ -4 \end{pmatrix}$$

Setzt man den allgemeinen Punkt $\mathrm{P}_r\,(9 + 3r \mid -4 \mid 1 - 4r)$ in E ein, erhält man:

$$3 \cdot (9 + 3r) - 4 \cdot (1 - 4r) = -7 \Rightarrow r = -\frac{6}{5}$$

Setzt man $r = -\frac{6}{5}$ in P_r ein, erhält man die Koordinaten des Schnittpunkts $\mathrm{F}\left(\frac{27}{5} \mid -4 \mid \frac{29}{5}\right)$ der Lotgeraden l und der Ebene E.
Die Länge des Verbindungsvektors von P zu F ist der Abstand von P zu E:

$$\mathrm{d}(\mathrm{P};\mathrm{E}) = \left|\overrightarrow{\mathrm{PF}}\right| = \left|\begin{pmatrix} -\frac{18}{5} \\ 0 \\ \frac{24}{5} \end{pmatrix}\right| = \sqrt{\left(-\frac{18}{5}\right)^2 + \left(\frac{24}{5}\right)^2} = 6$$

Der Abstand von P zur Ebene E beträgt 6 LE.

b)

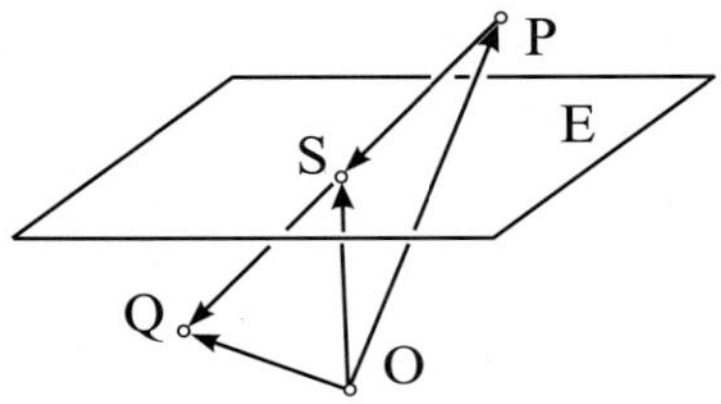

Die Koordinaten des Punktes Q erhält man mithilfe einer Vektorkette:

$$\overrightarrow{OQ} = \overrightarrow{OS} + \overrightarrow{PS} = \begin{pmatrix} -1 \\ 1 \\ 1 \end{pmatrix} + \begin{pmatrix} -10 \\ 5 \\ 0 \end{pmatrix} = \begin{pmatrix} -11 \\ 6 \\ 1 \end{pmatrix} \Rightarrow Q(-11 \mid 6 \mid 1)$$

Der Punkt $Q(-11 \mid 6 \mid 1)$ auf der Geraden durch S und P ist genauso weit von E entfernt wie P.

14. Zuerst spiegelt man den Stützpunkt A der Geraden g an der Ebene E:
Hierzu stellt man eine Lotgerade l auf, die den Punkt A enthält und orthogonal zu E ist.
Ein Normalenvektor $\vec{n}$ von E ist der Richtungsvektor von l. Damit hat l die Gleichung: $l\colon \vec{x} = \vec{a} + t \cdot \vec{n}$.

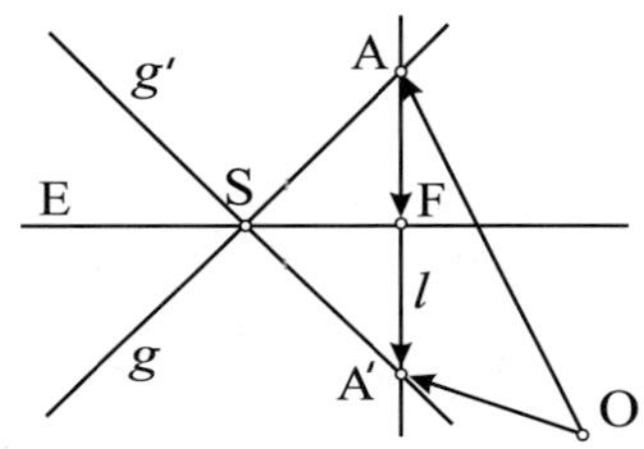

Schneidet man l und E, erhält man den Punkt F.
Den Spiegelpunkt A′ erhält man mithilfe einer Vektorkette: $\overrightarrow{OA'} = \overrightarrow{OA} + 2 \cdot \overrightarrow{AF}$.
Anschließend stellt man mithilfe von S und A′ eine Geradengleichung der Spiegelgeraden g' auf:

$$g'\colon \vec{x} = \vec{s} + r \cdot \overrightarrow{SA'}$$

15. a) Die Ebene $E\colon \begin{pmatrix} 8 \\ 1 \\ -4 \end{pmatrix} \cdot \left[\vec{x} - \begin{pmatrix} -1 \\ 4 \\ -3 \end{pmatrix} \right] = 0$ hat den Normalenvektor $\vec{n} = \begin{pmatrix} 8 \\ 1 \\ -4 \end{pmatrix}$,
die Gerade $g\colon \vec{x} = \begin{pmatrix} 7 \\ 5 \\ -7 \end{pmatrix} + t \cdot \begin{pmatrix} 1 \\ -4 \\ 1 \end{pmatrix}$ hat den Richtungsvektor $\vec{r}_g = \begin{pmatrix} 1 \\ -4 \\ 1 \end{pmatrix}$.

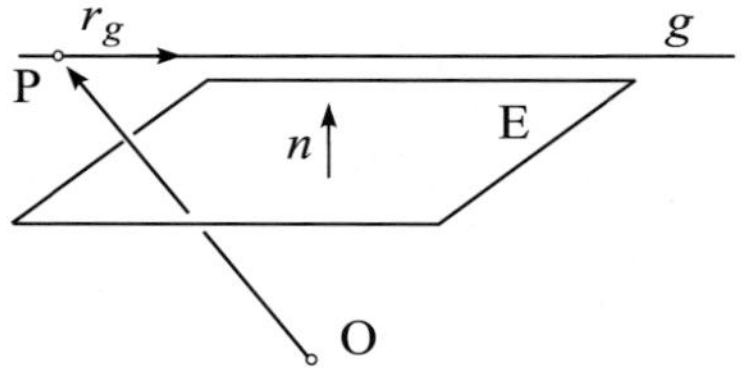

Um nachzuweisen, dass E und g parallel zueinander sind, muss man mithilfe des

Skalarprodukts prüfen, ob $\vec{n}$ und $\vec{r}_g$ orthogonal zueinander sind:

$$\vec{n}\cdot\vec{r}_g = \begin{pmatrix} 8 \\ 1 \\ -4 \end{pmatrix} \cdot \begin{pmatrix} 1 \\ -4 \\ 1 \end{pmatrix} = 8\cdot 1 + 1\cdot(-4) + (-4)\cdot 1 = 8 - 4 - 4 = 0$$

Wegen $\vec{n}\cdot\vec{r}_g = 0$ sind $\vec{n}$ und $\vec{r}_g$ orthogonal zueinander und damit E und g parallel.

b) Um den Abstand von E und g zu bestimmen, ermittelt man zuerst eine Koordinatengleichung von E, indem man die gegebene Normalenform ausmultipliziert:

$$\text{E: } \begin{pmatrix} 8 \\ 1 \\ -4 \end{pmatrix} \cdot \left[\vec{x} - \begin{pmatrix} -1 \\ 4 \\ -3 \end{pmatrix} \right] = 0$$

$$\text{E:}\, 8\cdot(x_1 + 1) + 1\cdot(x_2 - 4) + (-4)\cdot(x_3 + 3) = 0$$

$$\text{E:}\, 8x_1 + x_2 - 4x_3 - 8 = 0$$

Der Abstand $\mathrm{d}(g;\mathrm{E})$ von E und g entspricht dem Abstand $\mathrm{d}(\mathrm{P};\mathrm{E})$ des Stützpunktes $\mathrm{P}(7\mid 5\mid -7)$ der Geraden g von der Ebene E. Diesen erhält man mithilfe der Abstandsformel:

$$\mathrm{d}(g;\mathrm{E}) = \mathrm{d}(\mathrm{P};\mathrm{E}) = \frac{|8\cdot 7 + 5 - 4\cdot(-7) - 8|}{\sqrt{8^2 + 1^2 + (-4)^2}} = \frac{81}{\sqrt{81}} = \frac{81}{9} = 9$$

Alternativ kann man auch eine Lotgerade l vom Punkt P auf die Ebene E aufstellen und diese mit E schneiden:

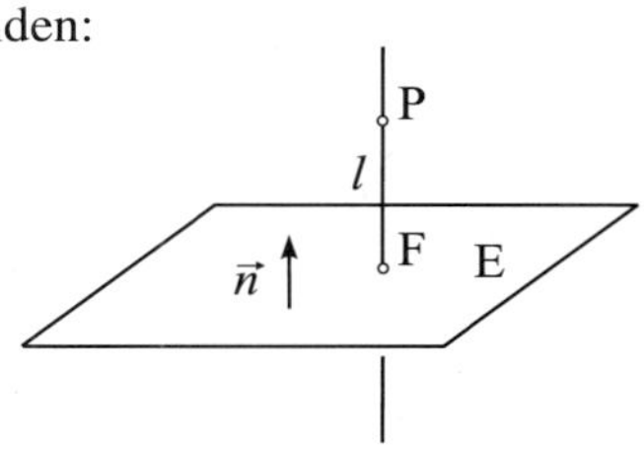

$$l\colon\, \vec{x} = \begin{pmatrix} 7 \\ 5 \\ -7 \end{pmatrix} + r\cdot \begin{pmatrix} 8 \\ 1 \\ -4 \end{pmatrix}$$

Setzt man den allgemeinen Punkt $\mathrm{P}_r(7+8r\mid 5+r\mid -7-4r)$ in E ein, erhält man:

$$8\cdot(7+8r) + 5 + r - 4\cdot(-7-4r) - 8 = 0 \Rightarrow r = -1$$

Setzt man $r = -1$ in P_r ein, erhält man die Koordinaten des Schnittpunkts $\mathrm{F}(-1\mid 4\mid -3)$ der Lotgeraden l und der Ebene E.

Die Länge des Verbindungsvektors von P zu F ist der Abstand von P zu E bzw. von E und g:

$$d(g;E) = d(P;E) = \left|\overrightarrow{PF}\right| = \left|\begin{pmatrix} -8 \\ -1 \\ 4 \end{pmatrix}\right| = \sqrt{(-8)^2 + (-1)^2 + 4^2} = \sqrt{81} = 9$$

Der Abstand von E und g beträgt 9 LE.

16. Um denjenigen Punkt B auf der Geraden g zu bestimmen, der von A den kleinsten Abstand hat, stellt man zuerst eine Hilfsebene E_H auf, die durch A geht und orthogonal zu g ist; als Normalenvektor von E_H kann man den Richtungsvektor $\vec{r}$ von g verwenden:

$$E_H : \vec{r} \cdot (\vec{x} - \vec{a}) = 0$$

Der Schnittpunkt von E_H und g ist der gesuchte Punkt B.

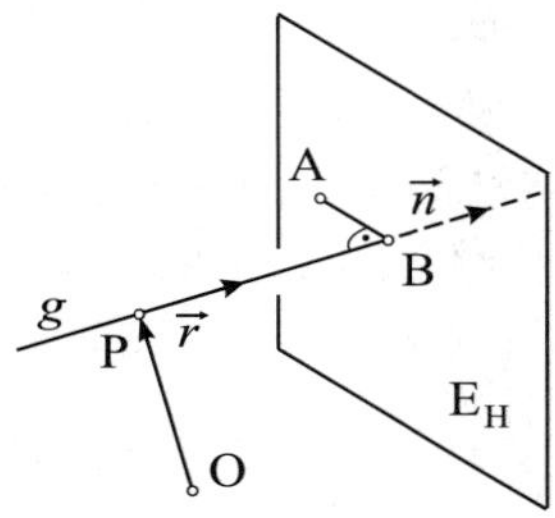

17. Eine Gleichung der Schnittgeraden der Ebenen

$$E: \begin{pmatrix} 4 \\ -1 \\ 2 \end{pmatrix} \cdot \left[\vec{x} - \begin{pmatrix} 1 \\ 2 \\ 1 \end{pmatrix}\right] = 0$$

und $F: x_2 + 2x_3 = 8$ erhält man, indem man zuerst eine Koordinatengleichung von E bestimmt. Diese erhält man durch Ausmultiplizieren der Normalenform mithilfe des Skalarprodukts:

$$E: \begin{pmatrix} 4 \\ -1 \\ 2 \end{pmatrix} \cdot \left[\begin{pmatrix} x_1 \\ x_2 \\ x_3 \end{pmatrix} - \begin{pmatrix} 1 \\ 2 \\ 1 \end{pmatrix}\right] = 0$$

$$E: 4 \cdot (x_1 - 1) + (-1) \cdot (x_2 - 2) + 2 \cdot (x_3 - 1) = 0$$

$$E: 4x_1 - x_2 + 2x_3 = 4$$

Damit erhält man folgendes lineare Gleichungssystem:

$$\begin{array}{lrcrcrcr} \text{I} & 4x_1 & - & x_2 & + & 2x_3 & = & 4 \\ \text{II} & & & x_2 & + & 2x_3 & = & 8 \end{array}$$

Setzt man in Gleichung II $x_3 = t$, so ergibt sich: $x_2 + 2t = 8 \Rightarrow x_2 = 8 - 2t$
Setzt man $x_3 = t$ und $x_2 = 8 - 2t$ in Gleichung I ein, ergibt sich:

$$4x_1 - (8 - 2t) + 2t = 4 \Rightarrow 4x_1 = 12 - 4t \Rightarrow x_1 = 3 - t$$

Damit hat die Schnittgerade g der beiden Ebenen E und F folgende Gleichung:

$$g\colon \vec{x} = \begin{pmatrix} 3 \\ 8 \\ 0 \end{pmatrix} + t \cdot \begin{pmatrix} -1 \\ -2 \\ 1 \end{pmatrix} ;\ t \in \mathbb{R}$$

18. a) Zur Bestimmung der Lage der Ebene E: $x_1 - x_3 - 4 = 0$ berechnet man die Spurpunkte von E mit den Koordinatenachsen.

Den Spurpunkt auf der x_1-Achse erhält man, indem man $x_2 = 0$ und $x_3 = 0$ in E einsetzt:

$$x_1 - 0 - 4 = 0 \Rightarrow x_1 = 4$$

Damit erhält man den Spurpunkt $S_1\,(4 \mid 0 \mid 0)$.

Den Spurpunkt auf der x_2-Achse erhält man, indem man $x_1 = 0$ und $x_3 = 0$ in E einsetzt:

$$0 - 0 - 4 = 0 \Rightarrow -4 = 0$$

Aufgrund des Widerspruchs erhält man keinen Spurpunkt auf der x_2-Achse.

Den Spurpunkt auf der x_3-Achse erhält man, indem man $x_1 = 0$ und $x_2 = 0$ in E einsetzt:

$$0 - x_3 - 4 = 0 \Rightarrow x_3 = -4$$

Damit erhält man den Spurpunkt $S_3\,(0 \mid 0 \mid -4)$.

Da es keinen Spurpunkt auf der x_2-Achse gibt, ist E parallel zur x_2-Achse.

Alternativ kann man auch das Skalarprodukt des Normalenvektors $\vec{n} = \begin{pmatrix} 1 \\ 0 \\ -1 \end{pmatrix}$ von E mit dem Richtungsvektor $\vec{r} = \begin{pmatrix} 0 \\ 1 \\ 0 \end{pmatrix}$ der x_2-Achse berechnen:

$$\vec{n} \cdot \vec{r} = \begin{pmatrix} 1 \\ 0 \\ -1 \end{pmatrix} \cdot \begin{pmatrix} 0 \\ 1 \\ 0 \end{pmatrix} = 1 \cdot 0 + 0 \cdot 1 + (-1) \cdot 0 = 0$$

Wegen $\vec{n} \cdot \vec{r} = 0$ ist der Normalenvektor von E orthogonal zum Richtungsvektor der x_2-Achse. Somit ist die Ebene E parallel zur x_2-Achse:

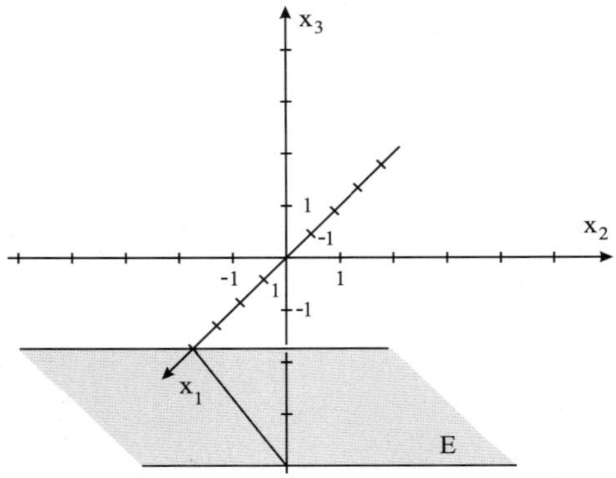

b) Um den Punkt A (1 | 1 | 3) an der Ebene E: $x_1 - x_3 - 4 = 0$ zu spiegeln, stellt man eine Lotgerade l vom Punkt A auf die Ebene E auf und schneidet diese mit E. Als Richtungsvektor von l verwendet man den Normalenvektor von E, den man aus der gegebenen Gleichung ablesen kann.

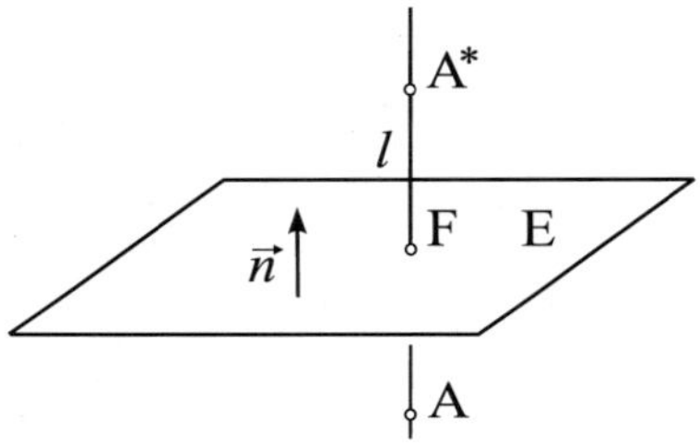

Die Gerade l hat die Gleichung:

$$l\colon \vec{x} = \begin{pmatrix} 1 \\ 1 \\ 3 \end{pmatrix} + t \cdot \begin{pmatrix} 1 \\ 0 \\ -1 \end{pmatrix}$$

Setzt man den allgemeinen Punkt $P_t\,(1+t \mid 1 \mid 3-t)$ in E ein, erhält man:

$$1 + t - (3-t) - 4 = 0 \Rightarrow t = 3$$

Setzt man $t = 3$ in P_t ein, erhält man die Koordinaten des Schnittpunkts F (4 | 1 | 0) der Lotgeraden l und der Ebene E.
Die Koordinaten des Bildpunkts A^* erhält man mithilfe einer Vektorkette:

$$\overrightarrow{OA^*} = \overrightarrow{OA} + 2 \cdot \overrightarrow{AF} = \begin{pmatrix} 1 \\ 1 \\ 3 \end{pmatrix} + 2 \cdot \begin{pmatrix} 3 \\ 0 \\ -3 \end{pmatrix} = \begin{pmatrix} 7 \\ 1 \\ -3 \end{pmatrix}$$

Somit hat der Bildpunkt von A die Koordinaten $A^*\,(7 \mid 1 \mid -3)$.

19. Mithilfe einer Skizze kann man die Problemstellung veranschaulichen:

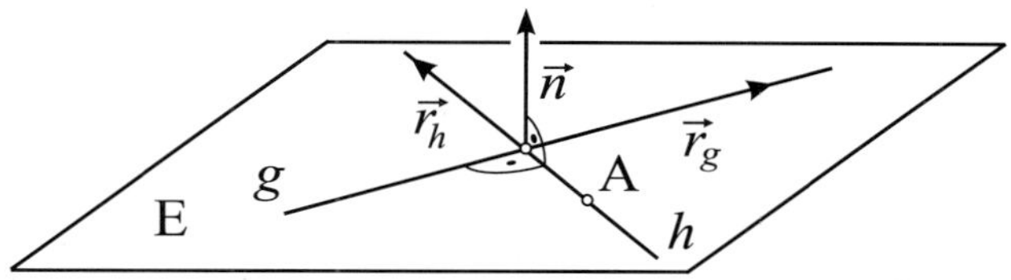

Als Stützpunkt der Geraden h kann man einen beliebigen Punkt A der Ebene E verwenden. Der Richtungsvektor $\vec{r}_h$ der Geraden h ist orthogonal zum Richtungsvektor $\vec{r}_g$ der Geraden g und orthogonal zum Normalenvektor $\vec{n}$ der Ebene E. Damit erhält man $\vec{r}_h$ entweder mithilfe des Kreuzprodukts: $\vec{r}_h = \vec{r}_g \times \vec{n}$ oder mithilfe der Skalarprodukte: $\vec{r}_h \cdot \vec{r}_g = 0$ und $\vec{r}_h \cdot \vec{n} = 0$.
Damit erhält man eine Gleichung von h: $\vec{x} = \vec{a} + t \cdot \vec{r}_h$.
Alternativ kann man auch eine zur Geraden g orthogonale Hilfsebene E_H durch einen beliebigen Punkt A der Ebene E aufstellen; als Normalenvektor von E_H verwendet man den Richtungsvektor $\vec{r}_g$ der Geraden g:

$$E_H: \vec{r}_g \cdot (\vec{x} - \vec{a}) = 0$$

Schneidet man E_H mit g, erhält man einen Schnittpunkt S. Der Richtungsvektor $\vec{r}_h$ von h ist beispielsweise der Verbindungsvektor von A zu S.
Damit erhält man eine Gleichung von h: $\vec{x} = \vec{a} + t \cdot \overrightarrow{AS}$.

20. a) Die Gerade g durch die Punkte $A(1 \mid -1 \mid 3)$ und $B(2 \mid -3 \mid 0)$ hat die Gleichung:

$$g: \vec{x} = \begin{pmatrix} 1 \\ -1 \\ 3 \end{pmatrix} + t \cdot \begin{pmatrix} 1 \\ -2 \\ -3 \end{pmatrix}$$

Da die Ebene E von g orthogonal geschnitten wird, kann man den Richtungsvektor von g als Normalenvektor $\vec{n}$ von E verwenden.

Setzt man die Koordinaten des Punktes $C(4 \mid 3 \mid -8)$ und $\vec{n} = \begin{pmatrix} 1 \\ -2 \\ -3 \end{pmatrix}$ in die Punkt-Normalenform $\vec{n} \cdot (\vec{x} - \vec{c}) = 0$ ein, erhält man durch Ausmultiplizieren des Skalarprodukts eine Koordinatengleichung von E:

$$E: \begin{pmatrix} 1 \\ -2 \\ -3 \end{pmatrix} \cdot \left[\begin{pmatrix} x_1 \\ x_2 \\ x_3 \end{pmatrix} - \begin{pmatrix} 4 \\ 3 \\ -8 \end{pmatrix} \right] = 0$$

$$E: 1 \cdot (x_1 - 4) + (-2) \cdot (x_2 - 3) + (-3) \cdot (x_3 + 8) = 0$$

$$E: x_1 - 2x_2 - 3x_3 = 22$$

Die Koordinaten des Schnittpunkts S von g und E erhält man, indem man die Koordinaten eines allgemeinen Punktes $P_t\,(1+t \mid -1-2t \mid 3-3t)$ von g in die Koordinatengleichung von E einsetzt:

$$1+t-2\cdot(-1-2t)-3\cdot(3-3t)=22 \Leftrightarrow 14t-6=22 \Rightarrow t=2$$

Setzt man $t=2$ in g ein, ergibt sich:

$$\vec{s}=\begin{pmatrix}1\\-1\\3\end{pmatrix}+2\cdot\begin{pmatrix}1\\-2\\-3\end{pmatrix}=\begin{pmatrix}3\\-5\\-3\end{pmatrix} \Rightarrow S\,(3 \mid -5 \mid -3)$$

Der Schnittpunkt S von g und E hat die Koordinaten $S\,(3 \mid -5 \mid -3)$.

b) Um zu untersuchen, ob S zwischen A und B liegt, betrachtet man die Vektoren $\overrightarrow{AS}=\begin{pmatrix}2\\-4\\-6\end{pmatrix}$ und $\overrightarrow{AB}=\begin{pmatrix}1\\-2\\-3\end{pmatrix}$.

Wegen $\overrightarrow{AS}=2\cdot\overrightarrow{AB}$ kann der Punkt S nicht zwischen A und B liegen.

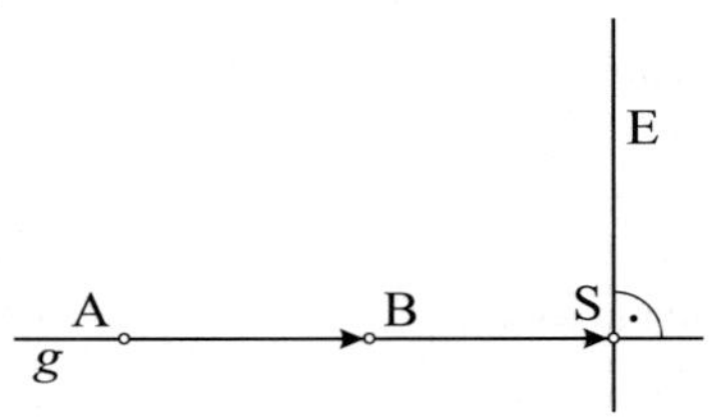

Alternativ kann man sich auch überlegen, dass die x_1-Koordinate von S nicht zwischen den x_1-Koordinaten von A und B liegt, die x_2-Koordinate von S nicht zwischen den x_2-Koordinaten und die x_3-Koordinate von S nicht zwischen den x_3-Koordinaten von A und B liegt.

Somit liegt S nicht zwischen A und B.

21. a) Um zu zeigen, dass die beiden Ebenen

$$E_1:\ 2x_1-2x_2+x_3=-1$$

und

$$E_2:\ \vec{x}=\begin{pmatrix}7\\7\\5\end{pmatrix}+s\cdot\begin{pmatrix}1\\1\\0\end{pmatrix}+t\cdot\begin{pmatrix}1\\3\\4\end{pmatrix}$$

parallel zueinander sind, vergleicht man die jeweiligen Normalenvektoren.

Die Ebene E_1 hat den Normalenvektor $\vec{n}_1=\begin{pmatrix}2\\-2\\1\end{pmatrix}$.

Einen Normalenvektor $\vec{n}_2$ von E_2 erhält man mithilfe des Kreuzproduktes der beiden

Spannvektoren von E_2:

$$\vec{n}_2 = \begin{pmatrix} 1 \\ 1 \\ 0 \end{pmatrix} \times \begin{pmatrix} 1 \\ 3 \\ 4 \end{pmatrix} = \begin{pmatrix} 4 \\ -4 \\ 2 \end{pmatrix} = 2 \cdot \begin{pmatrix} 2 \\ -2 \\ 1 \end{pmatrix}$$

Wegen $\vec{n}_2 = 2 \cdot \vec{n}_1$ sind die beiden Ebenen E_1 und E_2 parallel.
Alternativ könnte man auch mithilfe des Skalarproduktes nachweisen, dass
$\vec{n}_1 = \begin{pmatrix} 2 \\ -2 \\ 1 \end{pmatrix}$ orthogonal zu den beiden Spannvektoren von E_2 ist:

$$\begin{pmatrix} 2 \\ -2 \\ 1 \end{pmatrix} \cdot \begin{pmatrix} 1 \\ 1 \\ 0 \end{pmatrix} = 2 \cdot 1 + (-2) \cdot 1 + 1 \cdot 0 = 0$$

$$\begin{pmatrix} 2 \\ -2 \\ 1 \end{pmatrix} \cdot \begin{pmatrix} 1 \\ 3 \\ 4 \end{pmatrix} = 2 \cdot 1 + (-2) \cdot 3 + 1 \cdot 4 = 0$$

Da das Skalarprodukt von $\vec{n}_1$ mit den Spannvektoren von E_2 jeweils Null ergibt, ist $\vec{n}_1$ orthogonal zu beiden Spannvektoren von E_2.
Somit sind die beiden Ebenen E_1 und E_2 parallel.

b) Die Ebene E_3, die parallel zu E_1 und E_2 ist und von beiden Ebenen denselben Abstand hat, hat denselben Normalenvektor wie E_1 und enthält einen Punkt M, der in der Mitte zwischen zwei Punkten P von E_1 und Q von E_2 liegt.

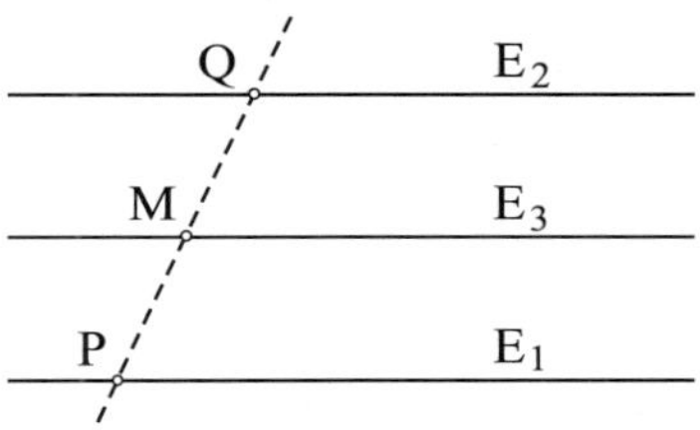

Als Punkt P von E_1 kann man einen Spurpunkt von E_1 verwenden. Dazu setzt man beispielsweise $x_1 = 0$ und $x_2 = 0$ in die Gleichung von E_1 ein und erhält:
$2 \cdot 0 - 2 \cdot 0 + x_3 = -1 \Rightarrow P(0 \mid 0 \mid -1)$.
Als Punkt Q von E_2 kann man den gegebenen Stützpunkt verwenden: $Q(7 \mid 7 \mid 5)$.
Den Mittelpunkt M von P und Q erhält man mit der Mittelpunktsformel:

$$M\left(\frac{0+7}{2} \mid \frac{0+7}{2} \mid \frac{-1+5}{2}\right) \Rightarrow M(3{,}5 \mid 3{,}5 \mid 2)$$

Setzt man die Koordinaten von M und $\vec{n}_1$ in die Punkt-Normalenform $\vec{n}_1 \cdot (\vec{x} - \vec{m}) = 0$

ein, erhält man eine Gleichung von E_3 in Normalenform:

$$E_3: \begin{pmatrix} 2 \\ -2 \\ 1 \end{pmatrix} \cdot \left[\vec{x} - \begin{pmatrix} 3,5 \\ 3,5 \\ 2 \end{pmatrix} \right] = 0$$

22. a) Zuerst bestimmt man die Spurpunkte der Ebene E, dass heißt die Schnittpunkte von E mit den Koordinatenachsen. Den Spurpunkt auf der x_1-Achse erhält man, indem man $x_2 = 0$ und $x_3 = 0$ in E einsetzt:

$$2x_1 - 0 + 2 \cdot 0 = 4 \Rightarrow x_1 = 2$$

Damit erhält man den Spurpunkt $S_1\,(2 \mid 0 \mid 0)$.
Den Spurpunkt auf der x_2-Achse erhält man, indem man $x_1 = 0$ und $x_3 = 0$ in E einsetzt:

$$2 \cdot 0 - x_2 + 2 \cdot 0 = 4 \Rightarrow x_2 = -4$$

Damit erhält man den Spurpunkt $S_2\,(0 \mid -4 \mid 0)$.
Den Spurpunkt auf der x_3-Achse erhält man, indem man $x_1 = 0$ und $x_2 = 0$ in E einsetzt:

$$2 \cdot 0 - 0 + 2x_3 = 4 \Rightarrow x_3 = 2$$

Damit erhält man den Spurpunkt $S_3\,(0 \mid 0 \mid 2)$.

Die Gleichung der Geraden g, in welcher die Ebene E die x_1x_2-Ebene schneidet, erhält man mithilfe der beiden Spurpunkte $S_1\,(2 \mid 0 \mid 0)$ und $S_2\,(0 \mid -4 \mid 0)$:

$$g: \vec{x} = \begin{pmatrix} 2 \\ 0 \\ 0 \end{pmatrix} + t \cdot \begin{pmatrix} 2 \\ 4 \\ 0 \end{pmatrix} ;\, t \in \mathbb{R}$$

b) Den Abstand d des Punktes $P(2 \mid 3 \mid -3)$ von der Ebene E: $2x_1 - x_2 + 2x_3 = 4$ erhält man mithilfe der Abstandsformel:

$$d = \frac{|2 \cdot 2 - 3 + 2 \cdot (-3) - 4|}{\sqrt{2^2 + (-1)^2 + 2^2}} = \frac{|-9|}{\sqrt{9}} = 3$$

Der Abstand von P zu E beträgt 3 LE.

23. Es sind die Eckpunkte $A(2 \mid 4 \mid 0)$, $B(4 \mid 6 \mid 0)$, $C(-2 \mid 8 \mid 0)$ und $E(3 \mid 5 \mid 2)$ gegeben.

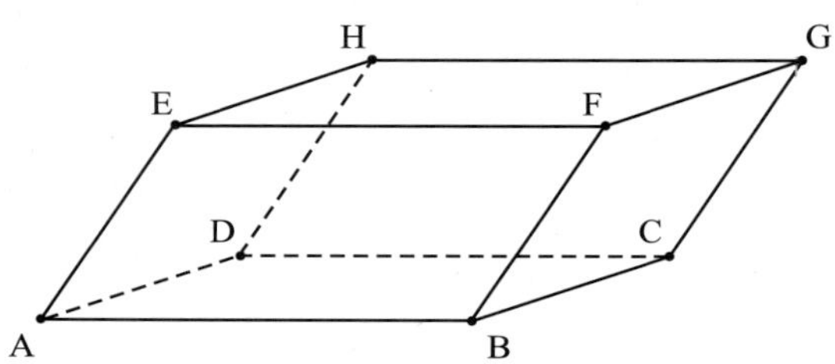

a) Die Koordinaten der Eckpunkte D und G erhält man jeweils mithilfe einer Vektorkette:

$$\overrightarrow{OD} = \overrightarrow{OA} + \overrightarrow{BC} = \begin{pmatrix} 2 \\ 4 \\ 0 \end{pmatrix} + \begin{pmatrix} -6 \\ 2 \\ 0 \end{pmatrix} = \begin{pmatrix} -4 \\ 6 \\ 0 \end{pmatrix}$$

$$\overrightarrow{OG} = \overrightarrow{OC} + \overrightarrow{AE} = \begin{pmatrix} -2 \\ 8 \\ 0 \end{pmatrix} + \begin{pmatrix} 1 \\ 1 \\ 2 \end{pmatrix} = \begin{pmatrix} -1 \\ 9 \\ 2 \end{pmatrix}$$

Somit haben die Eckpunkte D und G die Koordinaten $D(-4 \mid 6 \mid 0)$ und $G(-1 \mid 9 \mid 2)$.

b) Das Volumen des Spates erhält man mit der Formel: $V = \left|\left(\overrightarrow{AB} \times \overrightarrow{BC}\right) \cdot \overrightarrow{AE}\right|$. Damit ergibt sich:

$$\begin{aligned} V &= \left|\left(\begin{pmatrix} 2 \\ 2 \\ 0 \end{pmatrix} \times \begin{pmatrix} -6 \\ 2 \\ 0 \end{pmatrix}\right) \cdot \begin{pmatrix} 1 \\ 1 \\ 2 \end{pmatrix}\right| \\ &= \left|\begin{pmatrix} 0 \\ 0 \\ 16 \end{pmatrix} \cdot \begin{pmatrix} 1 \\ 1 \\ 2 \end{pmatrix}\right| \\ &= 32 \end{aligned}$$

Der Spat hat ein Volumen von 32 VE.

24. Gegeben sind die drei Vektoren $\vec{u} = \begin{pmatrix} 1 \\ -2 \\ 2 \end{pmatrix}$, $\vec{v} = \begin{pmatrix} 4 \\ 4 \\ 2 \end{pmatrix}$ und $\vec{c} = \vec{u} \times \vec{v} = \begin{pmatrix} -12 \\ 6 \\ 12 \end{pmatrix}$.

a) Um zu zeigen, dass die Vektoren $\vec{u}$ und $\vec{v}$ ein Rechteck aufspannen, berechnet man das Skalarprodukt der beiden Vektoren:

$$\vec{u} \cdot \vec{v} = \begin{pmatrix} 1 \\ -2 \\ 2 \end{pmatrix} \cdot \begin{pmatrix} 4 \\ 4 \\ 2 \end{pmatrix} = 1 \cdot 4 + (-2) \cdot 4 + 2 \cdot 2 = 4 - 8 + 4 = 0$$

Wegen $\vec{u} \cdot \vec{v} = 0$ sind die beiden Vektoren $\vec{u}$ und $\vec{v}$ orthogonal zueinander und spannen damit ein Rechteck auf.

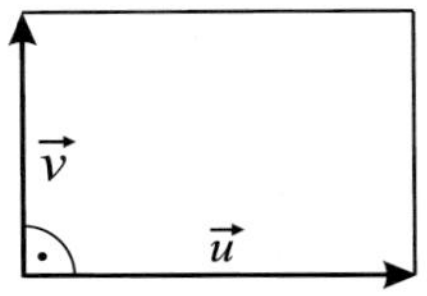

Den Flächeninhalt A des Rechtecks erhält man durch $A = |\vec{u}| \cdot |\vec{v}|$:

$$A = \left|\begin{pmatrix} 1 \\ -2 \\ 2 \end{pmatrix}\right| \cdot \left|\begin{pmatrix} 4 \\ 4 \\ 2 \end{pmatrix}\right| = \sqrt{1^2 + (-2)^2 + 2^2} \cdot \sqrt{4^2 + 4^2 + 2^2} = \sqrt{9} \cdot \sqrt{36} = 3 \cdot 6 = 18$$

Das Rechteck hat einen Flächeninhalt von 18 FE.

b) Der Vektor $\vec{c} = \vec{u} \times \vec{v}$ ist jeweils orthogonal zu $\vec{u}$ und $\vec{v}$ und damit zu der von $\vec{u}$ und $\vec{v}$ aufgespannten Ebene.

Der Betrag von $\vec{c}$ gibt den Flächeninhalt des von $\vec{u}$ und $\vec{v}$ aufgespannten Parallelogramms bzw. in diesem Fall des aufgespannten Rechtecks an:

$$|\vec{c}| = \left|\begin{pmatrix} -12 \\ 6 \\ 12 \end{pmatrix}\right| = \sqrt{(-12)^2 + 6^2 + 12^2} = \sqrt{324} = 18$$

25. Gegeben sind eine Kugel K mit dem Mittelpunkt M (2 | 2 | 3) und dem Radius $r = 5$ LE und der Punkt A (5 | 2 | −1) auf der Kugeloberfläche.

a)

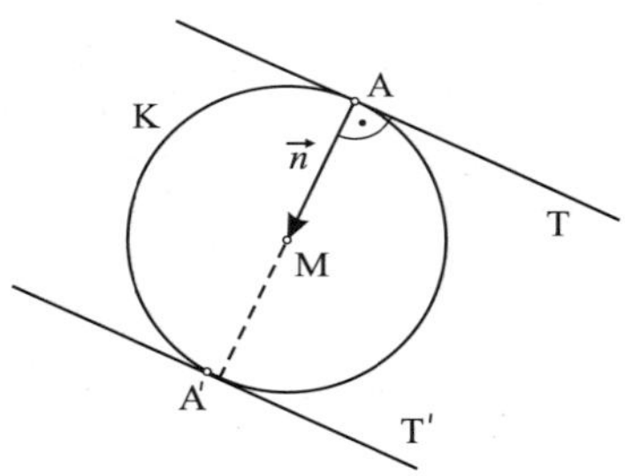

Die Tangentialebene T, die die Kugel im Punkt A berührt, hat den Normalenvektor $\vec{n} = \overrightarrow{AM} = \begin{pmatrix} -3 \\ 0 \\ 4 \end{pmatrix}$. Setzt man die Koordinaten von A und $\vec{n}$ in die Punkt-Normalenform $\vec{n} \cdot (\vec{x} - \vec{a}) = 0$ ein, erhält man eine Koordinatenform von T:

$$T: \begin{pmatrix} -3 \\ 0 \\ 4 \end{pmatrix} \cdot \left[\begin{pmatrix} x_1 \\ x_2 \\ x_3 \end{pmatrix} - \begin{pmatrix} 5 \\ 2 \\ -1 \end{pmatrix}\right] = 0$$

$$T: -3 \cdot (x_1 - 5) + 0 \cdot (x_2 - 2) + 4 \cdot (x_3 + 1) = 0$$

$$T: -3x_1 + 4x_3 = -19$$

b) Die zweite, zu T parallele Tangentialebene T′ an K erhält man, indem man zuerst den Punkt A am Mittelpunkt M spiegelt:

$$\overrightarrow{OA'} = \overrightarrow{OA} + 2 \cdot \overrightarrow{AM} = \begin{pmatrix} 5 \\ 2 \\ -1 \end{pmatrix} + 2 \cdot \begin{pmatrix} -3 \\ 0 \\ 4 \end{pmatrix} = \begin{pmatrix} -1 \\ 2 \\ 7 \end{pmatrix} \Rightarrow A'(-1 \mid 2 \mid 7)$$

Da die Tangentialebene T′ parallel zu T ist, hat sie denselben Normalenvektor wie T. Setzt man die Koordinaten von A′ und $\vec{n}$ in die Punkt-Normalenform $\vec{n} \cdot \left(\vec{x} - \overrightarrow{a'}\right) = 0$ ein, erhält man eine Koordinatenform von T′:

$$\text{T}': \begin{pmatrix} -3 \\ 0 \\ 4 \end{pmatrix} \cdot \left[\begin{pmatrix} x_1 \\ x_2 \\ x_3 \end{pmatrix} - \begin{pmatrix} -1 \\ 2 \\ 7 \end{pmatrix} \right] = 0$$

$$\text{T}': -3 \cdot (x_1 + 1) + 0 \cdot (x_2 - 2) + 4 \cdot (x_3 - 7) = 0$$

$$\text{T}': -3x_1 - 3 + 4x_3 - 28 = 0$$

$$\text{T}': -3x_1 + 4x_3 = 31$$

26. Gegeben sind A(4 | 7 | 3), B(4 | 10 | 3) und D(4 | 8 | 6).

a) Den Flächeninhalt A des Parallelogramms erhält man mit der Formel $\text{A} = \left|\overrightarrow{\text{AB}} \times \overrightarrow{\text{AD}}\right|$:

$$\text{A} = \left| \begin{pmatrix} 0 \\ 3 \\ 0 \end{pmatrix} \times \begin{pmatrix} 0 \\ 1 \\ 3 \end{pmatrix} \right| = \left| \begin{pmatrix} 9 \\ 0 \\ 0 \end{pmatrix} \right| = 9$$

Der Flächeninhalt des Parallelogramms beträgt 9 FE.

b) 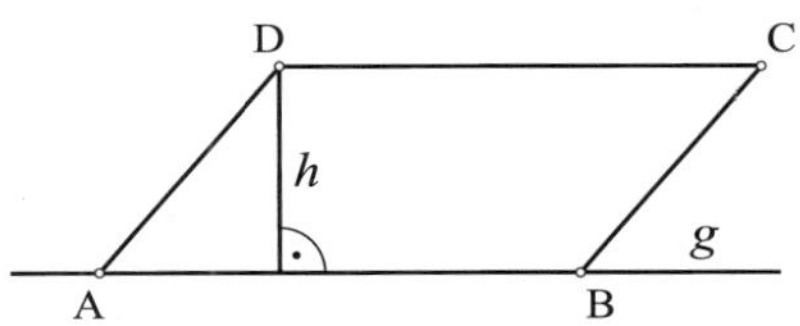

Der Flächeninhalt A des Parallelogramms wird berechnet mit der Formel $\text{A} = \left|\overrightarrow{\text{AB}} \times \overrightarrow{\text{AD}}\right|$ oder durch $\text{A} = \left|\overrightarrow{\text{AB}}\right| \cdot h$, wobei $\left|\overrightarrow{\text{AB}}\right|$ die Länge der Grundseite und h die Höhe des Parallelogramms ist.

Die Höhe h ist gleich groß wie der Abstand d von D zur Geraden g durch A und B. Durch Gleichsetzen der beiden Flächenformeln ergibt sich:

$$\left|\overrightarrow{\text{AB}} \times \overrightarrow{\text{AD}}\right| = \left|\overrightarrow{\text{AB}}\right| \cdot h \Rightarrow h = \frac{\left|\overrightarrow{\text{AB}} \times \overrightarrow{\text{AD}}\right|}{\left|\overrightarrow{\text{AB}}\right|}$$

Somit gilt für den Abstand d des Punktes D von der Geraden g:

$$\text{d} = \frac{\left|\overrightarrow{\text{AB}} \times \overrightarrow{\text{AD}}\right|}{\left|\overrightarrow{\text{AB}}\right|}$$

27. Gegeben ist das Gleichungssystem:

$$\begin{array}{lrcrcrcr} \text{I} & a & - & b & + & c & = & 4 \\ \text{II} & 2a & - & b & - & 3c & = & 7 \\ \text{III} & a & + & b & - & 9c & = & 2 \end{array}$$

a) Subtrahiert man Gleichung II vom 2-fachen von Gleichung I und Gleichung III von Gleichung I, erhält man:

$$\begin{array}{lrcrcrcr} \text{I} & a & - & b & + & c & = & 4 \\ \text{IIa} & & - & b & + & 5c & = & 1 \\ \text{IIIa} & & - & 2b & + & 10c & = & 2 \end{array}$$

Subtrahiert man Gleichung IIIa vom 2-fachen von Gleichung IIa , so ergibt sich:

$$\begin{array}{lrcrcrcr} \text{I} & a & - & b & + & c & = & 4 \\ \text{IIa} & & - & b & + & 5c & = & 1 \\ \text{IIIb} & & & & & 0 & = & 0 \end{array}$$

Aufgrund der wahren Aussage in Gleichung IIIb gibt es unendlich viele Lösungen.
Aus Gleichung IIa ergibt sich: $b = -1 + 5c$.
Setzt man $b = -1 + 5c$ in Gleichung I ein, erhält man:

$$a - (-1 + 5c) + c = 4 \Rightarrow a = 3 + 4c$$

Damit hat das Gleichungssystem die folgende Lösungsmenge:
$\mathrm{L} = \{(3 + 4c \mid -1 + 5c \mid c) \mid c \in \mathbb{R}\}$.

b) Damit die Lösungsmenge des Gleichungssystems leer wird, muss beispielsweise ein Widerspruch entstehen. Dieser ergibt sich, wenn man z.B. in Gleichung I die Zahl 4 durch die Zahl 3 ersetzt und sonst nichts ändert. Dann ergibt sich bei der Rechnung analog wie bei a):

$$\begin{array}{lrcrcrcr} \text{I} & a & - & b & + & c & = & 4 \\ \text{IIa} & & - & b & + & 5c & = & -1 \\ \text{IIIa} & & - & 2b & + & 10c & = & 2 \end{array}$$

und

$$\begin{array}{lrcrcrcr} \text{I} & a & - & b & + & c & = & 4 \\ \text{IIa} & & - & b & + & 5c & = & -1 \\ \text{IIIb} & & & & & 0 & = & -4 \end{array}$$

In Gleichung IIIb entsteht der Widerspruch $0 = -4$ und das System hat damit eine leere Lösungsmenge.

28. Gegeben sind die Punkte A $(-1 \mid 1 \mid 4)$, B $(-3 \mid 5 \mid 6)$ und $C_t\,(-2+t \mid 3 \mid 5+t)$ mit $t \in \mathbb{R}$, $t \neq 0$.

a) Um zu zeigen, dass jedes Dreieck ABC_t gleichschenklig ist, berechnet man die Längen der Seiten des Dreiecks, indem man die Beträge der jeweiligen Verbindungsvektoren bestimmt:

$$\overline{AB} = \left|\overrightarrow{AB}\right| = \left|\begin{pmatrix}-2\\4\\2\end{pmatrix}\right| = \sqrt{(-2)^2+4^2+2^2} = \sqrt{24}$$

$$\overline{AC_t} = \left|\overrightarrow{AC_t}\right| = \left|\begin{pmatrix}-1+t\\2\\1+t\end{pmatrix}\right| = \sqrt{(-1+t)^2+2^2+(1+t)^2}$$

$$\overline{BC_t} = \left|\overrightarrow{BC_t}\right| = \left|\begin{pmatrix}1+t\\-2\\-1+t\end{pmatrix}\right| = \sqrt{(1+t)^2+(-2)^2+(-1+t)^2}$$

Wegen $\overline{AC_t} = \overline{BC_t}$ ist jedes Dreieck ABC_t gleichschenklig.

b) Das Dreieck ABC_t ist gleichseitig, wenn gilt: $\overline{AB} = \overline{AC_t}$. Durch Quadrieren und mithilfe der binomischen Formeln ergibt sich:

$$\begin{aligned}\sqrt{24} &= \sqrt{(-1+t)^2+2^2+(1+t)^2}\\ 24 &= (-1+t)^2+2^2+(1+t)^2\\ 24 &= 1-2t+t^2+4+1+2t+t^2\\ 24 &= 6+2t^2\\ 9 &= t^2\\ \Rightarrow\ t_{1,2} &= \pm 3\end{aligned}$$

Für $t_1 = 3$ und $t_2 = -3$ ist das Dreieck ABC_t gleichseitig.

29. Gegeben sind die Gerade $g\colon \vec{x} = \begin{pmatrix}-1\\2\\-3\end{pmatrix} + t\cdot\begin{pmatrix}5\\2\\-1\end{pmatrix}$, $t \in \mathbb{R}$ und die Geraden

$$h_a\colon \vec{x} = \begin{pmatrix}-a\\8\\-6\end{pmatrix} + s\cdot\begin{pmatrix}2\cdot a+3\\2\\1+a\end{pmatrix},\ a,\, s \in \mathbb{R}$$

a) Die Richtungsvektoren von g und h_a sind zueinander senkrecht, wenn ihr Skalarprodukt Null ergibt:

$$\begin{pmatrix} 5 \\ 2 \\ -1 \end{pmatrix} \cdot \begin{pmatrix} 2 \cdot a + 3 \\ 2 \\ 1 + a \end{pmatrix} = 0$$

$$5 \cdot (2a+3) + 2 \cdot 2 + (-1) \cdot (1+a) = 0$$

$$10a + 15 + 4 - 1 - a = 0$$

$$a = -2$$

Für $a = -2$ sind die Richtungsvektoren von g und h_a zueinander senkrecht.

b) In Aufgabenteil a) wurde nachgewiesen, dass für $a = -2$ die Richtungsvektoren von g und h_a zueinander senkrecht sind. Um nachzuweisen, dass sich für $a = -2$ die Geraden g und h_a senkrecht schneiden, setzt man $a = -2$ in h_a ein und setzt die Geradengleichungen gleich:

$$\begin{pmatrix} -1 \\ 2 \\ -3 \end{pmatrix} + t \cdot \begin{pmatrix} 5 \\ 2 \\ -1 \end{pmatrix} = \begin{pmatrix} 2 \\ 8 \\ -6 \end{pmatrix} + s \cdot \begin{pmatrix} -1 \\ 2 \\ -1 \end{pmatrix}$$

Dies führt zu folgendem Gleichungssystem:

$$\begin{array}{lrcrcrcrcr} \text{I} & -1 & + & 5t & = & 2 & - & s \\ \text{II} & 2 & + & 2t & = & 8 & + & 2s \\ \text{III} & -3 & - & t & = & -6 & - & s \end{array}$$

Addiert man Gleichung II zum 2-fachen von Gleichung I, ergibt sich:

$$12t = 12 \Rightarrow t = 1$$

Setzt man $t = 1$ in Gleichung I ein, erhält man:

$$-1 + 5 \cdot 1 = 2 - s \Rightarrow s = -2$$

Setzt man $t = 1$ und $s = -2$ in Gleichung III ein, ergibt sich: $-3 - 1 = -6 - (-2) \Leftrightarrow -4 = -4$

Aufgrund der wahren Aussage schneiden sich die Geraden g und h_a für $a = -2$ senkrecht.

30. Gegeben sind die Punkte A $(0 \mid 2 \mid 0)$, B $(4 \mid 7 \mid 0)$, C $(0 \mid 12 \mid 0)$ und D $(-4 \mid 7 \mid 0)$ der Raute ABCD sowie die Punkte E $(0 \mid 2 \mid 8)$ und G $(0 \mid 12 \mid 8)$ des Quadrats EFGH.

a) Der Punkt F liegt genau senkrecht über dem Punkt B. Daher hat der Punkt F dieselben x_1- und x_2-Koordinaten wie der Punkt B.
Damit gilt für die Koordinaten des Punktes F: $x_1 = 4$ und $x_2 = 7$.

b) Die Punkte E und G haben beide die x_3-Koordinate 8.
Der Punkt F liegt genau senkrecht über dem Punkt B, der Punkt H liegt genau senkrecht über dem Punkt D.
Da das Viereck EFGH ein Quadrat ist, haben die Punkte F und H die Koordinaten $F_t(4 \mid 7 \mid 8-t)$ und $H_t(-4 \mid 7 \mid 8+t)$ mit $t > 0$.
Da bei E ein rechter Winkel ist, ist das Skalarprodukt der Vektoren $\overrightarrow{EF}$ und $\overrightarrow{EH}$ gleich Null:

$$\begin{aligned} \overrightarrow{EF} \cdot \overrightarrow{EH} &= 0 \\ \begin{pmatrix} 4 \\ 5 \\ -t \end{pmatrix} \cdot \begin{pmatrix} -4 \\ 5 \\ t \end{pmatrix} &= 0 \\ 4 \cdot (-4) + 5 \cdot 5 + (-t) \cdot t &= 0 \\ 9 &= t^2 \\ \Rightarrow\ t_{1,2} &= \pm 3 \end{aligned}$$

Wegen $t > 0$ kommt nur $t = 3$ als Lösung in Frage.
Setzt man $t = 3$ in F_t und H_t ein, ergeben sich die Koordinaten der Punkte F und H: $F(4 \mid 7 \mid 5)$ und $H(-4 \mid 7 \mid 11)$.

31. Um die Eckpunkte eines Dreiecks ABC durch einen Punkt D zu einem Drachenviereck ABCD zu ergänzen, wird der Punkt B an der Geraden AC gespiegelt. Hierzu sind folgende Schritte notwendig:

- Aufstellen einer Hilfsebene E_H, die durch B geht und orthogonal zur Geraden AC steht; als Normalenvektor wird der Vektor $\overrightarrow{AC}$ verwendet: $E_H: \overrightarrow{AC} \cdot \left(\vec{x} - \vec{b}\right) = 0$.
- Die Hilfsebene E_H schneidet die Gerade AC in einem Punkt L, dem Lotfußpunkt.
- Aufstellen einer Vektorkette: $\overrightarrow{OD} = \overrightarrow{OL} + \overrightarrow{BL}$ führt zu den Koordinaten von D.

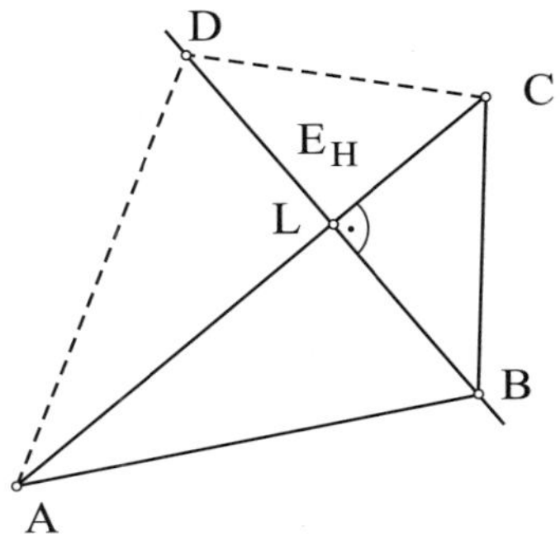

32. Gegeben sind die Punkte R (8 | 5 | 1), S (−4 | −1 | 1) und T_u(u | 4 | 3) mit $u \in \mathbb{R}$.

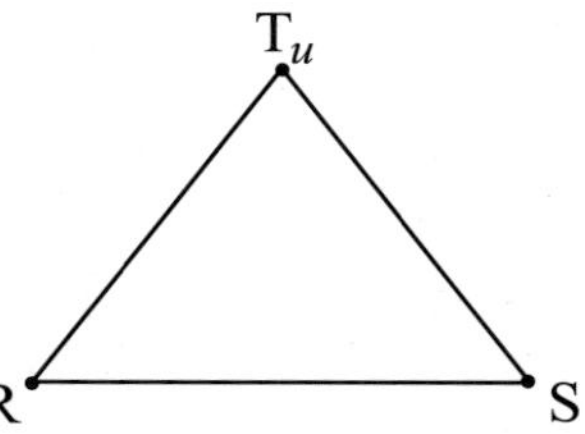

Um einen Wert von u so zu bestimmen, dass die drei Punkte ein gleichschenkliges Dreieck mit der Basis [RS] bilden, bestimmt man zuerst die Seitenlängen der Seiten $\overline{RT_u}$ und $\overline{ST_u}$ in Abhängigkeit von u:

$$\overline{RT_u} = \left|\overrightarrow{RT_u}\right| = \left|\begin{pmatrix} u-8 \\ -1 \\ 2 \end{pmatrix}\right| = \sqrt{(u-8)^2+(-1)^2+2^2} = \sqrt{u^2-16u+69}$$

$$\overline{ST_u} = \left|\overrightarrow{ST_u}\right| = \left|\begin{pmatrix} u+4 \\ 5 \\ 2 \end{pmatrix}\right| = \sqrt{(u+4)^2+5^2+2^2} = \sqrt{u^2-8u+45}$$

Damit das Dreieck gleichschenklig mit der Basis $\overline{RS}$ ist, muss gelten: $\overline{RT_u} = \overline{ST_u}$. Durch Quadrieren löst man die Gleichung nach u auf:

$$\begin{aligned} \sqrt{u^2-16u+69} &= \sqrt{u^2+8u+45} \\ u^2-16u+69 &= u^2+8u+45 \\ 24 &= 24u \\ 1 &= u \end{aligned}$$

Für $u = 1$ bilden die drei Punkte ein gleichschenkliges Dreieck mit der Basis $\overline{RS}$.

33. Gegeben sind die Ebene H: $2x_1 + x_2 - x_3 = 4$ und der Punkt Q (−3 | 0 | 2).

a) Man spiegelt den Punkt Q an der Ebene H, indem man zuerst eine Lotgerade l aufstellt, die durch den Punkt Q geht und orthogonal zu H ist; als Richtungsvektor von l verwendet man den Normalenvektor von H:

$$l\colon \overrightarrow{x} = \begin{pmatrix} -3 \\ 0 \\ 2 \end{pmatrix} + t \cdot \begin{pmatrix} 2 \\ 1 \\ -1 \end{pmatrix};\ t \in \mathbb{R}$$

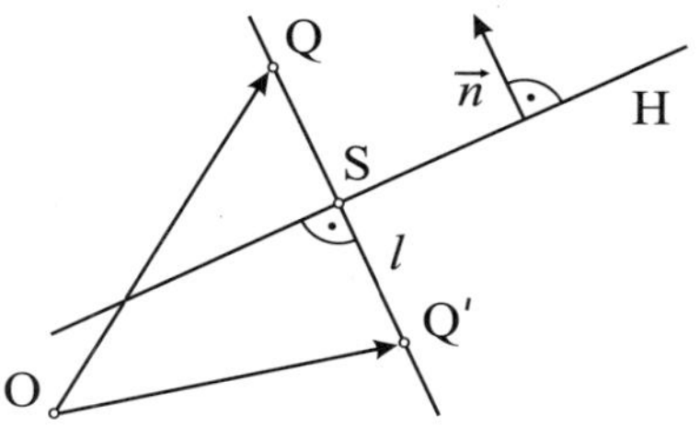

Anschließend bestimmt man den Schnittpunkt S von H und l. Diesen erhält man, indem man die Koordinaten des allgemeinen Punktes $P_t(-3+2t \mid t \mid 2-t)$ von l in die Koordinatengleichung von H einsetzt:

$$2\cdot(-3+2t)+t-(2-t)-4=0 \Rightarrow t=2$$

Setzt man $t=2$ in P_t ein, ergibt sich: $S(1 \mid 2 \mid 0)$.
Die Koordinaten von Q' erhält man mithilfe einer Vektorkette:

$$\overrightarrow{Q'}=\overrightarrow{OQ}+2\cdot\overrightarrow{QS}=\begin{pmatrix}-3\\0\\2\end{pmatrix}+2\cdot\begin{pmatrix}4\\2\\-2\end{pmatrix}=\begin{pmatrix}5\\4\\-2\end{pmatrix} \Rightarrow Q'(5 \mid 4 \mid -2)$$

Der Spiegelpunkt Q' hat die Koordinaten $Q'(5 \mid 4 \mid -2)$.

b) Da die Gerade h parallel zu H ist, muss der Richtungsvektor $\vec{r}_h$ von h orthogonal zum Normalenvektor $\vec{n}$ von H sein, d.h. das Skalarprodukt der beiden Vektoren muss Null sein. Wählt man beispielsweise

$$\vec{r}_h=\begin{pmatrix}0\\1\\1\end{pmatrix}$$

so gilt:

$$\vec{r_h}\cdot\vec{n}=\begin{pmatrix}0\\1\\1\end{pmatrix}\cdot\begin{pmatrix}2\\1\\-1\end{pmatrix}=0\cdot2+1\cdot1+1\cdot(-1)=0$$

Da h durch den Punkt Q verläuft, erhält man beispielsweise als Gleichung der Geraden:

$$h\colon\ \vec{x}=\begin{pmatrix}-3\\0\\2\end{pmatrix}+s\cdot\begin{pmatrix}0\\1\\1\end{pmatrix};\ s\in\mathbb{R}$$

34. Gegeben ist das Viereck ABCD mit den Eckpunkten A(1 | 1 | 1), B(−2 | 2 | 5), C(3 | −3 | 5) und D(6 | −4 | 1).

a)

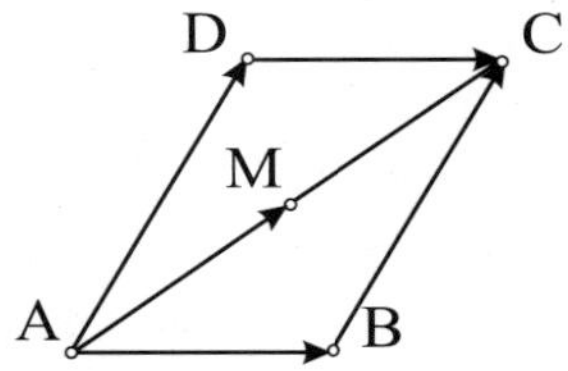

Um nachzuweisen, dass das Viereck ABCD ein Parallelogramm ist, bestimmt man die Verbindungsvektoren der Seiten des Vierecks:

$$\overrightarrow{AB} = \begin{pmatrix} -3 \\ 1 \\ 4 \end{pmatrix} \qquad \overrightarrow{DC} = \begin{pmatrix} -3 \\ 1 \\ 4 \end{pmatrix}$$

$$\overrightarrow{BC} = \begin{pmatrix} 5 \\ -5 \\ 0 \end{pmatrix} \qquad \overrightarrow{AD} = \begin{pmatrix} 5 \\ -5 \\ 0 \end{pmatrix}$$

Wegen $\overrightarrow{AB} = \overrightarrow{DC}$ und $\overrightarrow{BC} = \overrightarrow{AD}$ handelt es sich um ein Parallelogramm.
Um zu zeigen, dass das Viereck ABCD kein Rechteck ist, prüft man mithilfe des Skalarprodukts zweier Verbindungsvektoren anliegender Seiten, ob ein rechter Winkel vorhanden ist, z.B.:

$$\overrightarrow{AB} \cdot \overrightarrow{BC} = \begin{pmatrix} -3 \\ 1 \\ 4 \end{pmatrix} \cdot \begin{pmatrix} 5 \\ -5 \\ 0 \end{pmatrix} = (-3) \cdot 5 + 1 \cdot (-5) + 4 \cdot 0 = -20 \neq 0$$

Wegen $\overrightarrow{AB} \cdot \overrightarrow{BC} \neq 0$ ist bei Punkt B kein rechter Winkel vorhanden, so dass es sich nicht um ein Rechteck handelt.

b) Die Koordinaten des Mittelpunktes M der Punkte A(1 | 1 | 1) und C(3 | −3 | 5) erhält man mit der Mittelpunktsformel:

$$M\left(\frac{1+3}{2} \mid \frac{1+(-3)}{2} \mid \frac{1+5}{2}\right) \Rightarrow M(2 \mid -1 \mid 3)$$

Den Radius r des Kreises, der durch die Punkte A und C verläuft, erhält man, indem man die Länge des Verbindungsvektors von A zu M bestimmt:

$$r = \overline{AM} = \left|\overrightarrow{AM}\right| = \left|\begin{pmatrix} 1 \\ -2 \\ 2 \end{pmatrix}\right| = \sqrt{1^2 + (-2)^2 + 2^2} = \sqrt{9} = 3$$

35. a) Zuerst bestimmt man die Spurpunkte der Ebene E, dass heißt die Schnittpunkte von E mit den Koordinatenachsen. Den Spurpunkt auf der x_1-Achse erhält man, indem man $x_2 = 0$ und $x_3 = 0$ in E einsetzt:

$$2x_1 - 0 + 2 \cdot 0 = 4 \Rightarrow x_1 = 2$$

Damit erhält man den Spurpunkt $S_1\,(2 \mid 0 \mid 0)$.
Den Spurpunkt auf der x_2-Achse erhält man, indem man $x_1 = 0$ und $x_3 = 0$ in E einsetzt:

$$2 \cdot 0 - x_2 + 2 \cdot 0 = 4 \Rightarrow x_2 = -4$$

Damit erhält man den Spurpunkt $S_2\,(0 \mid -4 \mid 0)$.
Den Spurpunkt auf der x_3-Achse erhält man, indem man $x_1 = 0$ und $x_2 = 0$ in E einsetzt:

$$2 \cdot 0 - 0 + 2x_3 = 4 \Rightarrow x_3 = 2$$

Damit erhält man den Spurpunkt $S_3\,(0 \mid 0 \mid 2)$.
Die Gleichung der Geraden g, in welcher die Ebene E die x_1x_2-Ebene schneidet, erhält man mithilfe der beiden Spurpunkte $S_1\,(2 \mid 0 \mid 0)$ und $S_2\,(0 \mid -4 \mid 0)$:

$$g\colon \vec{x} = \begin{pmatrix} 2 \\ 0 \\ 0 \end{pmatrix} + t \cdot \begin{pmatrix} 2 \\ 4 \\ 0 \end{pmatrix}; t \in \mathbb{R}$$

b) Den Abstand d des Punktes $P\,(2 \mid 3 \mid -3)$ von der Ebene E: $2x_1 - x_2 + 2x_3 = 4$ erhält man mithilfe der Abstandsformel:

$$d = \frac{|2 \cdot 2 - 3 + 2 \cdot (-3) - 4|}{\sqrt{2^2 + (-1)^2 + 2^2}} = \frac{|-9|}{\sqrt{9}} = 3$$

Der Abstand von P zu E beträgt 3 LE.

36. a) Da das Skalarprodukt zweier Vektoren eine Zahl, das Vektorprodukt zweier Vektoren einen Vektor und der Betrag eines Vektors eine Zahl ergibt, erhält man folgende Tabelle.

Ausdruck	Vektor	Zahl	nicht definiert
$(\vec{u} \circ \vec{v}) + \vec{w}$			x
$\lvert\vec{u}\rvert^2 - \lvert\vec{w}\rvert^2$		x	
$(\vec{u} \times \vec{v}) - (r \cdot t) \cdot \vec{w}$	x		
$(\vec{u} \circ \vec{u}) + (r - t)^2$		x	
$(r \cdot \vec{u}) \circ (t \times \vec{u} \times \vec{v})$			x
$\vec{u} \times ((\vec{w} - \vec{v}) \times (\vec{u} - \vec{v}))$	x		

b) Die Ebene E, in der die Punkte A, B und C liegen, hat z.B. den Stützpunkt A und die Spannvektoren $\overrightarrow{AB}$ und $\overrightarrow{AC}$. Damit hat E die Parametergleichung:

$$E\colon \vec{x} = \overrightarrow{OA} + s \cdot \overrightarrow{AB} + t \cdot \overrightarrow{AC}\ ;\ s,t \in \mathbb{R}$$

Einen Normalenvektor $\vec{n}$ von E, der orthogonal zu E ist, erhält man mithilfe des Vektorprodukts der beiden Spannvektoren $\overrightarrow{AB}$ und $\overrightarrow{AC}$:

$$\vec{n} = \overrightarrow{AB} \times \overrightarrow{AC}$$

Damit der auf E orthogonale Vektor $\vec{n}_0$ die Länge 1 hat, teilt man $\vec{n}$ durch seinen Betrag. Damit erhält man:

$$\vec{n}_0 = \frac{\vec{n}}{|\vec{n}|} = \frac{\overrightarrow{AB} \times \overrightarrow{AC}}{\left|\overrightarrow{AB} \times \overrightarrow{AC}\right|}$$

37. Gegeben sind die Punkte $A(0 \mid 1 \mid 2)$ und $B(2 \mid 5 \mid 6)$.

a) Um zu zeigen, dass die Punkte A und B den Abstand 6 haben, berechnet man die Länge des entsprechenden Verbindungsvektors:

$$\overline{AB} = \left|\overrightarrow{AB}\right| = \left|\begin{pmatrix} 2 \\ 4 \\ 4 \end{pmatrix}\right| = \sqrt{2^2 + 4^2 + 4^2} = \sqrt{36} = 6$$

Somit haben die Punkte A und B den Abstand 6 LE.

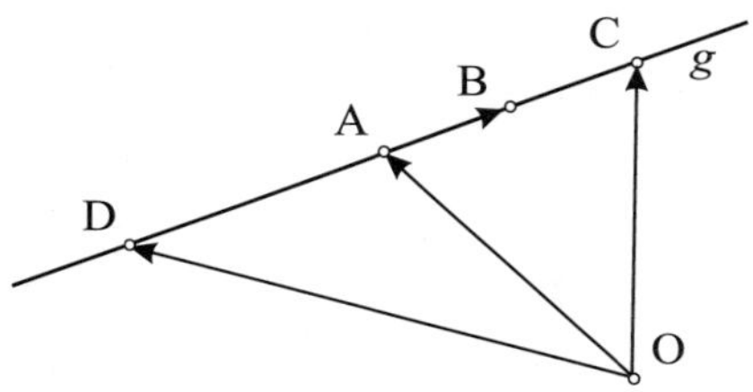

Die Koordinaten der Punkte C und D, die auf der Geraden g durch die Punkte A und B liegen, und von A jeweils den Abstand 12 haben, erhält man mithilfe einer Vektorkette:

$$\overrightarrow{OC} = \overrightarrow{OA} + 2 \cdot \overrightarrow{AB} = \begin{pmatrix} 0 \\ 1 \\ 2 \end{pmatrix} + 2 \cdot \begin{pmatrix} 2 \\ 4 \\ 4 \end{pmatrix} = \begin{pmatrix} 4 \\ 9 \\ 10 \end{pmatrix} \Rightarrow C(4 \mid 9 \mid 10)$$

$$\overrightarrow{OD} = \overrightarrow{OA} - 2 \cdot \overrightarrow{AB} = \begin{pmatrix} 0 \\ 1 \\ 2 \end{pmatrix} - 2 \cdot \begin{pmatrix} 2 \\ 4 \\ 4 \end{pmatrix} = \begin{pmatrix} -4 \\ -7 \\ -6 \end{pmatrix} \Rightarrow D(-4 \mid -7 \mid -6)$$

b) Zur Bestimmung der Koordinaten eines weiteren Punktes F, der das Dreieck ABE zu einem Parallelogramm ergänzt, gibt es drei verschiedene Möglichkeiten:

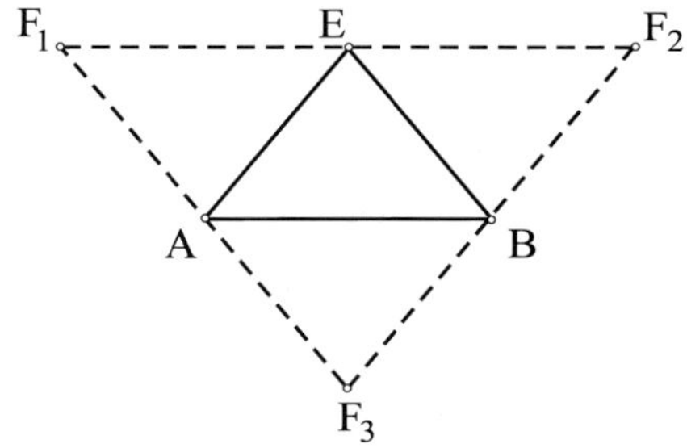

Mithilfe einer Vektorkette kann man die Koordinaten des gesuchten Punktes bestimmen:

$$\overrightarrow{OF_1} = \overrightarrow{OA} + \overrightarrow{BE} = \begin{pmatrix} 0 \\ 1 \\ 2 \end{pmatrix} + \begin{pmatrix} -1 \\ -3 \\ -1 \end{pmatrix} = \begin{pmatrix} -1 \\ -2 \\ 1 \end{pmatrix} \Rightarrow F_1(-1 \mid -2 \mid 1)$$

$$\overrightarrow{OF_2} = \overrightarrow{OE} + \overrightarrow{AB} = \begin{pmatrix} 1 \\ 2 \\ 5 \end{pmatrix} + \begin{pmatrix} 2 \\ 4 \\ 4 \end{pmatrix} = \begin{pmatrix} 3 \\ 6 \\ 9 \end{pmatrix} \Rightarrow F_2(3 \mid 6 \mid 9)$$

$$\overrightarrow{OF_3} = \overrightarrow{OA} + \overrightarrow{EB} = \begin{pmatrix} 0 \\ 1 \\ 2 \end{pmatrix} + \begin{pmatrix} 1 \\ 3 \\ 1 \end{pmatrix} = \begin{pmatrix} 1 \\ 4 \\ 3 \end{pmatrix} \Rightarrow F_3(1 \mid 4 \mid 3)$$

38. a) Die Schnittpunkte der Kugel K mit der Gleichung K: $\vec{x}^2 = 144$ beziehungsweise K: $x_1^2 + x_2^2 + x_3^2 = 144$ und der Geraden $g\colon \vec{x} = s \cdot \begin{pmatrix} 2 \\ -2 \\ 1 \end{pmatrix}$ erhält man, indem man den allgemeinen Punkt $P_s(2s \mid -2s \mid s)$ von g in die Koordinatengleichung von K einsetzt:

$$\begin{aligned} (2s)^2 + (-2s)^2 + s^2 &= 144 \\ 9s^2 &= 144 \\ s^2 &= 16 \\ s_{1,2} &= \pm 4 \end{aligned}$$

Setzt man $s_1 = -4$ und $s_2 = 4$ in P_s ein, erhält man die Schnittpunkte $S_1(-8 \mid 8 \mid -4)$ und $S_2(8 \mid -8 \mid 4)$.

b) Der Mittelpunkt der Kugel K, der Ursprung, liegt in der Ebene E: $3x_1 + 2x_2 - 2x_3 = 0$, da $3 \cdot 0 + 2 \cdot 0 - 2 \cdot 0 = 0$ ergibt.

Somit ist der Ursprung auch der Mittelpunkt des Schnittkreises von K und E.

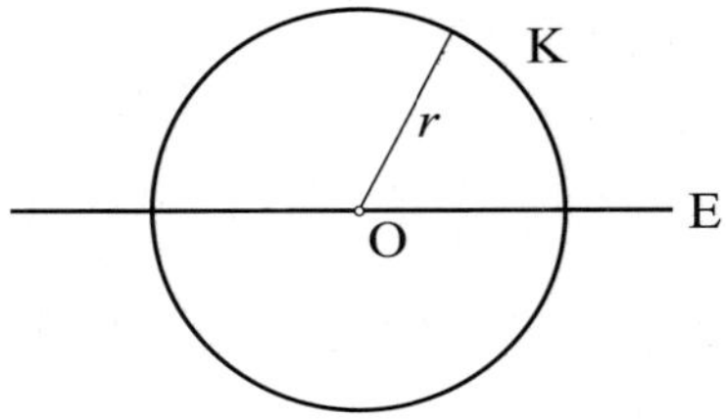

Damit ist der Radius r^*des Schnittkreises der Kugel K mit der Ebene E gleich groß wie der Radius $r = \sqrt{144} = 12$ der Kugel. Also beträgt der Radius des Schnittkreises $r^* = 12\,\text{LE}$.

39. a) Um die Ebene E: $4x_1 + 3x_3 = 12$ in einem Koordinatensystem darzustelllen, bestimmt man die Spurpunkte. Dazu setzt man jeweils zwei Koordinaten gleich Null.
Für die Ebene E ergeben sich die Spurpunkte $S_1\,(3\,|\,0\,|\,0)$ und $S_3\,(0\,|\,0\,|\,4)$, einen Spurpunkt auf der x_2-Achse ergibt sich aufgrund des Widerspruchs $0 = 12$ nicht, also ist die Ebene E parallel zur x_2-Achse.

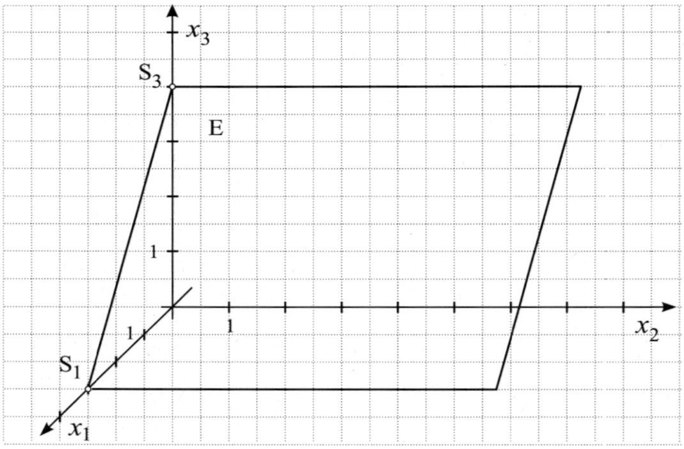

b) Man erhält alle Punkte der x_3-Achse, die von E den Abstand 3 haben, indem man zuerst den Abstand eines allgemeinen Punktes $P_t\,(0\,|\,0\,|\,t)$ der x_3-Achse von der Ebene E mithilfe der Abstandsformel bestimmt:

$$d\,(P_t;E) = \frac{|4 \cdot 0 + 3 \cdot t - 12|}{\sqrt{4^2 + 0^2 + 3^2}} = \frac{|3t - 12|}{5}$$

Da dieser Abstand 3 sein soll, löst man folgende Betragsgleichung:

$$\frac{|3t - 12|}{5} = 3$$

Durch Fallunterscheidung ergibt sich:

$$\frac{3t-12}{5} = 3 \Rightarrow t_1 = 9$$
$$\frac{3t-12}{5} = -3 \Rightarrow t_2 = -1$$

Setzt man $t_1 = 9$ bzw. $t_2 = -1$ in P_t ein, erhält man $P_1(0 \mid 0 \mid 9)$ und $P_2(0 \mid 0 \mid -1)$.
Also haben die Punkte $P_1(0 \mid 0 \mid 9)$ und $P_2(0 \mid 0 \mid -1)$ von der Ebene E den Abstand 3.

40. Gegeben sind die Punkte $A(0 \mid 0 \mid 0)$, $B(4 \mid 4 \mid 2)$, $C(8 \mid 0 \mid 2)$, $D(4 \mid -4 \mid 0)$ und $S(1 \mid 1 \mid -4)$.

a) 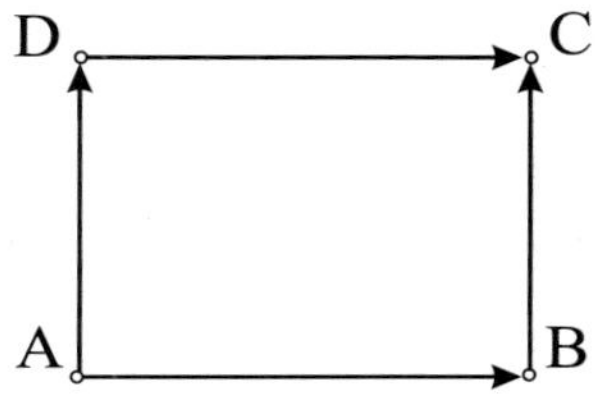

Um nachzuweisen, dass das Viereck ABCD ein Parallelogramm ist, bestimmt man die Verbindungsvektoren der Seiten des Vierecks:

$$\overrightarrow{AB} = \begin{pmatrix} 4 \\ 4 \\ 2 \end{pmatrix} \qquad \overrightarrow{DC} = \begin{pmatrix} 4 \\ 4 \\ 2 \end{pmatrix}$$
$$\overrightarrow{BC} = \begin{pmatrix} 4 \\ -4 \\ 0 \end{pmatrix} \qquad \overrightarrow{AD} = \begin{pmatrix} 4 \\ -4 \\ 0 \end{pmatrix}$$

Wegen $\overrightarrow{AB} = \overrightarrow{DC}$ und $\overrightarrow{BC} = \overrightarrow{AD}$ handelt es sich um ein Parallelogramm.
Um zu zeigen, dass das Viereck ABCD ein Rechteck ist, prüft man mithilfe des Skalarprodukts zweier Verbindungsvektoren anliegender Seiten, ob ein rechter Winkel vorhanden ist, z.B.:

$$\overrightarrow{AB} \cdot \overrightarrow{BC} = \begin{pmatrix} 4 \\ 4 \\ 2 \end{pmatrix} \cdot \begin{pmatrix} 4 \\ -4 \\ 0 \end{pmatrix} = 4 \cdot 4 + 4 \cdot (-4) + 2 \cdot 0 = 16 - 16 + 0 = 0$$

Wegen $\overrightarrow{AB} \cdot \overrightarrow{BC} = 0$ ist bei Punkt B ein rechter Winkel vorhanden, so dass es sich um ein Rechteck handelt.

b) Das Volumen V der Pyramide erhält man mit der Formel $V = \frac{1}{3} \cdot G \cdot h$.
Der Flächeninhalt der Grundfläche G beträgt wie angegeben $G = 24\sqrt{2}$.
Da die Kante AS senkrecht auf der Grundfläche ABCD steht, erhält man die Höhe h,

indem man die Länge des Verbindungsvektors von A zu S bestimmt:

$$h = \left|\overrightarrow{\mathrm{AS}}\right| = \left|\begin{pmatrix} 1 \\ 1 \\ -4 \end{pmatrix}\right| = \sqrt{1^2 + 1^2 + (-4)^2} = \sqrt{18} = \sqrt{9 \cdot 2} = 3\sqrt{2}$$

Somit gilt:

$$\mathrm{V} = \frac{1}{3} \cdot \mathrm{G} \cdot h = \mathrm{V} = \frac{1}{3} \cdot 24\sqrt{2} \cdot 3\sqrt{2} = 48$$

Die Pyramide ABCDS hat ein Volumen von 48 VE.

2.2 Lineare Algebra

1. Für inverse Matrizen gilt $\mathrm{A}\cdot\mathrm{A}^{-1}=\mathrm{E}$. Um zu zeigen, dass die Matrix B die zu A inverse Matrix ist, berechnet man das Matrizenprodukt $\mathrm{A}\cdot\mathrm{B}$:

$$\mathrm{A}\cdot\mathrm{B}=\begin{pmatrix}0,25 & 2\\ 0 & -1\end{pmatrix}\cdot\begin{pmatrix}4 & 8\\ 0 & -1\end{pmatrix}=\begin{pmatrix}0,25\cdot 4+2\cdot 0 & 0,25\cdot 8+2\cdot(-1)\\ 0\cdot 4+(-1)\cdot 0 & 0\cdot 8+(-1)\cdot(-1)\end{pmatrix}=\begin{pmatrix}1 & 0\\ 0 & 1\end{pmatrix}$$

Wegen $\mathrm{A}\cdot\mathrm{B}=\begin{pmatrix}1 & 0\\ 0 & 1\end{pmatrix}=\mathrm{E}$ (Einheitsmatrix) ist B die zu A inverse Matrix.

2. a) Mithilfe des Matrix-Vektor-Produkts ergibt sich:

$$\vec{v_1}=\mathrm{A}\cdot\vec{v_0}=\begin{pmatrix}4 & 0 & 0\\ 0 & 2 & 0\\ 0 & 0 & 1\end{pmatrix}\cdot\begin{pmatrix}3\\ 1\\ 0\end{pmatrix}=\begin{pmatrix}12\\ 2\\ 0\end{pmatrix}$$

und

$$\vec{v_2}=\mathrm{A}\cdot\vec{v_1}=\begin{pmatrix}4 & 0 & 0\\ 0 & 2 & 0\\ 0 & 0 & 1\end{pmatrix}\cdot\begin{pmatrix}12\\ 2\\ 0\end{pmatrix}=\begin{pmatrix}48\\ 4\\ 0\end{pmatrix}$$

Entsprechend ist

$$\vec{v_2}-\vec{v_1}=\begin{pmatrix}48\\ 4\\ 0\end{pmatrix}-\begin{pmatrix}12\\ 2\\ 0\end{pmatrix}=\begin{pmatrix}36\\ 2\\ 0\end{pmatrix}$$

b) Es ist:

$$\mathrm{A}\cdot\vec{v}=\begin{pmatrix}4 & 0 & 0\\ 0 & 2 & 0\\ 0 & 0 & 1\end{pmatrix}\cdot\begin{pmatrix}x\\ y\\ z\end{pmatrix}=\begin{pmatrix}4x\\ 2y\\ z\end{pmatrix}$$

Damit $\mathrm{A}\cdot\vec{v}=2\vec{v}$ gilt, muss gelten

$$\begin{array}{llcllll}\mathrm{I} & 4x & = & 2x & \Rightarrow & x & = 0\\ \mathrm{II} & 2y & = & 2y & \Rightarrow & y & \text{frei wählbar}\\ \mathrm{III} & z & = & 2z & \Rightarrow & z & = 0\end{array}$$

Die Bedingung ist z.B. erfüllt für $\vec{v}=\begin{pmatrix}0\\ 1\\ 0\end{pmatrix}$.

Allgemein gilt, dass alle Vektoren $\vec{v_t}=\begin{pmatrix}0\\ t\\ 0\end{pmatrix}$ mit $t\in\mathbb{R}$ die Bedingung $\mathrm{A}\cdot\vec{v}=2\vec{v}$ erfüllen.

c) Es gilt wie in der vorangegangenen Teilaufgabe:

$$A \cdot \vec{v} = \begin{pmatrix} 4 & 0 & 0 \\ 0 & 2 & 0 \\ 0 & 0 & 1 \end{pmatrix} \cdot \begin{pmatrix} x \\ y \\ z \end{pmatrix} = \begin{pmatrix} 4x \\ 2y \\ z \end{pmatrix}$$

Damit $A \cdot \vec{v} = 3\vec{v}$ gilt, muss gelten

$$\begin{array}{llcl@{\quad}lcl} \text{I} & 4x & = & 3x & \Rightarrow x & = & 0 \\ \text{II} & 2y & = & 3y & \Rightarrow y & = & 0 \\ \text{III} & z & = & 3z & \Rightarrow z & = & 0 \end{array}$$

Daher gibt es keinen Vektor mit $\vec{v} \neq \vec{0}$, der die Bedingung erfüllt.

d) Es gilt wie in der vorangegangenen Teilaufgabe:

$$A \cdot \overrightarrow{w_0} = \begin{pmatrix} 4 & 0 & 0 \\ 0 & 2 & 0 \\ 0 & 0 & 1 \end{pmatrix} \cdot \begin{pmatrix} x \\ y \\ z \end{pmatrix} = \begin{pmatrix} 4x \\ 2y \\ z \end{pmatrix}$$

Damit $A \cdot \overrightarrow{w_0} = \begin{pmatrix} 1 \\ 1 \\ 1 \end{pmatrix}$ gilt, muss gelten

$$\begin{array}{llcl@{\quad}lcl} \text{I} & 4x & = & 1 & \Rightarrow x & = & \frac{1}{4} \\ \text{II} & 2y & = & 1 & \Rightarrow y & = & \frac{1}{2} \\ \text{III} & z & = & 1 & \Rightarrow z & = & 1 \end{array}$$

Also ist $\overrightarrow{w_0} = \begin{pmatrix} \frac{1}{4} \\ \frac{1}{2} \\ 1 \end{pmatrix}$

3. Wenn B die zu A inverse Matrix ist, muss gelten $A \cdot B = E$, wobei E die Einheitsmatrix ist:

$$\begin{pmatrix} 1 & 4 \\ 0 & 2 \end{pmatrix} \cdot \begin{pmatrix} 1 & b_{12} \\ b_{21} & \frac{1}{2} \end{pmatrix} = \begin{pmatrix} 1 & 0 \\ 0 & 1 \end{pmatrix}$$

Man multipliziert die beiden Matrizen, z.B. mithilfe des Falkschen Schemas, und erhält:

$$\begin{pmatrix} 1+4b_{21} & b_{12}+2 \\ 2b_{21} & 1 \end{pmatrix} = \begin{pmatrix} 1 & 0 \\ 0 & 1 \end{pmatrix}$$

Vergleicht man die Koeffizienten, so erhält man $b_{12}+2=0 \Rightarrow b_{12}=-2$ bzw. $2b_{21}=0 \Rightarrow b_{21}=0$. Damit hat Matrix B die folgende Gestalt:

$$B = \begin{pmatrix} 1 & -2 \\ 0 & \frac{1}{2} \end{pmatrix}$$

4. Als Ansatz wählt man beispielsweise $A = \begin{pmatrix} a & b \\ c & d \end{pmatrix}$ mit $a, b, c, d \in \mathbb{R}$.

   Einsetzen führt zu:

$$\begin{pmatrix} a & b \\ c & d \end{pmatrix} \cdot \begin{pmatrix} 1 \\ 1 \end{pmatrix} = \begin{pmatrix} 3 \\ 4 \end{pmatrix}$$
$$\begin{pmatrix} a+b \\ c+d \end{pmatrix} = \begin{pmatrix} 3 \\ 4 \end{pmatrix}$$

   Daraus ergibt sich $a + b = 3$ und $c + d = 4$.
   Die zweite Eigenschaft führt zu:

$$\begin{pmatrix} a & b \\ c & d \end{pmatrix} \cdot \begin{pmatrix} 1 \\ 0 \end{pmatrix} = \begin{pmatrix} 1 \\ 4 \end{pmatrix}$$
$$\begin{pmatrix} a \\ c \end{pmatrix} = \begin{pmatrix} 1 \\ 4 \end{pmatrix}$$

   Daraus ergibt sich $a = 1$ und $c = 4$.
   Setzt man nun a und c in die beiden Gleichungen ein, die sich aus der ersten Multiplikation ergeben haben, erhält man $1 + b = 3 \Rightarrow b = 2$ und $4 + d = 4 \Rightarrow d = 0$.
   Damit hat die Matrix A die Form: $A = \begin{pmatrix} 1 & 2 \\ 4 & 0 \end{pmatrix}$.

5. a) Mithilfe der Matrix-Multiplikation erhält man:

$$A \cdot A = \begin{pmatrix} 1 \cdot 1 + 0 \cdot 4 & 1 \cdot 0 + 0 \cdot (-1) \\ 4 \cdot 1 - 1 \cdot 4 & 4 \cdot 0 + (-1) \cdot (-1) \end{pmatrix} = \begin{pmatrix} 1 & 0 \\ 0 & 1 \end{pmatrix} = E$$

   b) Mithilfe der Ergebnisse aus Teilaufgabe a) erhält man:

$$A^2 = A \cdot A = E$$

   und entsprechend

$$A^3 = A^2 \cdot A = E \cdot A = A$$

   Daher gilt für alle geraden Potenzen von A, also A^2, A^4, A^6,... dass diese die Einheitsmatrix E sind.
   Für die ungeraden Potenzen von A, also A^1, A^3, A^5,... gilt, dass diese gleich A sind.
   Dementsprechend ist $A^8 = E$.

   c) Mithilfe der Matrix-Multiplikation erhält man:

$$B \cdot B = \begin{pmatrix} 1 \cdot 1 + 0 \cdot t & 1 \cdot 0 + 0 \cdot (-1) \\ t \cdot 1 - 1 \cdot t & t \cdot 0 + (-1) \cdot (-1) \end{pmatrix} = \begin{pmatrix} 1 & 0 \\ 0 & 1 \end{pmatrix} = E$$

   Das Ergebnis ist nicht von t abhängig, daher ist B für jedes $t \in \mathbb{R}$ zu sich selbst invers.

6. a) Mithilfe der Matrix-Multiplikation erhält man:

$$U \cdot C = \begin{pmatrix} 1 \cdot 1 + 0 \cdot (-1) & 1 \cdot 0 + 0 \cdot 1 \\ 1 \cdot 1 + 1 \cdot (-1) & 1 \cdot 0 + 1 \cdot 1 \end{pmatrix} = \begin{pmatrix} 1 & 0 \\ 0 & 1 \end{pmatrix} = E$$

Beziehungsweise:

$$C \cdot U = \begin{pmatrix} 1 \cdot 1 + 0 \cdot 1 & 1 \cdot 0 + 0 \cdot 1 \\ (-1) \cdot 1 + 1 \cdot 1 & (-1) \cdot 0 + 1 \cdot 1 \end{pmatrix} = \begin{pmatrix} 1 & 0 \\ 0 & 1 \end{pmatrix} = E$$

b) Mithilfe der Matrix-Multiplikation erhält man:

$$A \cdot B = \begin{pmatrix} a \cdot e + 0 \cdot g & a \cdot f + 0 \cdot h \\ c \cdot e + d \cdot g & c \cdot f + d \cdot h \end{pmatrix} = \begin{pmatrix} a \cdot e & a \cdot f \\ c \cdot e + d \cdot g & c \cdot f + d \cdot h \end{pmatrix} = \begin{pmatrix} 1 & 0 \\ 0 & 1 \end{pmatrix} = E$$

Vergleicht man die Koeffizenten, so muss gelten

$$\begin{array}{lrcl@{\quad}c@{\quad}rcl} \text{I} & a \cdot e & = & 1 & \Rightarrow & a,\, e & \neq & 0 \\ \text{II} & a \cdot f & = & 0 & \Rightarrow & a & = & 0 \text{ oder } f = 0 \\ \text{III} & c \cdot e + d \cdot g & = & 0 & & & & \\ \text{IV} & c \cdot f + d \cdot h & = & 1 & & & & \end{array}$$

Für II ergibt sich durch I: $f = 0$, da $a \neq 0$.
Da gezeigt wurde, dass $f = 0$, handelt es sich bei der Matrix B auch um eine untere Dreiecksmatrix. Also ist die inverse Matrix einer unteren Dreiecksmatrix wieder eine untere Dreiecksmatrix.

7. a) Mithilfe der Matrix-Multiplikation erhält man:

$$A \cdot B = \begin{pmatrix} 1 \cdot 2 & 0 \\ 0 & 2 \cdot 3 \end{pmatrix} = \begin{pmatrix} 2 & 0 \\ 0 & 6 \end{pmatrix} \text{ und } B \cdot A = \begin{pmatrix} 2 \cdot 1 & 0 \\ 0 & 3 \cdot 2 \end{pmatrix} = \begin{pmatrix} 2 & 0 \\ 0 & 6 \end{pmatrix}$$

Da die beiden Matrizen in allen Koeffizienten übereinstimmen, gilt $A \cdot B = B \cdot A$. Die beiden Matrizen sind somit kommutativ.

b) Es werden die beiden allgemeinen Diagonalmatrizen

$$C = \begin{pmatrix} r & 0 \\ 0 & s \end{pmatrix} \text{ und } D = \begin{pmatrix} t & 0 \\ 0 & u \end{pmatrix} \text{ mit } r,\, s,\, t,\, u \in \mathbb{R}$$

untersucht. Mithilfe der Matrix-Multiplikation erhält man:

$$C \cdot D = \begin{pmatrix} r \cdot t & 0 \\ 0 & s \cdot u \end{pmatrix} \text{ und } D \cdot C = \begin{pmatrix} t \cdot r & 0 \\ 0 & u \cdot s \end{pmatrix}$$

Die Einträge der Ergebnismatrizen sind reelle Zahlen und damit kommutativ, d.h. es gilt $r \cdot t = t \cdot r$ und $s \cdot u = u \cdot s$. Somit gilt für die beiden Matrizen $C \cdot D = D \cdot C$, sie sind also kommutativ.

8. a) Aus der Aufgabenstellung liest man die Werte für den Übergangsgraphen ab. Es ergibt sich

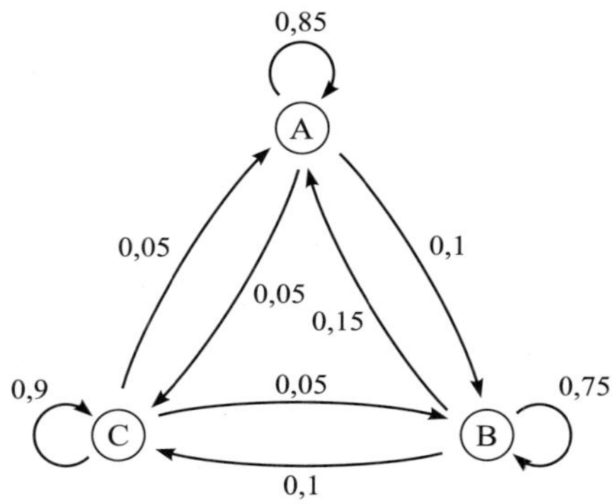

Um die Übergangstabelle zu bestimmen, berücksichtigt man, dass der Wechsel immer «von Spalten zu Zeilen» stattfindet. Damit ergibt sich für die Übergangstabelle:

	A	B	C
A	0,85	0,15	0,05
B	0,1	0,75	0,05
C	0,05	0,1	0,9

Die Übergangsmatrix ist damit: $M = \begin{pmatrix} 0,85 & 0,15 & 0,05 \\ 0,1 & 0,75 & 0,05 \\ 0,05 & 0,1 & 0,9 \end{pmatrix}$

b) Die Verteilung für den folgenden Monat erhält man, indem man die Matrix M mit dem Vektor der Eingangswerte $\vec{x} = \begin{pmatrix} 400 \\ 360 \\ 500 \end{pmatrix}$ multipliziert:

$$\begin{pmatrix} y_1 \\ y_2 \\ y_3 \end{pmatrix} = \begin{pmatrix} 0,85 & 0,15 & 0,05 \\ 0,1 & 0,75 & 0,05 \\ 0,05 & 0,1 & 0,9 \end{pmatrix} \cdot \begin{pmatrix} 400 \\ 360 \\ 500 \end{pmatrix} = \begin{pmatrix} 419 \\ 335 \\ 506 \end{pmatrix}$$

Im nächsten Monat sind also 419 Filme bei Filiale A, 335 Filme bei Filiale B und 506 Filme bei Filiale C.

c) Gesucht ist die Verteilung der Filme auf die Filialen, die sich langfristig einstellen wird. Dazu muss ein Verteilungsvektor berechnet werden, der sich beim Übergang zum Folgejahr nicht ändert. Es handelt sich dabei um einen sogenannten Fixvektor $\vec{x}$, für den gilt:

$$M \cdot \vec{x} = \vec{x} \Leftrightarrow M \cdot \vec{x} = E \cdot \vec{x} \Leftrightarrow M \cdot \vec{x} - E \cdot \vec{x} = \vec{0} \Leftrightarrow (M - E) \cdot \vec{x} = \vec{0}$$

Dabei ist E die 3×3-Einheitsmatrix. Der gesuchte Fixvektor $\vec{x}$ ist also so zu bestimmen, dass gilt:

$$\left[\begin{pmatrix} 0,85 & 0,15 & 0,05 \\ 0,1 & 0,75 & 0,05 \\ 0,05 & 0,1 & 0,9 \end{pmatrix} - \begin{pmatrix} 1 & 0 & 0 \\ 0 & 1 & 0 \\ 0 & 0 & 1 \end{pmatrix}\right] \vec{x} = \vec{0} \Leftrightarrow \begin{pmatrix} \text{-}0,15 & 0,15 & 0,05 \\ 0,1 & \text{-}0,25 & 0,05 \\ 0,05 & 0,1 & \text{-}0,1 \end{pmatrix} \cdot \vec{x} = \vec{0}$$

Mit $\vec{x} = \begin{pmatrix} x_1 \\ x_2 \\ x_3 \end{pmatrix}$; x_1, x_2, $x_3 \geqslant 0$ führt dies zu folgendem Gleichungssystem:

$$\begin{array}{lrcrcrcl} \text{I} & -0,15x_1 & + & 0,15x_2 & + & 0,05x_3 & = & 0 \\ \text{II} & 0,1x_1 & - & 0,25x_2 & + & 0,05x_3 & = & 0 \\ \text{III} & 0,05x_1 & + & 0,1x_2 & - & 0,1x_3 & = & 0 \end{array}$$

Diese Gleichungssystem kann nun z.B. mithilfe des Gaußalgorithmus gelöst werden. Die Lösung ist hier der Vollständigkeit halber angegeben, auch wenn sie nicht zur Aufgabenstellung gehört.

Gleichung I wird mit $\frac{2}{3}$ multipliziert und zu Gleichung II addiert, außerdem wird Gleichung I mit $\frac{1}{3}$ muliplizert und zu Gleichung III addiert:

$$\begin{array}{lrcrcrcl} \text{I} & -0,15x_1 & + & 0,15x_2 & + & 0,05x_3 & = & 0 \\ \text{II}a & & - & 0,15x_2 & + & 0,083x_3 & = & 0 \\ \text{III}a & & & 0,15x_2 & - & 0,083x_3 & = & 0 \end{array}$$

Gleichung IIa wird zu Gleichung IIIa addiert:

$$\begin{array}{lrcrcrcl} \text{I} & -0,15x_1 & + & 0,15x_2 & + & 0,05x_3 & = & 0 \\ \text{II}a & & - & 0,15x_2 & + & 0,083x_3 & = & 0 \\ \text{III}a & & & & & 0 & = & 0 \end{array}$$

Aufgrund der Allgemeingültigkeit der letzten Gleichung kann in IIa $x_3 \geqslant 0$ beliebig gewählt werden. Wählt man z.B. $x_3 = t$; $t \geqslant 0$, ergibt sich aus Gleichung IIa: $x_2 = 0,553t$. Einsetzen von $x_2 = 0,553t$ in Gleichung I liefert: $x_1 = 0,887t$.

Da die Gesamtzahl der Filme stets 1260 beträgt, folgt

$$x_1 + x_2 + x_3 = 1260$$

bzw.

$$0,886t + 0,553t + t = 1260 \Leftrightarrow t = 516,605$$

und somit $\vec{x} = \begin{pmatrix} 457,712 \\ 285,683 \\ 516,605 \end{pmatrix}$. Langfristig werden also 458 Filme in Filiale A, 286 Filme in Filiale B und 516 Filme in Filiale C sein.

Alternativ kann man beim Lösen des Gleichungssystems auch mit Brüchen rechnen: Es ergeben sich in diesem Fall $x_2 = \frac{5}{9}t$ und $x_1 = \frac{8}{9}t$.

9. a) Die langfristige (stationäre) Verteilung bzw. der Fixvektor der Matrix M ist bekannt, gesucht sind die einzelnen Elemente der Matrix

$$\mathrm{M} = \begin{pmatrix} a & b & \frac{1}{2} \\ \frac{1}{5} & c & \frac{3}{10} \\ a & d & \frac{1}{5} \end{pmatrix}$$

Aus der angegebenen stationären Verteilung ergibt sich der Fixvektor $\vec{x} = \begin{pmatrix} 80 \\ 84 \\ 40 \end{pmatrix}$.

Wenn man die Übergangsmatrix mit dem Fixvektor multipliziert ist das Ergebnis wieder der Fixvektor, d.h.

$$\mathrm{M} \cdot \vec{x} = \vec{x} \Leftrightarrow \begin{pmatrix} a & b & \frac{1}{2} \\ \frac{1}{5} & c & \frac{3}{10} \\ a & d & \frac{1}{5} \end{pmatrix} \cdot \begin{pmatrix} 80 \\ 84 \\ 40 \end{pmatrix} = \begin{pmatrix} 80 \\ 84 \\ 40 \end{pmatrix}$$

Dies führt zu folgendem Gleichungssystem:

$$\begin{array}{lccccccc} \mathrm{I} & 80a & + & 84b & + & 20 & = & 80 \\ \mathrm{II} & 16 & + & 84c & + & 12 & = & 84 \\ \mathrm{III} & 80a & + & 84d & + & 8 & = & 40 \end{array}$$

Da die Spaltensumme bei Übergangsmatrizen immer gleich 1 sein muss, gelten zusätzlich folgende Bedingungen:

$$\begin{array}{lccccccc} \mathrm{IV} & a & + & \frac{1}{5} & + & a & = & 1 \\ \mathrm{V} & b & + & c & + & d & = & 1 \end{array}$$

Damit ergibt sich:

$$\begin{array}{lccccccc} \mathrm{I} & & & 80a & + & 84b & = & 60 \\ \mathrm{II} & & & & & 84c & = & 56 \\ \mathrm{III} & & & 80a & + & 84d & = & 32 \\ \mathrm{IV} & & & & & 2a & = & 0,8 \\ \mathrm{V} & b & + & c & + & d & = & 1 \end{array}$$

Aus Gleichung II und Gleichung IV ergeben sich $c = \frac{2}{3}$ und $a = \frac{2}{5}$.
Einsetzen von $a = \frac{2}{5}$ in Gleichung I und Gleichung III ergibt $b = \frac{1}{3}$ und $d = 0$.
Damit hat die Übergangsmatrix folgende Gestalt:

$$\mathrm{M} = \begin{pmatrix} \frac{2}{5} & \frac{1}{3} & \frac{1}{2} \\ \frac{1}{5} & \frac{2}{3} & \frac{3}{10} \\ \frac{2}{5} & 0 & \frac{1}{5} \end{pmatrix}$$

b) In der 5. Woche ist die Verteilung der Kunstwerke $\vec{z} = \begin{pmatrix} 96 \\ 60 \\ 48 \end{pmatrix}$.

Um die Verteilung $\vec{y} = \begin{pmatrix} y_1 \\ y_2 \\ y_3 \end{pmatrix}$ der Vorwoche zu berechnen, muss gelten:

$$M \cdot \vec{y} = \vec{z} \Leftrightarrow \begin{pmatrix} \frac{2}{5} & \frac{1}{3} & \frac{1}{2} \\ \frac{1}{5} & \frac{2}{3} & \frac{3}{10} \\ \frac{2}{5} & 0 & \frac{1}{5} \end{pmatrix} \cdot \begin{pmatrix} y_1 \\ y_2 \\ y_3 \end{pmatrix} = \begin{pmatrix} 96 \\ 60 \\ 48 \end{pmatrix}$$

Dies führt zu folgendem linearen Gleichungssystem:

$$\begin{array}{lccccccc} \text{I} & \frac{2}{5}y_1 & + & \frac{1}{3}y_2 & + & \frac{1}{2}y_3 & = & 96 \\ \text{II} & \frac{1}{5}y_1 & + & \frac{2}{3}y_2 & + & \frac{3}{10}y_3 & = & 60 \\ \text{III} & \frac{2}{5}y_1 & & & + & \frac{1}{5}y_3 & = & 48 \end{array}$$

Subtrahiert man Gleichung II vom 2-fachen von Gleichung I, erhält man:

$$\begin{array}{lccccccc} \text{I} & \frac{2}{5}y_1 & + & \frac{1}{3}y_2 & + & \frac{1}{2}y_3 & = & 96 \\ \text{IIa} & \frac{3}{5}y_1 & & & + & \frac{7}{10}y_3 & = & 132 \\ \text{III} & \frac{2}{5}y_1 & & & + & \frac{1}{5}y_3 & = & 48 \end{array}$$

Subtrahiert man das 3-fache von Gleichung III vom 2-fachen von Gleichung IIa, erhält man: $\frac{4}{5}y_3 = 120 \Rightarrow y_3 = 150$

Setzt man $y_3 = 150$ in Gleichung IIa ein, ergibt sich: $\frac{3}{5}y_1 + \frac{7}{10} \cdot 150 = 132 \Rightarrow y_1 = 45$

Setzt man $y_3 = 150$ und $y_1 = 45$ in Gleichung I ein, ergibt sich:

$$\frac{2}{5} \cdot 45 + \frac{1}{3}y_2 + \frac{1}{2} \cdot 150 = 96 \Rightarrow y_2 = 9$$

Damit erhält man die Verteilung in der 4. Woche: $\vec{y} = \begin{pmatrix} 45 \\ 9 \\ 150 \end{pmatrix}$

Also waren in der 4. Woche 45 Kunstwerke in R_1, 9 Kunstwerke in R_2 und 150 Kunstwerke in R_3 ausgestellt.

Alternativ kann man zur Berechnung der Verteilung der Vorwoche auch die zu M inverse Matrix M^{-1} verwenden. Die Berechnung der inversen Matrix «mit der Hand» ist allerdings etwas aufwändig.

Sie wird so berechnet, dass man rechts neben die Matrix M die 3×3-Einheitsmatrix schreibt und dann mithilfe von elementaren Umformungen auf beiden Seiten so lange umformt, bis links die 3×3-Einheitsmatrix steht:

$$\left.\begin{array}{ccc|ccc|c|c} \frac{2}{5} & \frac{1}{3} & \frac{1}{2} & 1 & 0 & 0 & \text{I} & \\ \frac{1}{5} & \frac{2}{3} & \frac{3}{10} & 0 & 1 & 0 & \text{II} & -\frac{1}{2} \cdot \text{I} \\ \frac{2}{5} & 0 & \frac{2}{10} & 0 & 0 & 1 & \text{III} & -1 \cdot \text{I} \end{array}\right.$$

Zunächst wird die Matrix auf Dreiecksform gebracht, dazu werden erst die Elemente in der linken Spalte eliminiert.

$$\begin{array}{ccc|ccc|l|l}
\frac{2}{5} & \frac{1}{3} & \frac{1}{2} & 1 & 0 & 0 & \text{I} & \\
0 & \frac{1}{2} & \frac{1}{20} & -\frac{1}{2} & 1 & 0 & \text{IIa} & \\
0 & -\frac{1}{3} & -\frac{3}{10} & -1 & 0 & 1 & \text{IIIa} & +\frac{6}{9}\cdot\text{IIa}
\end{array}$$

Anschließend das Element in der mittleren Spalte.

$$\begin{array}{ccc|ccc|l|l}
\frac{2}{5} & \frac{1}{3} & \frac{1}{2} & 1 & 0 & 0 & \text{I} & -\frac{6}{9}\cdot\text{IIa} \\
0 & \frac{1}{2} & \frac{1}{20} & -\frac{1}{2} & 1 & 0 & \text{IIa} & \\
0 & 0 & -\frac{4}{15} & -\frac{4}{3} & \frac{6}{9} & 1 & \text{IIIb} &
\end{array}$$

Nun wird das Element oberhalb der Hauptdiagonalen in der mittleren Spalte eliminiert.

$$\begin{array}{ccc|ccc|l|l}
\frac{2}{5} & 0 & \frac{7}{15} & \frac{4}{3} & -\frac{6}{9} & 0 & \text{Ia} & +\frac{7}{4}\cdot\text{IIIb} \\
0 & \frac{1}{2} & \frac{1}{20} & -\frac{1}{2} & 1 & 0 & \text{IIb} & +\frac{3}{16}\cdot\text{IIIb} \\
0 & 0 & -\frac{4}{15} & -\frac{4}{3} & \frac{6}{9} & 1 & \text{IIIb} &
\end{array}$$

Anschließend die Elemente in der rechten Spalte.

$$\begin{array}{ccc|ccc|l|l}
\frac{2}{5} & 0 & 0 & -1 & \frac{1}{2} & \frac{7}{4} & \text{Ib} & \cdot\frac{5}{2} \\
0 & \frac{1}{2} & 0 & -\frac{3}{4} & \frac{9}{8} & \frac{3}{16} & \text{IIc} & \cdot 2 \\
0 & 0 & -\frac{4}{15} & -\frac{4}{3} & \frac{6}{9} & 1 & \text{IIIb} & \cdot\cdot -\frac{15}{4}
\end{array}$$

Zum Schluss wird so multpliziert, dass sich überall 1 ergibt

$$\begin{array}{ccc|ccc|l|l}
1 & 0 & 0 & -\frac{5}{2} & \frac{5}{4} & \frac{35}{8} & \text{Ic} & \\
0 & 1 & 0 & -\frac{3}{2} & \frac{9}{4} & \frac{3}{8} & \text{IId} & \\
0 & 0 & 1 & 5 & -\frac{5}{2} & -\frac{15}{4} & \text{IIIc} &
\end{array}$$

Rechts steht nun die gesuchte inverse Matrix.

Damit ist

$$M^{-1} = \begin{pmatrix} -\frac{5}{2} & \frac{5}{4} & \frac{35}{8} \\ -\frac{3}{2} & \frac{9}{4} & \frac{3}{8} \\ 5 & -\frac{5}{2} & -\frac{15}{4} \end{pmatrix}$$

Die Verteilung der Kunstwerke in der 4. Woche wird nun mit $M^{-1}\cdot\vec{x}$ berechnet:

$$M^{-1}\cdot\begin{pmatrix} 96 \\ 60 \\ 48 \end{pmatrix} = \begin{pmatrix} -\frac{5}{2} & \frac{5}{4} & \frac{35}{8} \\ -\frac{3}{2} & \frac{9}{4} & \frac{3}{8} \\ 5 & -\frac{5}{2} & -\frac{15}{4} \end{pmatrix}\cdot\begin{pmatrix} 96 \\ 60 \\ 48 \end{pmatrix}$$

$$= \begin{pmatrix} -\frac{5}{2}\cdot 96 & + & \frac{5}{4}\cdot 60 & + & \frac{35}{8}\cdot 48 \\ -\frac{3}{2}\cdot 96 & + & \frac{9}{4}\cdot 60 & + & \frac{3}{8}\cdot 48 \\ 5\cdot 96 & - & \frac{5}{2}\cdot 60 & - & \frac{15}{4}\cdot 48 \end{pmatrix} = \begin{pmatrix} 45 \\ 9 \\ 150 \end{pmatrix}$$

Also waren in der 4. Woche 45 Kunstwerke in R_1, 9 Kunstwerke in R_2 und 150 Kunstwerke in R_3 ausgestellt.

10. a) Es ist $M = \begin{pmatrix} 0,8 & 0,3 & 0,1 \\ 0,1 & 0,7 & 0,1 \\ 0,1 & 0 & 0,8 \end{pmatrix}$

Aus den Werten der Matrix kann man folgendes Übergangsdiagramm zeichnen:

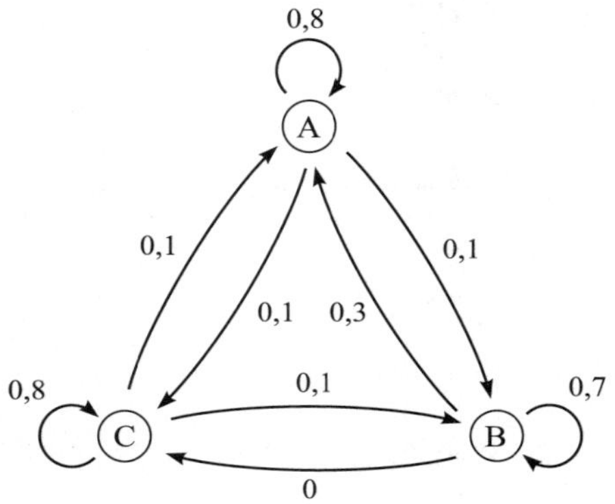

Die Übergänge finden immer «von Spalte zu Zeile» statt:
Die erste Spalte der Matrix M bedeutet beispielsweise, dass 80 % der Mitarbeiter von A an ihrem Standort verbleiben, 10 % der Mitarbeiter von Standort A nach Standort B wechseln und 10 % der Mitarbeiter von Standort A nach Standort C wechseln.

Die erste Zeile der Matrix M bedeutet hingegen, dass 80 % der Mitarbeiter von Standort A an ihrem Standort verbleiben, 30 % der Mitarbeiter von Standort B nach Standort A wechseln und 10 % der Mitarbeiter von Standort C nach Standort A wechseln.

b) Da zu Beginn alle 800 Mitarbeiter am Standort A arbeiten, lautet der Startvektor:

$$\vec{x} = \begin{pmatrix} 800 \\ 0 \\ 0 \end{pmatrix}$$

Die Verteilung $\vec{y}$ nach einem Jahr erhält man, indem man die Übergangsmatrix M mit dem Startvektor $\vec{x}$ multipliziert:

$$\vec{y} = \mathrm{M} \cdot \vec{x} = \begin{pmatrix} 0,8 & 0,3 & 0,1 \\ 0,1 & 0,7 & 0,1 \\ 0,1 & 0 & 0,8 \end{pmatrix} \cdot \begin{pmatrix} 800 \\ 0 \\ 0 \end{pmatrix} = \begin{pmatrix} 640 \\ 80 \\ 80 \end{pmatrix}$$

Damit arbeiten nach einem Jahr 640 Mitarbeiter an Standort A, 80 Mitarbeiter an Standort B und 80 Mitarbeiter an Standort C.

c) Die Matrix

$$\mathrm{M}^8 = \begin{pmatrix} 0,50 & 0,53 & 0,45 \\ 0,25 & 0,26 & 0,25 \\ 0,25 & 0,21 & 0,30 \end{pmatrix}$$

beschreibt die Übergangsquoten für einen Zeitraum von 8 Jahren.
Da die 2. Zeile der Matrix M^8 aus nahezu identischen Zahlen ($0,25$ bzw. $0,26$) besteht, kann man davon ausgehen, dass ca. ein Viertel aller Mitarbeiter nach 8 Jahren

am Standort B arbeiten werden.

Die Zahlen innerhalb der ersten bzw. dritten Zeile sind noch zu verschieden, als dass man einen solchen Schluss ziehen könnte.

Andererseits kann man auch argumentieren, dass es zweifelhaft ist, ob die Firma wirklich für einen Zeitraum von 8 Jahren vorausplanen kann. Dies ist fraglich, da es in einem so langen Zeitraum weitere Veränderungen geben wird.

11. a) Aus den beiden Tabellen ergibt sich folgendes Verflechtungsdiagramm:

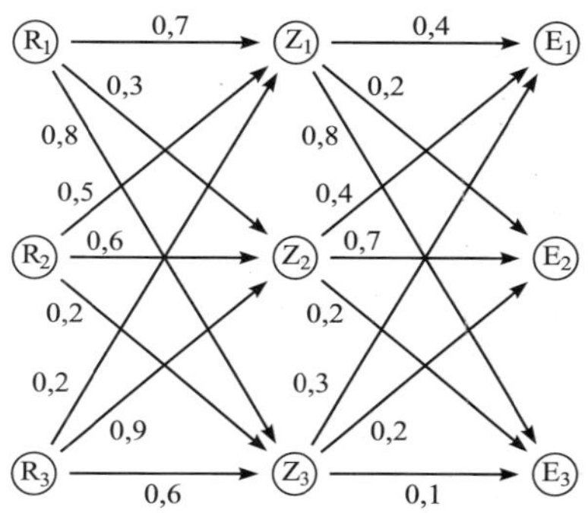

b) Die Matrix A für den Prozess von Rohstoffen zu Zwischenprodukten hat folgende Form:

$$A = \begin{pmatrix} 0,7 & 0,3 & 0,8 \\ 0,5 & 0,6 & 0,2 \\ 0,2 & 0,9 & 0,6 \end{pmatrix}$$

Die Matrix B für den Prozess von Zwischenprodukten zu Endprodukten hat folgende Form:

$$B = \begin{pmatrix} 0,4 & 0,2 & 0,8 \\ 0,4 & 0,7 & 0,2 \\ 0,3 & 0,2 & 0,1 \end{pmatrix}$$

Die Übergangsmatrix C für den Prozess von Rohstoffen zu Endprodukten erhält man durch Matrizenmultiplikation:

$$C = A \cdot B = \begin{pmatrix} 0,7 & 0,3 & 0,8 \\ 0,5 & 0,6 & 0,2 \\ 0,2 & 0,9 & 0,6 \end{pmatrix} \cdot \begin{pmatrix} 0,4 & 0,2 & 0,8 \\ 0,4 & 0,7 & 0,2 \\ 0,3 & 0,2 & 0,1 \end{pmatrix} = \begin{pmatrix} 0,64 & 0,51 & 0,7 \\ 0,5 & 0,56 & 0,54 \\ 0,62 & 0,79 & 0,4 \end{pmatrix}$$

c) Den Bedarf an Rohstoffen, den Inputvektor $\begin{pmatrix} r_1 \\ r_2 \\ r_3 \end{pmatrix}$, erhält man nun, indem man die

Matrix C mit dem gegebenen Outputvektor $\begin{pmatrix} 18 \\ 10 \\ 14 \end{pmatrix}$ multipliziert:

$$\begin{pmatrix} r_1 \\ r_2 \\ r_3 \end{pmatrix} = \begin{pmatrix} 0,64 & 0,51 & 0,7 \\ 0,5 & 0,56 & 0,54 \\ 0,62 & 0,79 & 0,4 \end{pmatrix} \cdot \begin{pmatrix} 18 \\ 10 \\ 14 \end{pmatrix} = \begin{pmatrix} 26,42 \\ 22,16 \\ 24,66 \end{pmatrix}$$

Für den Auftrag benötigt man also 26,42 t von R_1, 22,16 t von R_2 und 24,66 t von R_3.

12. a) Das gegebene Gleichungssystem wird mithilfe des Gauß-Algorithmus auf Stufenform gebracht und gelöst:

$$\begin{array}{lccccccc} \text{I} & x_1 & + & 2x_2 & - & 6x_3 & = & 4 \\ \text{II} & & & 2x_2 & + & 4x_3 & = & 3 \\ \text{III} & & & 2x_2 & + & tx_3 & = & 3 \end{array}$$

Subtrahiert man Gleichung II von Gleichung III, so erhält man in der dritten Zeile Gleichung IIIa:

$$\begin{array}{lccccccc} \text{I} & x_1 & + & 2x_2 & - & 6x_3 & = & 4 \\ \text{II} & & & 2x_2 & + & 4x_3 & = & 3 \\ \text{IIIa} & & & & + & (t-4)x_3 & = & 0 \end{array}$$

Für $t = 4$ würde eine Nullzeile $(0 = 0)$ entstehen, so dass das Gleichungssystem nicht eindeutig lösbar wäre.
Für $t \neq 4$ ist das Gleichungssystem eindeutig lösbar: In diesem Fall ist $x_3 = 0$.
Um x_2 zu bestimmen, setzt man $x_3 = 0$ in Gleichung II ein und erhält: $x_2 = 1,5$.
Zum Schluss wird x_1 mithilfe von Gleichung I bestimmt:

$$x_1 + 2 \cdot 1,5 - 0 = 4 \Rightarrow x_1 = 1$$

Damit besitzt das Gleichungssystem die eindeutige Lösung. $L = \{(1;\, 1,5;\, 0)\}$.

b) Für $t = 4$ erhält man unter Verwendung obiger Rechenschritte das Gleichungssystem:

$$\begin{array}{lccccccc} \text{I} & x_1 & + & 2x_2 & - & 6x_3 & = & 4 \\ \text{II} & & & 2x_2 & + & 4x_3 & = & 3 \\ \text{III} & & & & & 0 & = & 0 \end{array}$$

Wählt man z.B. $x_3 = r$ und setzt $x_3 = r$ in Gleichung II ein, so erhält man:

$$x_2 + 4r = 3 \Rightarrow x_2 = 3 - 4r$$

Setzt man $x_3 = r$ und $x_2 = 3 - 4r$ in Gleichung I ein, so erhält man:

$$x_1 + 2(3 - 4r) - 6r = 4 \Rightarrow x_1 = 14r - 2$$

Somit lautet die Lösungsmenge für $t = 4$: $L = \{(14r - 2;\, 3 - 4r;\, r) \mid r \in \mathbb{R}\}$.

3 Stochastik

1. a)

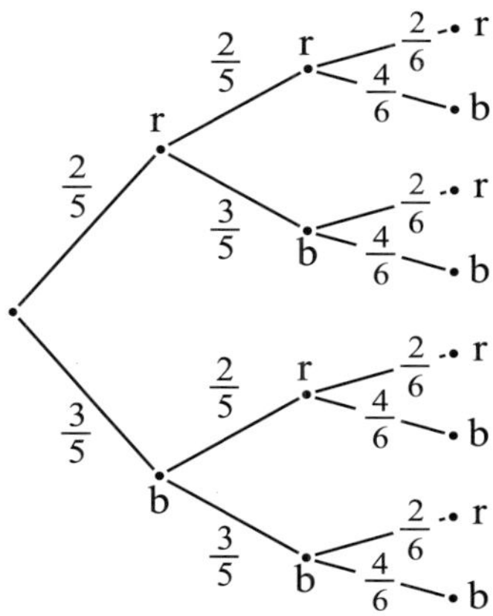

Es handelt sich um ein dreistufiges Experiment. Da 2 rote und 3 blaue Kugeln, also insgesamt 5 Kugeln, in Gefäß G_1 sind, betragen die Wahrscheinlichkeiten bei jedem Ziehen für rot (r): $\frac{2}{5}$ und für blau (b): $\frac{3}{5}$. Da in Gefäß G_2 2 rote und 4 blaue, also insgesamt 6 Kugeln sind, beträgt die Wahrscheinlichkeit für rot (r): $\frac{2}{6}$ und für blau (b): $\frac{4}{6}$.
Die Wahrscheinlichkeit, dass mindestens 2 rote Kugeln gezogen wurden, erhält man mithilfe der 1. und 2. Pfadregel (Produkt- und Summenregel):

$$\begin{aligned} P(\text{«mind. zwei rote Kugeln»}) &= P(brr) + P(rbr) + P(rrb) + P(rrr) \\ &= \frac{3}{5}\cdot\frac{2}{5}\cdot\frac{2}{6} + \frac{2}{5}\cdot\frac{3}{5}\cdot\frac{2}{6} + \frac{2}{5}\cdot\frac{2}{5}\cdot\frac{4}{6} + \frac{2}{5}\cdot\frac{2}{5}\cdot\frac{2}{6} \\ &= \frac{12}{150} + \frac{12}{150} + \frac{16}{150} + \frac{8}{150} \\ &= \frac{24}{75} \end{aligned}$$

b)

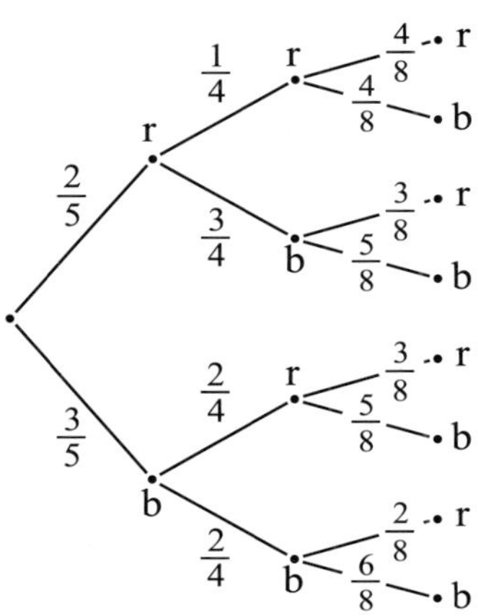

Es handelt sich um ein dreistufiges Experiment. Da 2 rote und 3 blaue, also insgesamt 5 Kugeln in Gefäß G_1 sind, betragen die Wahrscheinlichkeiten beim 1. Ziehen für rot (r): $\frac{2}{5}$ und für blau (b): $\frac{3}{5}$.
Danach sind nur noch 4 Kugeln in Gefäß G_1 und die Wahrscheinlichkeiten bei der 2. Ziehung aus G_1 hängen jeweils davon ab, welche Farbe beim 1. Mal gezogen wurde. Da die beiden Kugeln in Gefäß G_2 gelegt werden, gibt es insgesamt 8 Kugeln in G_2. Die Wahrscheinlichkeit der einzelnen Farbe hängt davon ab, was vorher gezogen wurde. Die Wahrscheinlichkeit, genau eine rote Kugel zu ziehen, erhält

man mithilfe der 1. und 2. Pfadregel (Produkt- und Summenregel):

$$
\begin{aligned}
\text{P(«genau eine rote Kugel»)} &= \text{P(bbr)} + \text{P(brb)} + \text{P(rbb)} \\
&= \frac{3}{5}\cdot\frac{2}{4}\cdot\frac{2}{8} + \frac{3}{5}\cdot\frac{2}{4}\cdot\frac{5}{8} + \frac{2}{5}\cdot\frac{3}{4}\cdot\frac{5}{8} \\
&= \frac{12}{160} + \frac{30}{160} + \frac{30}{160} \\
&= \frac{9}{20}
\end{aligned}
$$

2. a)

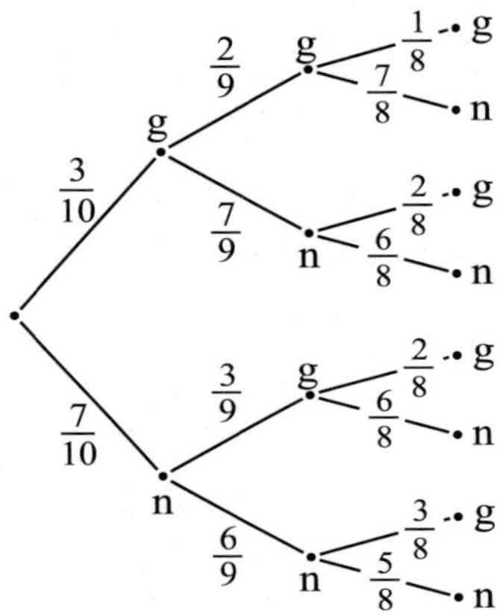

Da 3 Gewinne und 7 Nieten, also insgesamt 10 Lose in der Lostrommel sind, betragen die Wahrscheinlichkeiten beim 1. Ziehen für Gewinn (g): $\frac{3}{10}$ und für Niete (n): $\frac{7}{10}$.
Danach sind nur noch 9 Lose in der Trommel und die Wahrscheinlichkeiten bei der 2. und 3. Ziehung hängen jeweils davon ab, was beim 1. bzw. 2. Mal gezogen wurde.

Die Wahrscheinlichkeit, dass genau zwei Gewinne gezogen werden, erhält man mithilfe der 1. und 2. Pfadregel (Produkt- und Summenregel):

$$
\begin{aligned}
\text{P(«genau zwei Gewinne»)} &= \text{P(ggn)} + \text{P(gng)} + \text{P(ngg)} \\
&= \frac{3}{10}\cdot\frac{2}{9}\cdot\frac{7}{8} + \frac{3}{10}\cdot\frac{7}{9}\cdot\frac{2}{8} + \frac{7}{10}\cdot\frac{3}{9}\cdot\frac{2}{8} \\
&= 3\cdot\frac{3}{10}\cdot\frac{2}{9}\cdot\frac{7}{8} \\
&= \frac{7}{40}
\end{aligned}
$$

b) Die Wahrscheinlichkeit, dass der Gewinn erst beim dritten Zug gezogen wird, erhält man mithilfe der 1. Pfadregel (Produktregel):

$$\text{P(«Gewinn beim dritten Zug»)} = \text{P(nng)} = \frac{7}{10}\cdot\frac{6}{9}\cdot\frac{3}{8} = \frac{7}{40}$$

3. a)

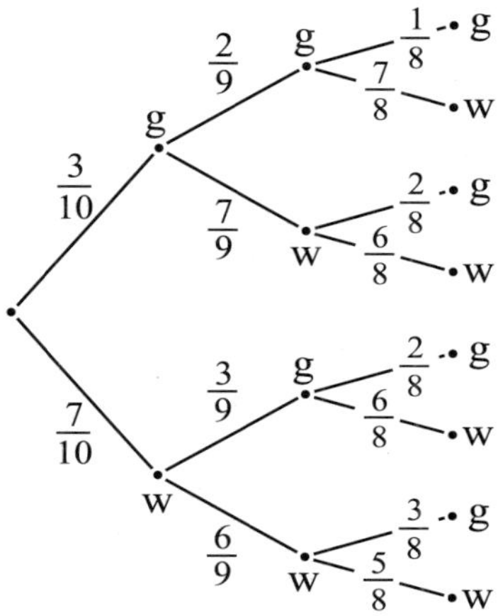

Da in der dritten Packung 3 gelbe und 7 weiße, also insgesamt 10 Tabletten sind, betragen die Wahrscheinlichkeiten beim 1. Ziehen für gelb (g): $\frac{3}{10}$ und für weiß (w): $\frac{7}{10}$.
Danach sind nur noch 9 Tabletten in der Schachtel. Die Wahrscheinlichkeiten bei der 2. und 3. Ziehung hängen also jeweils davon ab, welche Farbe beim 1. bzw. 2. Mal gezogen wurde.

Die Wahrscheinlichkeit, dass aus der dritten Packung mindestens 2 gelbe Tabletten gezogen werden, erhält man mithilfe der 1. und 2. Pfadregel (Produkt- und Summenregel):

$$\begin{aligned} P(\text{«mind. 2 gelbe Tabletten»}) &= P(ggw) + P(gwg) + P(wgg) + P(ggg) \\ &= \frac{3}{10}\cdot\frac{2}{9}\cdot\frac{7}{8} + \frac{3}{10}\cdot\frac{7}{9}\cdot\frac{2}{8} + \frac{7}{10}\cdot\frac{3}{9}\cdot\frac{2}{8} + \frac{3}{10}\cdot\frac{2}{9}\cdot\frac{1}{8} \\ &= \frac{42}{720} + \frac{42}{720} + \frac{42}{720} + \frac{6}{720} \\ &= \frac{11}{60} \end{aligned}$$

b)

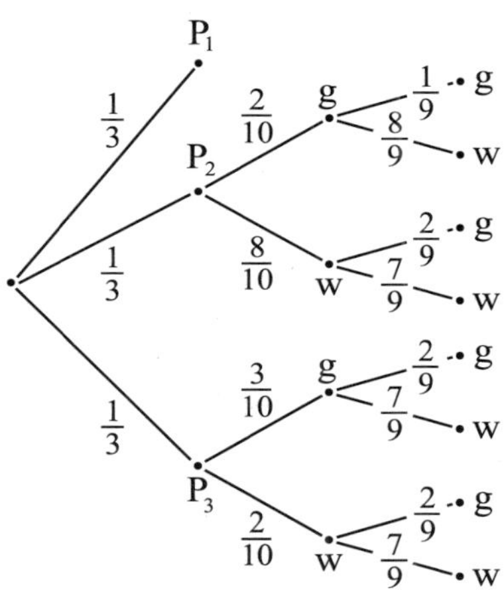

Da bei der 1. Ziehung 3 Packungen zur Verfügung stehen, beträgt die Wahrscheinlichkeit für jede Packung $\frac{1}{3}$. Da in der ersten Packung nur eine gelbe Tablette ist, können aus dieser keine 2 gelben Tabletten gezogen werden.
Aus der zweiten und dritten Packung können jeweils 2 gelbe Tabletten ohne Zurücklegen gezogen werden. Die Wahrscheinlichkeiten ändern sich dabei bei jedem Zug.

Die Wahrscheinlichkeit, dass beide Tabletten gelb sind, erhält man mithilfe der 1. und

2. Pfadregel (Produkt- und Summenregel):

$$\begin{aligned} P(\text{«beide Tabletten gelb»}) &= P(P_2gg) + P(P_3gg) \\ &= \frac{1}{3}\cdot\frac{2}{10}\cdot\frac{1}{9} + \frac{1}{3}\cdot\frac{3}{10}\cdot\frac{2}{9} \\ &= \frac{8}{270} = \frac{4}{135} \end{aligned}$$

4. a) Es handelt sich um ein vierstufiges Experiment, bei welchem die Wahrscheinlichkeiten miteinander multipliziert werden. Die Wahrscheinlichkeit einer jeden Stufe erhält man mithilfe der 1. Pfadregel für das Ziehen ohne Zurücklegen:

$$\begin{aligned} P(\text{alle Karten sind rot}) &= P_{(\text{Stapel1})}(rr)\cdot P_{(\text{Stapel2})}(rr) \\ &= \left(\frac{2}{5}\cdot\frac{1}{4}\right)\cdot\left(\frac{2}{6}\cdot\frac{1}{5}\right) \\ &= \frac{1}{150} \end{aligned}$$

b) 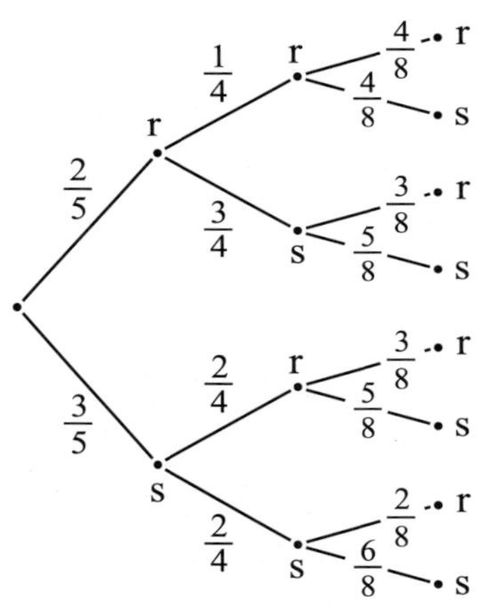

Da 2 rote und 3 schwarze, also insgesamt 5 Karten im 1. Stapel sind, betragen die Wahrscheinlichkeiten beim 1. Ziehen für rot (r): $\frac{2}{5}$ und für schwarz (s): $\frac{3}{5}$. Danach sind nur noch 4 Karten auf dem 1. Stapel und die Wahrscheinlichkeiten bei der 2. Ziehung hängen jeweils davon ab, welche Farbe beim 1. Mal gezogen wurde. Da die beiden Karten mit dem 2. Stapel vermischt werden, gibt es insgesamt 8 Karten im 2. Stapel. Die Wahrscheinlichkeit der einzelnen Farbe hängt davon ab, was vorher gezogen wurde.

Die Wahrscheinlichkeit, dass die zuletzt gezogene Karte schwarz ist, erhält man mithilfe der 1. und 2. Pfadregel (Produkt- und Summenregel):

$$\begin{aligned} P(\text{«letzte Karte schwarz»}) &= P(rrs) + P(rss) + P(srs) + P(sss) \\ &= \frac{2}{5}\cdot\frac{1}{4}\cdot\frac{4}{8} + \frac{2}{5}\cdot\frac{3}{4}\cdot\frac{5}{8} + \frac{3}{5}\cdot\frac{2}{4}\cdot\frac{5}{8} + \frac{3}{5}\cdot\frac{2}{4}\cdot\frac{6}{8} \\ &= \frac{8}{160} + \frac{30}{160} + \frac{30}{160} + \frac{36}{160} \\ &= \frac{13}{20} \end{aligned}$$

5. Beim Spiel an einem Spielautomaten gibt es nur die beiden Ausgänge «gewinnen» oder «verlieren», also handelt es sich um ein Bernoulli-Experiment. Da man durchschnittlich zwei Drittel aller Spiele verliert, gilt $p = \frac{2}{3}$ für das Verlieren eines Spiels.
Es sei X die Zufallsvariable für die Anzahl der verlorenen Spiele.

   a) Um ein Ereignis A anzugeben, formt man die gegebene Wahrscheinlichkeit um:

$$\begin{aligned} P(A) &= \binom{10}{8} \cdot \left(\frac{2}{3}\right)^8 \cdot \left(\frac{1}{3}\right)^2 + 10 \cdot \left(\frac{2}{3}\right)^9 \cdot \frac{1}{3} + \cdot \left(\frac{2}{3}\right)^{10} \\ &= \binom{10}{8} \cdot \left(\frac{2}{3}\right)^8 \cdot \left(\frac{1}{3}\right)^2 + \binom{10}{9} \cdot \left(\frac{2}{3}\right)^9 \cdot \left(\frac{1}{3}\right)^1 + \binom{10}{10} \cdot \left(\frac{2}{3}\right)^{10} \cdot \left(\frac{1}{3}\right)^0 \\ &= P(X = 8) + P(X = 9) + P(X = 10) \\ &= P(X \geqslant 8) \end{aligned}$$

   Damit lautet das Ereignis A: «Von 10 Spielen werden mindestens 8 Spiele verloren».

   b) Wenn jemand vier Spiele an dem Automaten spielt, gilt: $n = 4$.
   Die Wahrscheinlichkeit, dass er dabei genau zwei Mal verliert, erhält man mithilfe der Bernoulli-Formel:

$$\begin{aligned} P(X = 2) &= \binom{4}{2} \cdot \left(\frac{2}{3}\right)^2 \cdot \left(1 - \frac{2}{3}\right)^{4-2} \\ &= \binom{4}{2} \cdot \left(\frac{2}{3}\right)^2 \cdot \left(\frac{1}{3}\right)^2 \\ &= \frac{4 \cdot 3}{2} \cdot \frac{4}{9} \cdot \frac{1}{9} \\ &= \frac{8}{27} \end{aligned}$$

   Die Wahrscheinlichkeit, dass bei vier Spielen genau zwei Spiele verloren werden, beträgt $\frac{8}{27}$.

6. a) Da die Zufallsvariable X binomialverteilt ist mit $p = 0{,}6$ und $n = 8$, gilt:

$$P(X = 1) = \binom{8}{1} \cdot 0{,}6^1 \cdot (1 - 0{,}6)^7 = \frac{8}{1} \cdot 0{,}6 \cdot 0{,}4^7 = 4{,}8 \cdot 0{,}4^7$$

   b) Anhand der gegebenen Abbildung kann man folgende Wahrscheinlichkeiten ablesen:

$$P(X = 4) \approx 0{,}23$$
$$P(X = 5) \approx 0{,}28$$

   Damit gilt:

$$P(4 \leqslant X < 6) = P(X = 4) + P(X = 5) \approx 0{,}23 + 0{,}28 = 0{,}51$$

   und

$$P(X \neq 5) = 1 - P(X = 5) \approx 1 - 0{,}28 = 0{,}72$$

7. a)

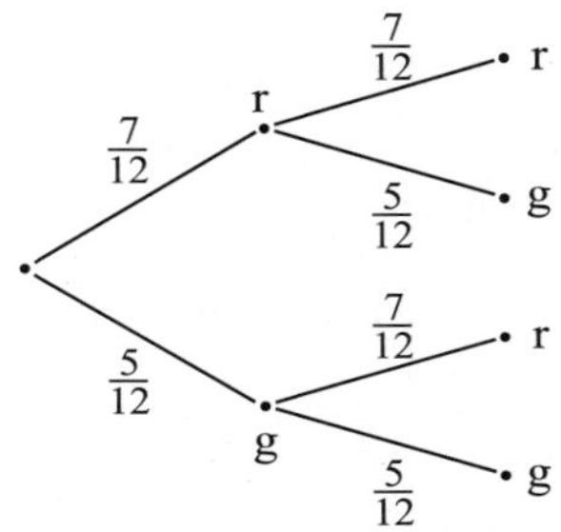

Da 5 gelbe und 7 rote, also insgesamt 12 Kugeln im Behälter sind, beträgt die Wahrscheinlichkeit bei jedem Ziehen für gelb (g): $\frac{5}{12}$ und für rot (r): $\frac{7}{12}$.

Die Wahrscheinlichkeit, bei zweimaligem Ziehen mindestens eine gelbe Kugel zu ziehen, erhält man mithilfe der 1. und 2. Pfadregel (Produkt- und Summenregel):

$$\begin{aligned} P(\text{«mindestens eine gelbe Kugel»}) &= P(gr) + P(gg) + P(rg) \\ &= \frac{5}{12} \cdot \frac{7}{12} + \frac{5}{12} \cdot \frac{5}{12} + \frac{7}{12} \cdot \frac{5}{12} \\ &= \frac{35}{144} + \frac{25}{144} + \frac{35}{144} \\ &= \frac{95}{144} \end{aligned}$$

Alternativ kann man auch mit dem Gegenereignis rechnen:

$$\begin{aligned} P(\text{«mindestens eine gelbe Kugel»}) &= 1 - P(\text{«keine gelbe Kugel»}) \\ &= 1 - P(rr) \\ &= 1 - \frac{7}{12} \cdot \frac{7}{12} \\ &= \frac{144}{144} - \frac{49}{144} \\ &= \frac{95}{144} \end{aligned}$$

b)

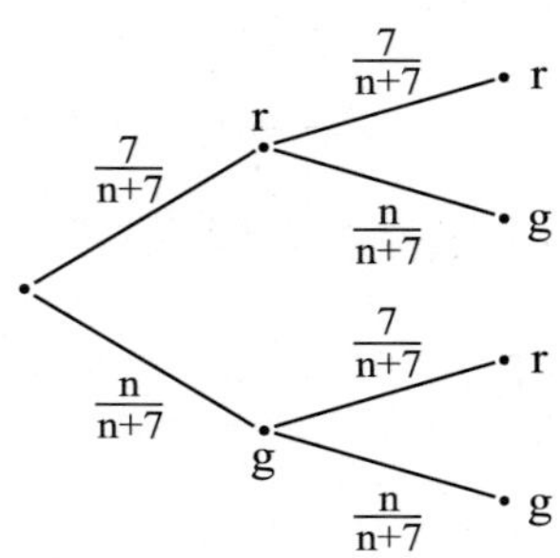

Wenn im Behälter 7 rote und n gelbe Kugeln sind, gibt es insgesamt $n+7$ Kugeln. Damit beträgt die Wahrscheinlichkeit bei jedem Ziehen für gelb (g): $\frac{n}{n+7}$ und für rot (r): $\frac{7}{n+7}$.

Da die Wahrscheinlichkeit, mindestens eine gelbe Kugel zu ziehen, 0,51 betragen soll, erhält man (am geschicktesten) mit Hilfe des Gegenereignisses folgende Gleichung:

$$
\begin{aligned}
P(\text{«mindestens eine gelbe Kugel»}) &= 1 - P(\text{«keine gelbe Kugel»})\\
0,51 &= 1 - P(rr)\\
0,51 &= 1 - \frac{7}{n+7}\cdot\frac{7}{n+7}\\
\frac{7}{n+7}\cdot\frac{7}{n+7} &= 0,49\\
\frac{49}{(n+7)^2} &= 0,49\\
\frac{49}{0,49} &= (n+7)^2\\
100 &= (n+7)^2\\
\pm 10 &= n+7\\
\Rightarrow\ n_1 &= 3\\
n_2 &= -17
\end{aligned}
$$

Wegen $n > 0$ kommt nur $n_1 = 3$ als Lösung in Frage.
Also hätten sich im Behälter 3 gelbe Kugeln befinden müssen.

8. a) Aufgrund der gegebenen Rechnung

$$
\begin{aligned}
E(X) &= x_1\cdot P(x_1) + x_2\cdot P(x_2) + x_3\cdot P(x_3) + x_4\cdot P(x_4)\\
&= 1\,€\cdot\frac{1}{2} + 2\,€\cdot\frac{1}{4} + 4\,€\cdot\frac{1}{8} + 6\,€\cdot\frac{1}{8}
\end{aligned}
$$

könnte das Glücksrad 4 Sektoren mit den Wahrscheinlichkeiten $\frac{1}{2}$, $\frac{1}{4}$, $\frac{1}{8}$ und $\frac{1}{8}$ haben. Diese entsprechen den Mittelpunktswinkeln 180°, 90°, 45° und 45°.
Damit ergibt sich folgendes Glücksrad:

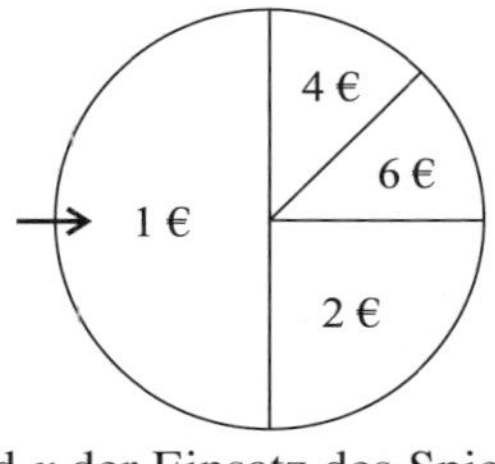

b) Sei X Zufallsvariable für die Höhe des Gewinns und x der Einsatz des Spielers. Den Erwartungswert von X erhält man, indem man die möglichen Auszahlungsbeträge mit den zugehörigen Wahrscheinlichkeiten multipliziert und den Einsatz x subtrahiert:

$$E(X) = 1\,€\cdot\frac{1}{2} + 2\,€\cdot\frac{1}{4} + 4\,€\cdot\frac{1}{8} + 6\,€\cdot\frac{1}{8} - x\,€ = (2,25 - x)\,€$$

Damit der Spieler mit einem durchschnittlichen Gewinn von 75 Cent rechnen kann, muss der Erwartungswert 0,75 betragen. Also muss gelten:

$$E(X) = 0,75 \Rightarrow 2,25 - x = 0,75 \Rightarrow x = 1,50$$

Der Einsatz des Spielers muss 1,50 € betragen.

9. a) Die passende Abbildung kann man bestimmen, indem man den Erwartungswert von X mit $n = 8$ und $p = 0,5$ berechnet:

$$E(X) = n \cdot p = 8 \cdot 0,5 = 4$$

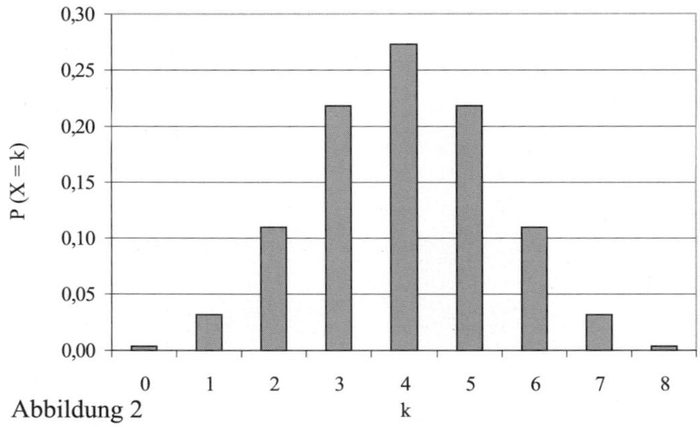

Abbildung 2

Abbildung 2 zeigt die Verteilung von X, da $P(X = 4)$ maximal sein muss.

b) Anhand der gegebenen Abbildung kann man folgende Wahrscheinlichkeiten näherungsweise ablesen:

$$P(X = 3) \approx 0,22$$
$$P(X = 4) \approx 0,27$$
$$P(X = 5) \approx 0,22$$

Damit gilt:

$$P(3 \leqslant X < 6) = P(X = 3) + P(X = 4) + P(X = 5) \approx 0,22 + 0,27 + 0,22 = 0,71$$

und

$$P(X \neq 4) = 1 - P(X = 4) \approx 1 - 0,27 = 0,73$$

10. a) Ist X Zufallsvariable für die Anzahl der Überraschungseier, die eine Filmfigur enthalten, so ist X binomialverteilt mit $n = 20$ und $p = \frac{1}{5}$.
Die Rechnung:

$$\binom{20}{2} \cdot \left(\frac{1}{5}\right)^2 \cdot \left(\frac{4}{5}\right)^{18} \approx 0,1369$$

liefert somit die Wahrscheinlichkeit $P(X = 2)$. Also beträgt die Wahrscheinlichkeit, dass bei 20 Eiern genau zwei Eier eine Figur aus dem Film enthalten, somit etwa $0,1369$ bzw. etwa 14 %.

b) Für die Wahrscheinlichkeit, dass sich in keinem Ei eine Filmfigur befindet, gilt mit $k = 0$ entsprechend:

$$P(\text{«keine Filmfigur»}) = P(X = 0) = \binom{20}{0} \cdot \left(\frac{1}{5}\right)^0 \cdot \left(\frac{4}{5}\right)^{20} = \left(\frac{4}{5}\right)^{20}$$

11. a)

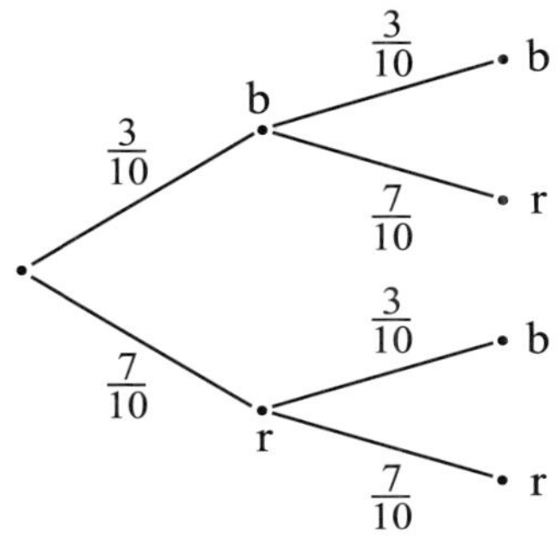

Da 3 blaue und 7 rote, also insgesamt 10 Kugeln in der Urne sind, beträgt die Wahrscheinlichkeit bei jedem Ziehen für blau (b): $\frac{3}{10}$ und für rot (r): $\frac{7}{10}$.

Die Wahrscheinlichkeit, dass höchstens eine Kugel blau ist, erhält man mit Hilfe der 1. und 2. Pfadregel (Produkt- und Summenregel):

$$\begin{aligned} P(\text{«höchstens eine blaue Kugel»}) &= P(rr) + P(br) + P(rb) \\ &= \frac{7}{10} \cdot \frac{7}{10} + \frac{3}{10} \cdot \frac{7}{10} + \frac{7}{10} \cdot \frac{3}{10} \\ &= \frac{49}{100} + \frac{21}{100} + \frac{21}{100} \\ &= \frac{91}{100} = 0,91 \end{aligned}$$

Alternativ kann man auch mit dem Gegenereignis rechnen:

$$\begin{aligned} P(\text{«höchstens eine blaue Kugel»}) &= 1 - P(\text{«zwei blaue Kugeln»}) \\ &= 1 - P(bb) \\ &= 1 - \frac{3}{10} \cdot \frac{3}{10} \\ &= \frac{100}{100} - \frac{9}{100} \\ &= \frac{91}{100} = 0,91 \end{aligned}$$

b)

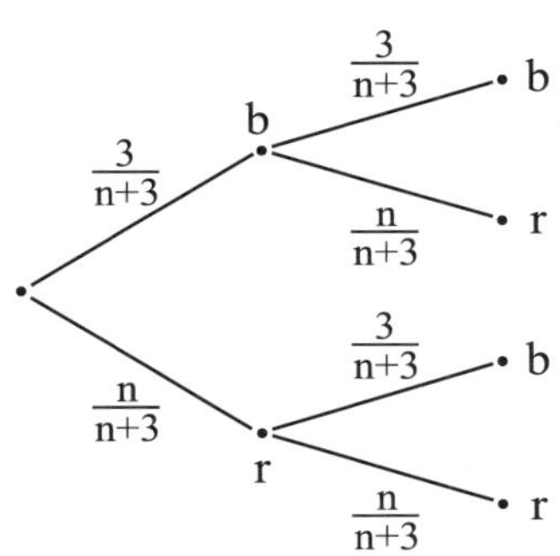

Wenn in der Urne n rote und 3 blaue Kugeln sind, gibt es insgesamt $n + 3$ Kugeln. Damit beträgt die Wahrscheinlichkeit bei jedem Ziehen für blau (b): $\frac{3}{n+3}$ und für rot (r): $\frac{n}{n+3}$.

Da die Wahrscheinlichkeit, genau eine rote Kugel zu ziehen, $\frac{4}{9}$ betragen soll, erhält man folgende Gleichung:

$$P(\text{«genau eine rote Kugel»}) = P(br) + P(rb)$$

$$\frac{4}{9} = \frac{3}{n+3} \cdot \frac{n}{n+3} + \frac{n}{n+3} \cdot \frac{3}{n+3}$$

$$\frac{4}{9} = \frac{6n}{(n+3)^2}$$

$$4 \cdot (n+3)^2 = 54n$$

$$4 \cdot \left(n^2 + 6n + 9\right) = 54n$$

$$4n^2 + 24n + 36 = 54n$$

$$4n^2 - 30n + 36 = 0$$

$$2n^2 - 15n + 18 = 0$$

Mithilfe der *pq*– oder *abc*-Formel erhält man die Lösungen $n_1 = 6$ und $n_2 = 1,5$.
Da n eine ganze Zahl sein muss, kommt nur $n_1 = 6$ als Lösung in Frage.
Also hätten sich in der Urne 6 rote Kugeln befinden müssen.

12. a) Mithilfe der bedingten Wahrscheinlichkeit, der 1. Pfadregel und der Wahrscheinlichkeit des Gegenereignisses kann man das Baumdiagramm vervollständigen.
Wegen $P_C(D) = \frac{P(C \cap D)}{P(C)}$ gilt:

$$P(C) = \frac{P(C \cap D)}{P_C(D)} = \frac{\frac{2}{5}}{\frac{3}{5}} = \frac{2}{3}$$

Damit erhält man: $P\left(\overline{C}\right) = 1 - P(C) = 1 - \frac{2}{3} = \frac{1}{3}$.
Es gilt:

$$P_C\left(\overline{D}\right) = 1 - P_C(D) = 1 - \frac{3}{5} = \frac{2}{5}$$

und damit

$$P\left(C \cap \overline{D}\right) = P(C) \cdot P_C\left(\overline{D}\right) = \frac{2}{3} \cdot \frac{2}{5} = \frac{4}{15}$$

Es gilt:

$$P_{\overline{C}}(D) = \frac{P\left(\overline{C} \cap D\right)}{P\left(\overline{C}\right)} = \frac{\frac{1}{10}}{\frac{1}{3}} = \frac{3}{10}$$

und damit

$$P_{\overline{C}}\left(\overline{D}\right) = 1 - P_{\overline{C}}(D) = 1 - \frac{3}{10} = \frac{7}{10}$$

sowie

$$P\left(\overline{C} \cap \overline{D}\right) = P\left(\overline{C}\right) \cdot P_{\overline{C}}\left(\overline{D}\right) = \frac{1}{3} \cdot \frac{7}{10} = \frac{7}{30}$$

Damit ergibt sich folgendes Baumdiagramm:

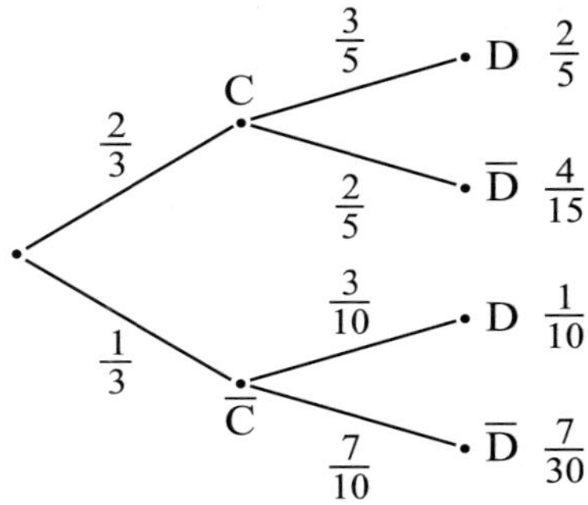

Mithilfe der 2. Pfadregel erhält man:

$$P\left(\overline{D}\right) = P\left(C \cap \overline{D}\right) + P\left(\overline{C} \cap \overline{D}\right) = \frac{4}{15} + \frac{7}{30} = \frac{8}{30} + \frac{7}{30} = \frac{1}{2}$$

b) Es ist $P(C) = \frac{2}{3}$ und $P(D) = 1 - P\left(\overline{D}\right) = 1 - \frac{1}{2} = \frac{1}{2}$ sowie $P(C \cap D) = \frac{2}{5}$.
Damit gilt:

$$P(C) \cdot P(D) = \frac{2}{3} \cdot \frac{1}{2} = \frac{1}{3} \neq \frac{2}{5} = P(C \cap D)$$

Wegen $P(C) \cdot P(D) \neq P(C \cap D)$ sind die Ereignisse C und D abhängig.

c) Wenn die Ereignisse C und D unabhängig sind, muss gelten: $P_C(D) = P_{\overline{C}}(D) = \frac{3}{5}$.

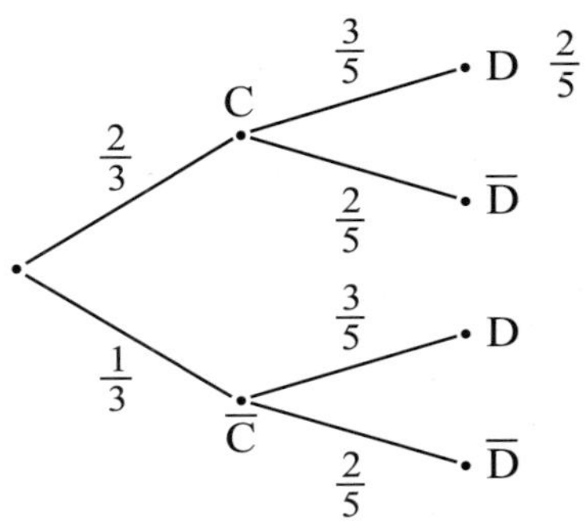

Damit erhält man mit der 1. Pfadregel:

$$P\left(\overline{C} \cap D\right) = \frac{1}{3} \cdot \frac{3}{5} = \frac{1}{5}$$

Der geänderte Wert muss somit $\frac{1}{5}$ betragen.

13. a) Für den Inhalt der Urne A nach der Durchführung des Zufallsexperiments gibt es folgende Möglichkeiten:
Wenn aus Urne A zuerst eine rote Kugel gezogen wird, können anschließend 2 rote und 3 weiße Kugeln oder 1 rote und 4 weiße Kugeln in Urne A sein.
Wenn aus Urne A zuerst eine weiße Kugel gezogen wird, können anschließend 3 rote und 2 weiße Kugeln oder 2 rote und 3 weiße Kugeln in Urne A sein.

b) Da es sich um ein zweistufiges Zufallsexperiment handelt, kann man ein Baumdiagramm zeichnen:

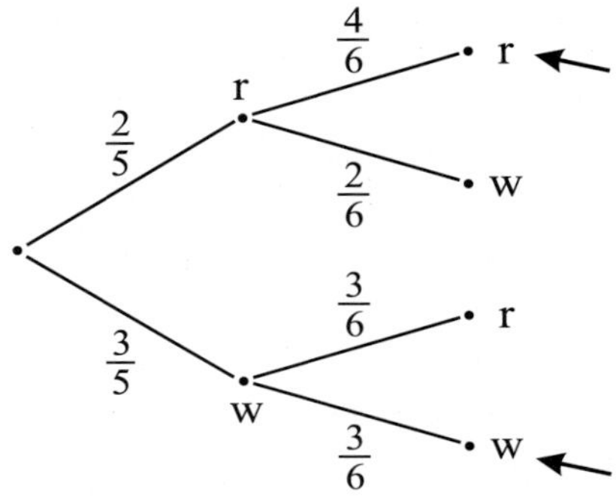

Die Wahrscheinlichkeit für das Ereignis E: «Nach Durchführung des Zufallsexperiments befinden sich wieder drei weiße Kugeln in Urne A.» erhält man mithilfe der Pfadregeln. Das Ereignis E tritt ein, wenn zuerst eine rote und anschließend wieder eine rote Kugel oder zuerst eine weiße und anschließend wieder eine weiße Kugel gezogen wurde:

$$P(E) = P(rr) + P(ww) = \frac{2}{5} \cdot \frac{4}{6} + \frac{3}{5} \cdot \frac{3}{6} = \frac{17}{30}$$

Für das Gegenereignis von E gilt:

$$P\left(\overline{E}\right) = 1 - P(E) = 1 - \frac{17}{30} = \frac{13}{30}$$

Somit hat das Ereignis E eine größere Wahrscheinlichkeit als sein Gegenereignis.

14. Um zu zeigen, dass der Erwartungswert von X nicht größer als $2,2$ sein kann, bestimmt man den Erwartungswert von X:

$$E(X) = 0 \cdot p_1 + 1 \cdot \frac{3}{10} + 2 \cdot \frac{1}{5} + 3 \cdot p_2 = \frac{7}{10} + 3 \cdot p_2$$

Wegen $p_2 \leqslant 1 - \frac{3}{10} - \frac{1}{5} = \frac{1}{2}$ gilt:

$$E(X) \leqslant \frac{7}{10} + 3 \cdot \frac{1}{2} = 2,2$$

Somit kann der Erwartungswert von X nicht größer als $2,2$ sein.

15. Gegeben ist eine Kiste mit vier blauen, zwei gelben und drei roten Bausteinen. Zwei Bausteine werden zufällig entnommen.

a) In der Kiste sind insgesamt 9 Bausteine. Da es sich um Ziehen ohne Zurücklegen handelt, ändern sich die Wahrscheinlichkeiten bei jedem Zug. Die Wahrscheinlichkeit, beim ersten Zug einen blauen Baustein (b) zu ziehen, beträgt $\frac{4}{9}$ und beim zweiten Zug $\frac{3}{8}$, wenn der vorhergehende Baustein blau war. Entsprechendes gilt für die gelben Bausteine (g) und die roten Bausteine (r).
Damit ergibt sich die Wahrscheinlichkeit, dass die beiden Bausteine die gleiche Farbe haben, mit Hilfe der Pfadregeln:

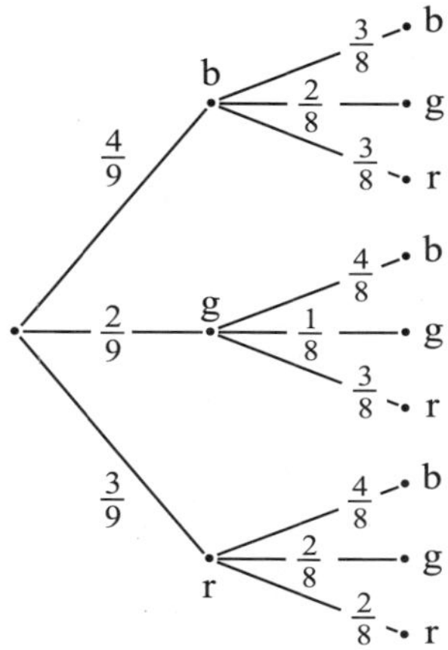

$$P(\text{Bausteine haben gleiche Farbe}) = P(bb) + P(gg) + P(rr)$$
$$= \frac{4}{9} \cdot \frac{3}{8} + \frac{2}{9} \cdot \frac{1}{8} + \frac{3}{9} \cdot \frac{2}{8} = \frac{20}{72} = \frac{5}{18}$$

Somit beträgt die Wahrscheinlichkeit, dass die beiden Bausteine die gleiche Farbe haben, $\frac{5}{18}$.

b) Die Wahrscheinlichkeit P dafür, dass die Bausteine rot sind, wenn die beiden entnommenen Bausteine tatsächlich die gleiche Farbe haben, erhält man mit der bedingten Wahrscheinlichkeit:

$$P = \frac{P(rr)}{P(\text{Bausteine haben gleiche Farbe})} = \frac{\frac{3}{9} \cdot \frac{2}{8}}{\frac{5}{18}} = \frac{\frac{1}{12}}{\frac{5}{18}} = \frac{1}{12} \cdot \frac{18}{5} = \frac{3}{10}$$

16. a) Wenn Peter zwei zufällig gewählte Karten von neun Spielkarten (vier Asse, drei Könige und zwei Damen) umdreht, handelt es sich um «Ziehen ohne Zurücklegen».
Für die Berechnung der Wahrscheinlichkeit für das Ereignis A: «Es liegt kein Ass aufgedeckt auf dem Tisch» kann man sich mithilfe eines Baumdiagrammes folgendes überlegen:
Bezeichnet man mit a: Ass wird aufgedeckt und mit ā: Ass wird nicht aufgedeckt, so erhält man folgendes Baumdiagramm:

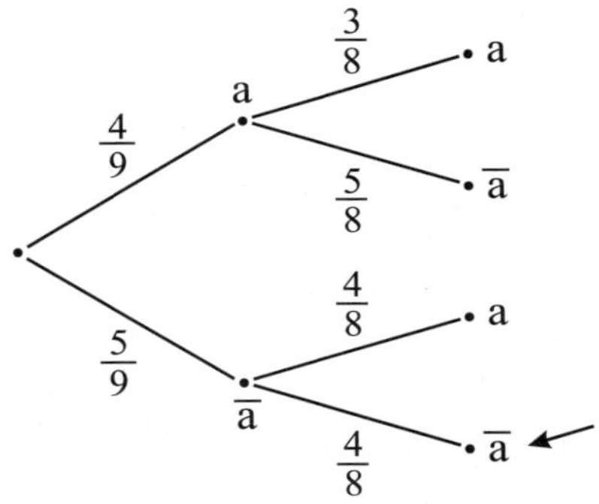

Da vier Asse und fünf Nicht-Asse vorhanden sind, beträgt die Wahrscheinlichkeit für ein Nicht-Ass beim Aufdecken der ersten Karte $\frac{5}{9}$. Da beim Aufdecken der zweiten Karte nur noch vier Nicht-Asse von insgesamt 8 Karten vorhanden sind, beträgt die Wahrscheinlichkeit für ein Nicht-Ass beim Aufdecken der zweiten Karte $\frac{4}{8}$.
Die Wahrscheinlichkeit für das Ereignis A: «Es liegt kein Ass aufgedeckt auf dem Tisch» erhält man mithilfe der 1. Pfadregel (Produktregel):

$$P(A) = P(\text{kein Ass}) = P(\bar{a}\bar{a}) = \frac{5}{9} \cdot \frac{4}{8} = \frac{5}{18}$$

Die Wahrscheinlichkeit, dass kein Ass aufgedeckt auf dem Tisch liegt, beträgt $\frac{5}{18}$.
Für die Berechnung der Wahrscheinlichkeit für das Ereignis B: «Eine Dame und ein Ass liegen aufgedeckt auf dem Tisch» kann man sich mithilfe eines Baumdiagrammes folgendes überlegen:
Bezeichnet man mit a: Ass wird gezogen, mit d: Dame wird gezogen und mit k: König wird gezogen, so erhält man folgendes Baumdiagramm:

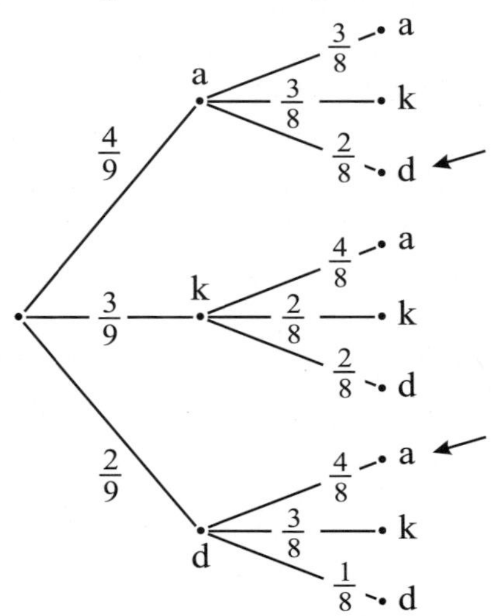

Da vier Asse , drei Könige und zwei Damen, also insgesamt neun Karten vorhanden sind, beträgt die Wahrscheinlichkeit beim Aufdecken der 1. Karte für Ass (a): $\frac{4}{9}$, für König (k): $\frac{3}{9}$ und für Dame (d): $\frac{2}{9}$. Danach sind nur noch 8 Karten vorhanden und die Wahrscheinlichkeiten beim Aufdecken der 2. Karte hängen jeweils davon ab, welche Karte beim ersten Mal aufgedeckt wurde.

Die Wahrscheinlichkeit für das Ereignis B: «Eine Dame und ein Ass liegen aufgedeckt auf dem Tisch» erhält man mit der 1. und 2. Pfadregel (Produkt- und Summenregel):

$$\mathrm{P(B)} = \mathrm{P(ad)} + \mathrm{P(da)} = \frac{4}{9} \cdot \frac{2}{8} + \frac{2}{9} \cdot \frac{4}{8} = \frac{1}{9} + \frac{1}{9} = \frac{2}{9}$$

Die Wahrscheinlichkeit, dass eine Dame und ein Ass aufgedeckt auf dem Tisch liegen, beträgt $\frac{2}{9}$.

b) Wenn X die Anzahl der aufgedeckten Spielkarten angibt, bis ein Ass erscheint, so kann X die Werte von 1 bis 6 annehmen, da spätestens beim Aufdecken der 6. Karte ein Ass erscheinen muss.

Die Wahrscheinlichkeit, dass beim Aufdecken der 1. Karte ein Ass erscheint, beträgt $\mathrm{P(X = 1) = P(a)} = \frac{4}{9}$. Die Wahrscheinlichkeit, dass erst beim Aufdecken der 2. Karte ein Ass erscheint, erhält man mit der 1. Pfadregel: $\mathrm{P(X = 2) = P(\bar{a}a)} = \frac{5}{9} \cdot \frac{4}{8} = \frac{5}{18}$.

Damit gilt:

$$\mathrm{P(X \leqslant 2) = P(X = 1) + P(X = 2)} = \frac{4}{9} + \frac{5}{18} = \frac{8}{18} + \frac{5}{18} = \frac{13}{18}$$

17. Da das Glücksrad in 5 deckungsgleiche Kreissektoren unterteilt ist, von denen zwei rot, zwei gelb und einer blau eingefärbt sind, beträgt die Wahrscheinlichkeit $\mathrm{p} = \frac{4}{5}$, dass rot oder gelb gedreht wird.

a) Mit dem Term $\binom{5}{3} \cdot \left(\frac{4}{5}\right)^3 \cdot \left(\frac{1}{5}\right)^2$ berechnet man beispielsweise die Wahrscheinlichkeit, dass bei fünfmaligem Drehen des Glücksrads genau 3-mal rot oder gelb gedreht wird. Der Faktor $\binom{5}{3}$ in diesem Term gibt die Anzahl der Möglichkeiten an, drei solcher Ergebnisse (rot oder gelb) auf fünf Versuche zu verteilen.

b) Es gilt:

$$\binom{5}{3} \cdot \left(\frac{4}{5}\right)^3 \cdot \left(\frac{1}{5}\right)^2 = \frac{5!}{3! \cdot 2!} \cdot \frac{4^3}{5^3} \cdot \frac{1^2}{5^2} = \frac{5 \cdot 4 \cdot 3 \cdot 2 \cdot 1}{3 \cdot 2 \cdot 1 \cdot 2 \cdot 1} \cdot \frac{4^3}{5^5} = 2 \cdot \frac{4^3}{5^4} = \frac{128}{625}$$

18. a) Durch den Term $\frac{\binom{1}{1}\binom{100-1}{4-1}}{\binom{100}{4}}$ kann beispielsweise die Wahrscheinlichkeit folgenden Ereignisses berechnet werden:

In einem Behälter mit 100 Bauteilen ist ein Bauteil defekt. Dem Behälter werden 4 Bauteile zufällig und ohne Zurücklegen gezogen. Wie groß ist die Wahrscheinlichkeit, dass das defekte Bauteil in der Stichprobe enthalten ist.

b) Es gilt:

$$\frac{\binom{1}{1}\binom{100-1}{4-1}}{\binom{100}{4}} = \frac{\binom{99}{3}}{\binom{100}{4}} = \frac{\frac{99!}{3! \cdot 96!}}{\frac{100!}{4! \cdot 96!}} = \frac{99! \cdot 4! \cdot 96!}{100! \cdot 3! \cdot 96!} = \frac{4}{100} = 0{,}04$$

19. a) Die Zufallsgröße X ist binomialverteilt mit den Parametern $n = 72$ und $p = \frac{1}{3}$.
Den Erwartungswert von X erhält man durch:

$$E(X) = n \cdot p = 72 \cdot \frac{1}{3} = 24$$

Die Standardabweichung von X erhält man durch:

$$\sigma = \sqrt{V(X)} = \sqrt{n \cdot p \cdot (1-p)} = \sqrt{72 \cdot \frac{1}{3} \cdot \frac{2}{3}} = \sqrt{16} = 4$$

b) Den Erwartungswert der Zufallsgröße Y erhält man, indem man die Werte mit den entsprechenden Wahrscheinlichkeiten multipliziert und die Ergebnisse addiert:

$$E(Y) = 0 \cdot \frac{1}{2} + 1 \cdot \frac{3}{8} + 29 \cdot \frac{1}{8} = \frac{32}{8} = 4$$

c) Den Erwartungswert der Zufallsgröße Z erhält man, indem man die Werte mit den entsprechenden Wahrscheinlichkeiten multipliziert und die Ergebnisse addiert:

$$E(Z) = 0 \cdot \frac{1}{2} + 1 \cdot \frac{3}{8} + 13 \cdot \frac{1}{8} = \frac{16}{8} = 2$$

Die Varianz der Zufallsgröße Z erhält man, indem man die Differenzen der Werte und dem Erwartungswert quadriert, mit den entsprechenden Wahrscheinlichkeiten multipliziert und die Ergebnisse addiert:

$$V(Z) = (0-2)^2 \cdot \frac{1}{2} + (1-2)^2 \cdot \frac{3}{8} + (13-2)^2 \cdot \frac{1}{8}$$

Die Varianz der Zufallsgröße Y ist größer als die Varianz der Zufallsgröße Z, weil die Wahrscheinlichkeiten für die drei Einzelwerte bei beiden Verteilungen übereinstimmen, aber die Einzelwerte bei der Zufallsgröße Y viel weiter auseinanderliegen als bei der Zufallsgröße Z.

20. Es ist $P(A) = 0,3$, $P_A(B) = 0,6$ und $P_{\overline{A}}(\overline{B}) = 0,1$.

a)

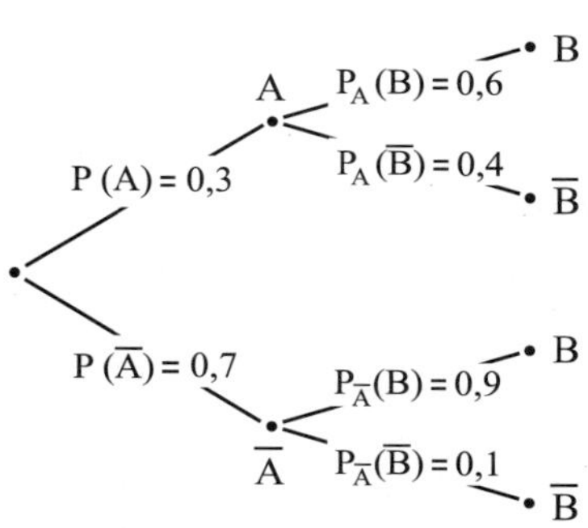

b) Damit die Ereignisse A und B stochastisch unabhängig sind, muss gelten:
$P(A \cap B) = P(A) \cdot P(B)$. Mit $P(A) = 0,3$ und $P_A(B) = 0,6$ erhält man:
$P(A \cap B) = 0,3 \cdot 0,6 = 0,18$ (siehe Baumdiagramm Aufgabe a))
Daraus ergibt sich: $P(B) = \frac{P(A \cap B)}{P(A)} = \frac{0,18}{0,3} = 0,6 \Rightarrow P_A(B) = P(B) = 0,6.$
Somit gilt:

$$P_{\overline{A}}\left(\overline{B}\right) = P\left(\overline{B}\right) = 1 - P(B) = 1 - 0,6 = 0,4$$

Also muss gelten: $P_{\overline{A}}\left(\overline{B}\right) = 0,4.$

21. Man bezeichnet mit f: fehlerhaft und mit e: einwandfrei. Da im Mittel jedes fünfte Bauteil fehlerhaft ist, gilt: $P(f) = 0,2$ und $P(e) = 1 - 0,2 = 0,8$.
Man bezeichnet mit f*: fehlerhaft eingestuft und mit e*: einwandfrei eingestuft.
Da ein fehlerhaftes Bauteil mit einer Wahrscheinlichkeit von 90 % als fehlerhaft eingestuft wird, gilt: $P_f(f^*) = 0,9$.
Da ein einwandfreies Bauteil mit einer Wahrscheinlichkeit von 40 % als fehlerhaft eingestuft wird, gilt: $P_e(f^*) = 0,4$.
Damit kann man unter Zuhilfenahme der Gegenwahrscheinlichkeiten ein Baumdiagramm zeichnen. Dabei sind die in der Aufgabenstellung angegebenen Wahrscheinlichkeiten kursiv dargestellt.

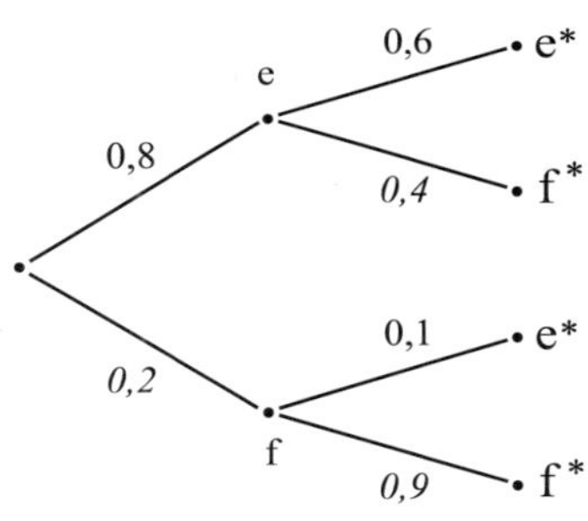

a) Die Wahrscheinlichkeit dafür, dass ein nach der Kontrolle zufällig ausgewähltes Bauteil einwandfrei ist und im Rahmen der Kontrolle korrekt eingestuft wurde, erhält man mithilfe der 1. Pfadregel:

$$P(e\,e^*) = 0,8 \cdot 0,6 = 0,48$$

Die Wahrscheinlichkeit beträgt 48 %.

b) Die Wahrscheinlichkeit dafür, dass ein nach der Kontrolle zufällig ausgewähltes Bauteil fehlerhaft ist, wenn es im Rahmen der Kontrolle als einwandfrei eingestuft wurde, erhält man mithilfe der bedingten Wahrscheinlichkeit:

$$P_{e^*}(f) = \frac{P(e^* \cap f)}{P(e^*)} = \frac{P(f\,e^*)}{P(f\,e^*) + P(e\,e^*)} = \frac{0,2 \cdot 0,1}{0,2 \cdot 0,1 + 0,8 \cdot 0,6} = \frac{0,02}{0,5} = 0,04 = 4\,\%$$

Alternativ kann man sich diese Wahrscheinlichkeit so klarmachen, dass man den Anteil der Bauteile, die fehlerhaft sind, aber als einwandfrei eingestuft wurden, also $P(f\,e^*)$, teilt durch die Gesamtanzahl aller als einwandfrei eingestuften Bauteile: $P(f\,e^*) + P(e\,e^*)$.

22. Gegeben ist ein Glücksrad mit einem blauen, einem gelben und einem roten Sektor. Beim Drehen des Glücksrades tritt «Blau» mit der Wahrscheinlichkeit p und «Rot» mit der Wahrscheinlichkeit 2p ein.

   a) Da es insgesamt drei Sektoren gibt, muss die Wahrscheinlichkeit, dass ein blauer oder ein roter Sektor gedreht wird, kleiner als 1 sein. Damit gilt:

$$\begin{aligned} P(\text{blau}) + P(\text{rot}) &< 1 \\ p + 2p &< 1 \\ 3p &< 1 \\ p &< \frac{1}{3} \end{aligned}$$

   Bei diesem Glücksrad sind nur Werte von $0 < p < \frac{1}{3}$ möglich.

   b) Die Wahrscheinlichkeit für «nicht Rot» beträgt bei einmaligem Drehen: $P(\bar{r}) = 1 - 2p$.
   Die Wahrscheinlichkeit für «Rot» (r) beträgt bei einmaligem Drehen: $P(r) = 2p$.
   Die Wahrscheinlichkeit für das Ereignis E: «Es tritt mindestens einmal «Rot» ein» erhält man mithilfe der Pfadregeln:

$$\begin{aligned} P(\text{mindestens einmal rot}) &= P(\bar{r}r) + P(r\bar{r}) + P(rr) \\ &= 2p \cdot (1-2p) + (1-2p) \cdot 2p + 2p \cdot 2p \\ &= 2p - 4p^2 + 2p - 4p^2 + 4p^2 \\ &= 4p - 4p^2 \end{aligned}$$

   Alternativ kann man auch mithilfe der Wahrscheinlichkeit des Gegenereignisses rechnen:

$$\begin{aligned} P(\text{mindestens einmal rot}) &= 1 - P(\bar{r}\bar{r}) \\ &= 1 - (1-2p)^2 \\ &= 4p - 4p^2 \end{aligned}$$

   Das Ereignis E tritt mit einer Wahrscheinlichkeit von $P(E) = 4p - 4p^2$ ein.

23. Man bezeichnet mit s: Reißzwecke bleibt auf der Seite liegen und mit k: Reißzwecke bleibt auf dem Kopf liegen.
   Da die Wahrscheinlichkeit dafür, dass sie bei zwei Würfen mindestens einmal auf der Seite

liegen bleibt, 0,84 beträgt, gilt: $P(sk)+P(ks)+P(ss)=0,84$ bzw. $P(kk)=1-0,84=0,16$ (Gegenereignis).

Somit gilt bei einmaligem Werfen: $P(k)=\sqrt{0,16}=0,4$ und damit $P(s)=1-0,4=0,6$.

Die Wahrscheinlichkeit dafür, dass die Reißzwecke bei den zwei Würfen genau einmal auf dem Kopf liegen bleibt, erhält man mithilfe der Pfadregeln:

$$\begin{aligned} P(\text{genau einmal auf dem Kopf}) &= P(ks)+P(sk) \\ &= 0,4\cdot 0,6+0,6\cdot 0,4 \\ &= 0,24+0,24 \\ &= 0,48 \\ &= 48\,\% \end{aligned}$$

Die Wahrscheinlichkeit, dass die Reißzwecke bei den zwei Würfen genau einmal auf dem Kopf liegen bleibt, beträgt 48 %.

24. Die Wahrscheinlichkeit, dass eine Tasse fehlerfrei glasiert ist, beträgt $p=0,8$. Es werden 10 Tassen entnommen.

a) Die Wahrscheinlichkeit des Ereignisses A: «Von den entnommenen Tassen ist nur die 8. nicht fehlerfrei glasiert» erhält man durch Multiplikation der Wahrscheinlichkeiten jeder Stufe:

$$P(A)=0,8^7\cdot 0,2^1\cdot 0,8^2=0,2\cdot 0,8^9$$

b) Die Wahrscheinlichkeit, dass eine Tasse nicht fehlerfrei glasiert ist, beträgt $q=0,2$. Legt man X als Zufallsvariable für die Anzahl der nicht fehlerfreien Tassen an, so gilt:

$$\begin{aligned} P(B) &= \binom{10}{0}\cdot 0,8^{10}+\binom{10}{1}\cdot 0,8^9\cdot 0,2^1+\binom{10}{2}\cdot 0,8^8\cdot 0,2^2 \\ &= P(X=0)+P(X=1)+P(X=2) \\ &= P(X\leqslant 2) \end{aligned}$$

Somit kann das Ereinis B folgendermaßen beschrieben werden: «Von den 10 entnommenen Tassen sind höchstens 2 nicht fehlerfrei glasiert».

25. Im Gefäß G_1 befinden sich 6 gelbe und 4 blaue Kugeln, im Gefäß G_2 befinden sich 2 gelbe und 4 blaue Kugeln.

a)

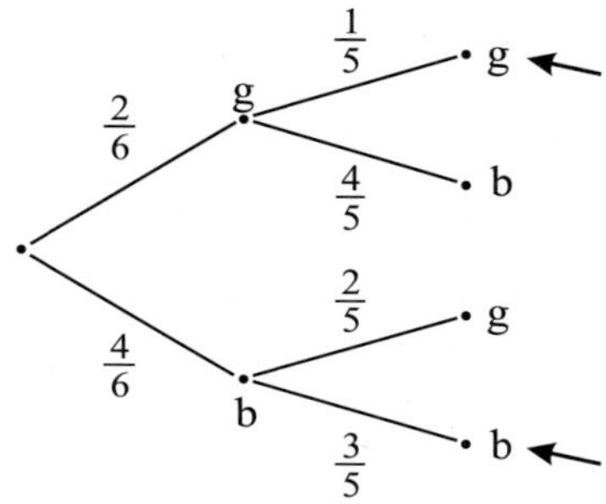

Da 2 gelbe und 4 blaue, also insgesamt 6 Kugeln im Gefäß G_2 sind, beträgt die Wahrscheinlichkeit beim 1. Ziehen für gelb (g): $\frac{2}{6}$ und für blau (b): $\frac{4}{6}$.
Da beim 2. Ziehen nur noch 5 Kugeln vorhanden sind, ändern sich die Wahrscheinlichkeiten.

Die Wahrscheinlichkeit, dass die beiden gezogenen Kugeln die gleiche Farbe haben, erhält man mithilfe der 1. und 2. Pfadregel (Produkt- und Summenregel):

$$\begin{aligned} P(\text{«beide Kugeln haben die gleiche Farbe»}) &= P(gg) + P(bb) \\ &= \frac{2}{6} \cdot \frac{1}{5} + \frac{4}{6} \cdot \frac{3}{5} \\ &= \frac{14}{30} = \frac{7}{15} \end{aligned}$$

b) Da eines der beiden Gefäße zufällig ausgewählt und aus dieser eine Kugel zufällig gezogen wird, erhält man folgendes Baumdiagramm:

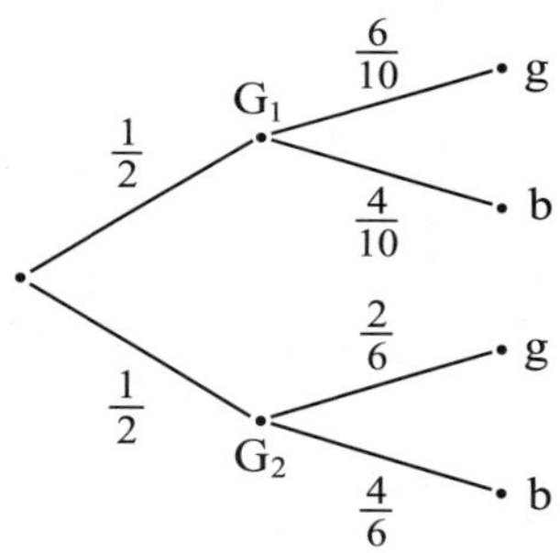

Die Wahrscheinlichkeit, dass die gezogene Kugel gelb ist, erhält man mithilfe der 1. und 2. Pfadregel (Produkt- und Summenregel):

$$\begin{aligned} P(\text{«gezogene Kugel ist gelb»}) &= P(g) \\ &= P(G_1 \cap g) + P(G_2 \cap g) \\ &= \frac{1}{2} \cdot \frac{6}{10} + \frac{1}{2} \cdot \frac{2}{6} \\ &= \frac{14}{30} = \frac{7}{15} \end{aligned}$$

Die Wahrscheinlichkeit, dass diese Kugel aus dem Gefäß G_1 stammt, erhält man mithilfe der bedingten Wahrscheinlichkeit:

$$P_g(G_1) = \frac{P(G_1 \cap g)}{P(g)} = \frac{\frac{1}{2} \cdot \frac{6}{10}}{\frac{7}{15}} = \frac{3}{10} \cdot \frac{15}{7} = \frac{9}{14}$$

Die Wahrscheinlichkeit, dass die gezogene gelbe Kugel aus dem Gefäß G_1 stammt, beträgt $\frac{9}{14}$.

26. Die Wahrscheinlichkeit dafür, dass der Biathlet bei einem Schuss trifft, beträgt p.

a) Da es bei einem Schuss nur die Ergebnisse «Treffer» oder «Nicht-Treffer» geben kann, handelt es sich um ein Bernoulli-Experiment.
Für das Ereignis A: «Bei fünf Schüssen trifft er genau dreimal.» erhält man die gesuchte Wahrscheinlichkeit mithilfe der Bernoulliformel:

$$P(A) = \binom{5}{3} \cdot p^3 \cdot (1-p)^{5-3} = \frac{5 \cdot 4}{2} \cdot p^3 \cdot (1-p)^2 = 10 \cdot p^3 \cdot (1-p)^2$$

Beim Ereignis B: «Bei fünf Schüssen trifft er genau dreimal, darunter bei den ersten beiden Schüssen zweimal.» handelt es sich um ein zweistufiges Experiment; bei der ersten Stufe trifft er bei zwei Schüssen genau zweimal, bei der zweiten Stufe trifft er von drei Schüssen noch genau einmal. Entsprechend ergibt sich mithilfe der Bernoulliformel:

$$P(B) = \binom{2}{2} \cdot p^2 \cdot (1-p)^0 \cdot \binom{3}{1} \cdot p^1 \cdot (1-p)^2 = p^2 \cdot 3 \cdot p^1 \cdot (1-p)^2 = 3 \cdot p^3 \cdot (1-p)^2$$

b) Die Wahrscheinlichkeit, dass er bei drei Schüssen dreimal trifft, beträgt 0,216.
Damit gilt für die Wahrscheinlichkeit p, dass er bei einem Schuss trifft:

$$p \cdot p \cdot p = 0{,}216 \Rightarrow p^3 = 0{,}216 \Rightarrow p = \sqrt[3]{\frac{216}{1000}} = \frac{6}{10} = 0{,}6 = 60\%$$

Somit ist die Trefferwahrscheinlichkeit bei einem Schuss größer als 50 %.

27. a) Die Wahrscheinlichkeit, dass zwei zufällig ausgewählte Fahrräder Mountainbikes sind, erhält man durch «Ziehen ohne Zurücklegen» mithilfe der 1. Pfadregel. Beim ersten Zug gibt es von 10 Fahrrädern zwei Mountainbikes, beim zweiten Zug gibt es von 9 Fahrrädern ein Mountainbike. Damit gilt:

$$P(\text{zwei Mountainbikes}) = \frac{2}{10} \cdot \frac{1}{9} = \frac{1}{45}$$

b) Es gibt 9 verschiedene Möglichkeiten, dass die beiden Mountainbikes nebeneinader stehen. Insgesamt gibt es $\binom{10}{2}$ Möglichkeiten, zwei von den 10 Fahrrädern auszuwählen. Damit beträgt die Wahrscheinlichkeit P dafür, dass die beiden Mountainbikes unmittelbar nebeneinander stehen:

$$P = \frac{9}{\binom{10}{2}} = \frac{9}{\frac{10 \cdot 9}{2}} = \frac{1}{5}$$

28. a) Da sich 50 % der Studierenden, die sich zu einer Klausur anmelden, Wiederholer sind, gilt: $P(W) = 0,50$ und damit $P\left(\overline{W}\right) = 1 - 0,50 = 0,50$.
Da 28 % der Wiederholer von der Klausur zurücktreten, gilt: $P_W(Z) = 0,28$ und damit $P_W\left(\overline{Z}\right) = 1 - 0,28 = 0,72$.
Da 12 % der anderen Prüflinge (nicht Wiederholenden) von der Klausur zurücktreten, gilt: $P_{\overline{W}}(Z) = 0,12$ und damit $P_{\overline{W}}\left(\overline{Z}\right) = 1 - 0,12 = 0,88$.
Somit erhält man folgendes Baumdiagramm:

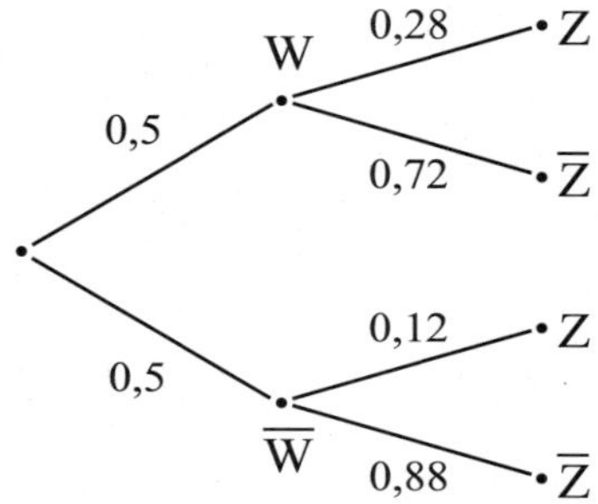

b) Die Wahrscheinlichkeit dafür, dass ein zufällig auszuwählender Prüfling Wiederholer ist, unter der Bedingung, dass er an der Prüfung teilgenommen hat (also nicht zurückgetreten ist), erhält man mithilfe der bedingten Wahrscheinlichkeit und der Pfadregeln:

$$P_{\overline{Z}}(W) = \frac{P\left(W \cap \overline{Z}\right)}{P\left(\overline{Z}\right)} = \frac{0,5 \cdot 0,72}{0,5 \cdot 0,72 + 0,5 \cdot 0,88} = \frac{0,36}{0,36 + 0,44} = \frac{0,36}{0,8} = \frac{36}{80} = \frac{9}{20}$$

Die Wahrscheinlichkeit beträgt $\frac{9}{20}$.

29. a) Anhand der gegebenen Abbildung kann man folgende Wahrscheinlichkeiten ablesen:

$$P(X = -2) = 0,25$$
$$P(X = 1) = 0,25$$
$$P(X = 2) = 0,5$$

Damit erhält man den Erwartungswert $E(X)$ der Zufallsvariablen X, indem man die Werte von X mit den entsprechenden Wahrscheinlichkeiten multipliziert und die Ergebnisse addiert:

$$E(X) = -2 \cdot 0,25 + 1 \cdot 0,25 + 2 \cdot 0,5 = 0,75$$

Der Erwartungswert beträgt 0,75.

b) Wenn das Zufallsexperiment zweimal durchgeführt wird, gibt es drei Möglichkeiten dafür, dass die Summe der beiden Werte von X negativ ist.

Die Wahrscheinlichkeit P, dass die Summe dieser beiden Werte negativ ist, erhält man mithilfe der Pfadregeln:

$$\begin{aligned}
P &= P(-2;-2)+P(-2;1)+P(1;-2)\\
&= P(X=-2)\cdot P(X=-2)+P(X=-2)\cdot P(X=1)+P(X=1)\cdot P(X=-2)\\
&= 0,25\cdot 0,25+0,25\cdot 0,25+0,25\cdot 0,25\\
&= \frac{1}{4}\cdot\frac{1}{4}+\frac{1}{4}\cdot\frac{1}{4}+\frac{1}{4}\cdot\frac{1}{4}\\
&= \frac{3}{16}
\end{aligned}$$

Die Wahrscheinlichkeit, dass die Summe negativ ist, beträgt $\frac{3}{16}$.

30. a) Um zu begründen, dass die Zufallsvariable X, welche angibt, wie oft die Farbe Rot angezeigt wird, binomialverteilt ist, kann man sich folgendes überlegen:
Beim einmaligen Drehen des Glücksrads gibt es nur die beiden Ausgänge «Rot» oder «nicht Rot», also handelt es sich um ein Bernoulli-Experiment. Bei jedem Drehen ist die Wahrscheinlichkeit für «Rot» gleich groß, also handelt es sich bei mehrmaligem Drehen um eine Bernoullikette und X ist damit binomialverteilt.

b) Die Wahrscheinlichkeit des Ereignisses A, dass mindestens dreimal Rot angezeigt wird, erhält man mithilfe der Wahrscheinlichkeit des Gegenereignisses und der gegebenen Tabelle:

$$\begin{aligned}
P(A) &= P(X\geqslant 3)\\
&= 1-P(X\leqslant 2)\\
&= 1-(P(X=0)+P(X=1)+P(X=2))\\
&= 1-(0,01+0,06+0,14)\\
&= 0,79\\
&= 79\%
\end{aligned}$$

Die Wahrscheinlichkeit, dass mindestens dreimal Rot angezeigt wird, beträgt 79%.

c) Für $k=4$ ist die Wahrscheinlichkeit von X am größten, somit hat X einen Erwartungswert von etwa 4. Den Erwartungswert $E(X)$einer binomialverteilten Zufallsvariablen X erhält man durch $E(X)=n\cdot p$.
Für $p=0,2$ ergibt sich damit:

$$\begin{aligned}
E(X) &= n\cdot p\\
4 &= n\cdot 0,2\\
20 &= n
\end{aligned}$$

Somit liegt der Tabelle $n=20$ zugrunde.

31. a) Legt man X als Zufallsvariable für die Anzahl der Treffer bei fünf Schüssen fest, so ist X modellhaft binomialverteilt mit den Parametern $n = 5$ und der Trefferwahrscheinlichkeit p.
Die Wahrscheinlichkeit des Ereignisses A: «Der Biathlet trifft bei genau vier Schüssen.» erhält man mithilfe der Bernoulli-Formel:

$$P(A) = P(X = 4) = \binom{5}{4} \cdot p^4 \cdot (1-p)^{5-4} = 5 \cdot p^4 \cdot (1-p)$$

Die Wahrscheinlichkeit des Ereignisses B: «Der Biathlet trifft nur bei den ersten beiden Schüssen.» erhält man mithilfe der Pfadregeln:

$$P(B) = p \cdot p \cdot (1-p) \cdot (1-p) \cdot (1-p) = p^2 \cdot (1-p)^3$$

b) Die modellhafte Beschreibung der Schießeinlage durch eine Bernoullikette ist nur dann gegeben, wenn der Biathlet bei jedem Schuss die gleiche Trefferwahrscheinlichkeit p aufweist. Diese könnte sich beispielsweise ändern, wenn der Biathlet nach zwei oder drei Fehlschüssen nervös wird und bei den folgenden Schüssen eine geringere Trefferwahrscheinlichkeit hat.

32. Es handelt sich um 8-maliges Ziehen mit Zurücklegen. Da es nur die beiden Ausgänge «rot» oder «nicht rot (blau)» gibt, handelt es sich um ein Bernoulli-Experiment. Legt man X als Zufallsvariable für die Anzahl der roten Kugeln fest, so ist X binomialverteilt mit den Parametern $n = 8$ und $p = \frac{4}{10} = 0{,}4$.

a) Das Ereignis A: «Es werden gleich viele rote und blaue Kugeln gezogen.» ist identisch mit dem Ereignis «Es werden genau vier rote Kugeln gezogen». Die Wahrscheinlichkeit für das Ereignis A erhält man daher mithilfe der Bernoulli-Formel:

$$P(A) = P(X = 4) = \binom{8}{4} \cdot 0{,}4^4 \cdot (1-0{,}4)^4 = \binom{8}{4} \cdot 0{,}4^4 \cdot 0{,}6^4$$

b) I) Das Ereignis B mit der Wahrscheinlichkeit

$$P(B) = 1 - \left(\frac{3}{5}\right)^8 = 1 - 0{,}6^8 = 1 - \binom{8}{0} \cdot 0{,}4^0 \cdot 0{,}6^8$$

ist das Gegenereignis zum Ereignis mit der Wahrscheinlichkeit $\binom{8}{0} \cdot 0{,}4^0 \cdot 0{,}6^8$ (es wird keine rote Kugel gezogen).
Somit lautet das Ereignis B: «Es wird mindestens eine rote Kugel gezogen».
II) Das Ereignis C mit der Wahrscheinlichkeit

$$\begin{aligned} P(C) &= \left(\frac{3}{5}\right)^8 + 8 \cdot \frac{2}{5} \cdot \left(\frac{3}{5}\right)^7 = 0{,}6^8 + 8 \cdot 0{,}4 \cdot 0{,}6^7 \\ &= \binom{8}{0} \cdot 0{,}4^0 \cdot 0{,}6^8 + \binom{8}{1} \cdot 0{,}4^1 \cdot 0{,}6^7 \end{aligned}$$

setzt sich aus zwei Ergebnissen zusammen: «Es wird keine rote Kugel gezogen» oder «Es wird genau eine rote Kugel gezogen».
Daher lautet das Ereignis C: «Es wird höchstens eine rote Kugel gezogen» oder «Es werden mindestens sieben blaue Kugeln gezogen».

Stichwortverzeichnis

Ihr Feedback zu diesem Buch

Für Ihre Anregungen, Hinweise und Bewertungen sind wir offen und dankbar.
Sie helfen damit, dieses Buch noch weiter zu optimieren.

Bitte senden Sie uns Ihr Feedback ...

* per Post: einfach dieses Blatt in einen frankierten Umschlag stecken
* per Fax: an 0761 45699 45
* per E-mail: an info@freiburger-verlag.de
* im Internet: www.freiburger-verlag.de: „Freiburger Verlag/Feedback“

Besten Dank für Ihre Unterstützung! Als Dankeschön erhalten Sie zudem für Ihre Vorschläge, die in Folgeauflagen eingearbeitet werden, eine kleine Aufmerksamkeit.

Erfolg im Mathe-Abi
Übungsbuch Hilfsmittelfreier Teil

Seite	Anregung

Dieses Buch gefällt mir ☺ 😐 ☹

Besonders gut finde ich:

Erfolg im Mathe-Abi
Hilfsmittelfreier Teil

Freiburger Verlag
Lektorat
Hartkirchweg 37

79111 Freiburg

Fax 0761 45699 45

Absender

Name / Vorname / Position

Straße / Nr.

PLZ / Ort

Tel. für Rückfragen

email-Adresse

Kundennummer, falls bekannt

Schule

Klasse

Schuladresse

Besten Dank für Ihre Unterstützung!
Ihr Freiburger-Verlags-Team